职业技术教育规划教材

（国家中、高级制图员资格认证实训教材）

CAXA电子图板2005实训教程

胡建生　汪正俊　等编著

武海滨　主审

化学工业出版社
教材出版中心
·北京·

本书主要依据中、高级《制图员国家职业标准》，按照中、高级制图员职业资格认证对计算机绘图技能的要求，结合职业技术教育的特点，按实训30～60学时编写的。本书通过14个实例的绘制，对CAXA电子图板2005系统的常用功能及使用方法进行分解介绍。实例大多出自中、高级制图员《计算机绘图》的考题，由简单绘图操作逐步过渡到画零件图及装配图，既能满足中、高级制图员职业技能实训的需求，又便于读者自学。附录摘录了两套完整的中、高级制图员《计算机绘图》考题，便于读者对制图员考试的题型、难易程度有所了解。

本书既可作为国家中、高级制图员资格认证实训的教材，又可作为高等和中等职业技术教育计算机绘图课程的教材，亦可供成人教育和工程技术人员使用或参考。

图书在版编目（CIP）数据

CAXA电子图板2005实训教程/胡建生，汪正俊等编著.—北京：化学工业出版社，2006.1（2023.9重印）
职业技术教育规划教材
（国家中、高级制图员资格认证实训教材）
ISBN 978-7-5025-7825-1

Ⅰ.C… Ⅱ.①胡…②汪… Ⅲ.自动绘图-软件包，CAXA-技术培训-教材 Ⅳ.TP391.72

中国版本图书馆CIP数据核字（2005）第126821号

责任编辑：廉 静　　装帧设计：关 飞
责任校对：边 涛

出版发行：化学工业出版社（北京市东城区青年湖南街13号 邮政编码100011）
印　　装：北京科印技术咨询服务有限公司数码印刷分部
787mm×1092mm 1/16 印张11¾ 字数290千字 2023年9月北京第1版第12次印刷

购书咨询：010-64518888　　售后服务：010-64518899
网　　址：http://www.cip.com.cn

定　价：24.00元

前　　言

本书主要依据中、高级《制图员国家职业标准》，参考《制图员考试鉴定辅导》和历次中、高级制图员国家职业技能鉴定统一考试《计算机绘图》测试的考题，按照中、高级制图员职业资格认证对计算机绘图技能的要求，结合职业技术教育的特点，按实训 30～60 学时编写。本书既可作为国家中、高级制图员资格认证实训的教材，又可作为高等和中等职业教育计算机绘图课程的教材，亦可供成人教育和工程技术人员使用或参考。

CAXA 电子图板系统是全国制图员职业资格考试的指定软件之一。CAXA 电子图板 2005 是在 2004 年底正式推出的最新版本。本书的体例按照计算机绘图的一般讲课顺序编排，书中所选的 14 个绘图实例，大多出自中、高级制图员国家职业技能鉴定统一考试《计算机绘图》测试的考题。每个实例均给出详细的绘图步骤，内容由易到难，循序渐进，从简单操作逐步过渡到画零件图及装配图。通过绘图实际操作，对 CAXA 电子图板 2005 系统的常用功能及使用方法进行分解介绍。

为了让初学者能迅速掌握 CAXA 电子图板 2005 的基本操作，不断提高绘图技巧，每章最后都安排了相应的练习题，其题型、题目难度，都与中、高级制图员国家职业技能鉴定统一考试《计算机绘图》测试的考题相类似，既能满足中、高级制图员职业技能实训的需求，又便于读者自学。

在本书的附录中摘录了两套完整的中、高级制图员《计算机绘图》测试的考题，旨在让读者对制图员考试的题型、难易程度有所了解，以便于有目的地进行练习，顺利通过制图员国家职业技能鉴定统一考试。

本书由胡建生（第四、五章）、张清媛（第六章及附录）、牛永新（第二章）、汪正俊（第一、三章）编著。全书由胡建生统稿。

本书由武海滨主审。参加审稿的有王全福、金世铭、闫勇、张晖、刘爽。参加审稿的各位专家对书稿进行了认真、细致的审查，提出了许多宝贵意见和建议，在此表示衷心感谢。

由于编者水平所限，书中难免仍有不足之处，欢迎读者特别是任课教师提出批评意见和建议。如对本书电子教案有需求，请联系（E-mail：lianjing_2003@126.com）。

编著者

2005 年 9 月

目　　录

第一章　CAXA 电子图板基础知识

CAXA（Computer Aided X always a step Ahead）是北京北航海尔软件有限公司系列产品的总称。CAXA 四个字母是由 C（Computer，计算机）、A（Aided，辅助的）、X（任意的）、A（Alliance、Ahead，联盟、领先）组成的，其涵义是“领先一步的计算机辅助技术和服务”。

CAXA 电子图板是 CAXA 系列软件之一，是中国自主版权、功能齐全、通用的中文计算机辅助设计（CAD）绘图系统。CAXA 电子图板 2005 是在 2004 年底正式推出的最新版本。CAXA 电子图板 2005 适合于所有需要二维绘图的场合，利用它可以进行零件图设计、装配图设计、由零件图组装装配图、由装配图拆画零件图等。

CAXA 电子图板与 AutoCAD 相比，在二维绘图方面基本功能差不多，而 CAXA 电子图板更小巧简洁，非常容易上手。CAXA 电子图板与 AutoCAD 一起共同构成中国的二维工程绘图通用平台。

本章主要介绍 CAXA 电子图板 2005 的界面组成、菜单系统、基本操作以及 CAXA 电子图板 2005 的文件管理方法。

第一节　CAXA 电子图板 2005 的界面

一、CAXA 电子图板 2005 的运行

1. 硬件环境

CAXA 电子图板 2005 的推荐运行配置如下：

CPU 为 2Ghz 以上；内存应在 512M 以上；NVADIA 显卡；若要进行图形的输出，还要配备绘图仪或打印机。

2. 软件环境

中西文 Windows 98/2000/XP，西文环境需加外挂中文平台。

3. 运行 CAXA 电子图板

在 Windows 系统下，常用以下两种方法启动 CAXA 电子图板 2005，见图 1-1。

第一种启动方法　在桌面上双击“CAXA 电子图板 2005”的图标启动软件。

第二种启动方法　单击桌面左下角的【开始】→【程序】→【CAXA 电子图板 2005】→【CAXA 电子图板】启动软件。

采用以上任一方法即可进入 CAXA 电子图板 2005 的用户界面，如图 1-2 所示。

二、CAXA 电子图板 2005 的界面组成

界面是交互式绘图软件与用户进行信息交流的中介，是人机对话的桥梁。系统通过界面反映当前信息状态或要执行的操作，用户则按照界面提供的信息做出判断，并经由输入设备进行下一步操作。CAXA 电子图板 2005 默认的用户界面为最新流行界面，如图 1-2 所示。

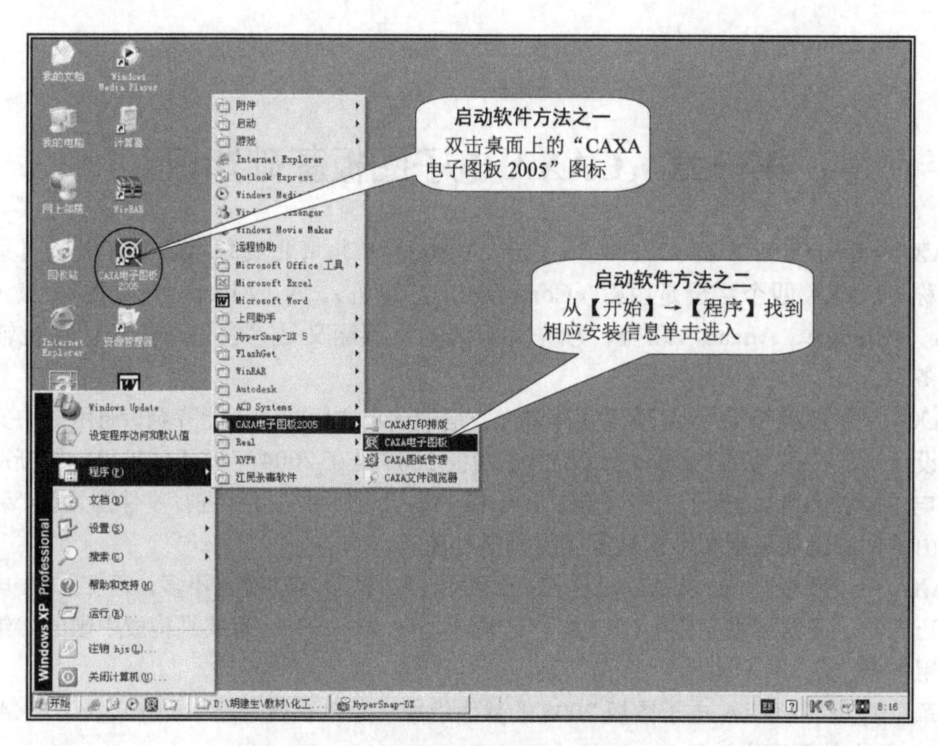

图 1-1　CAXA 电子图板 2005 的启动方法

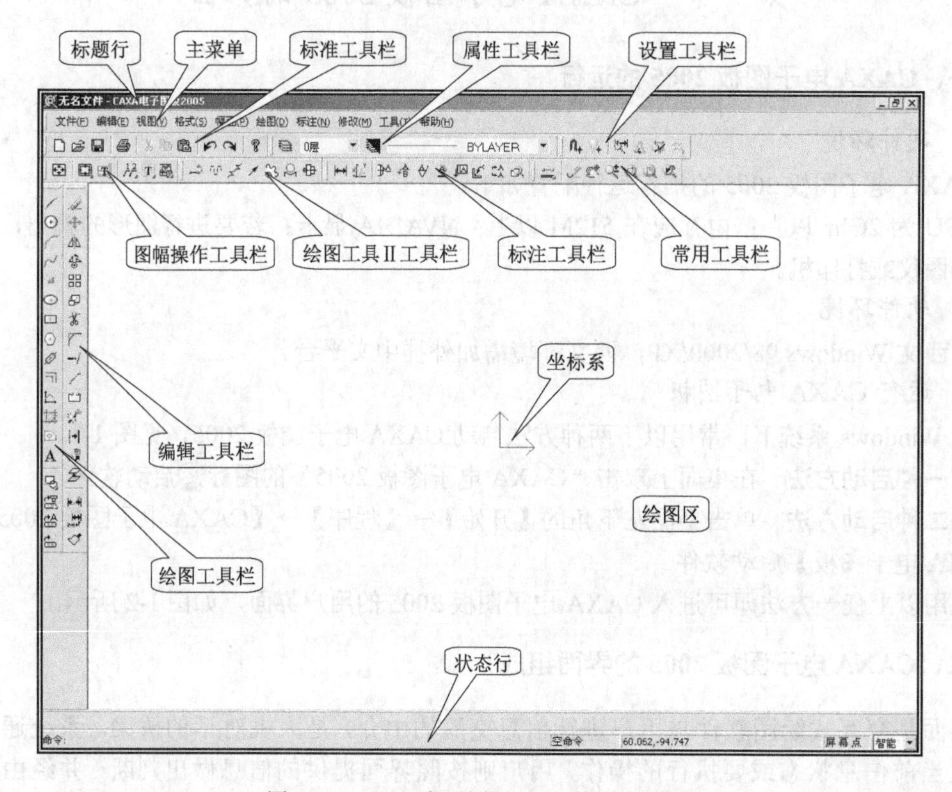

图 1-2　CAXA 电子图板 2005 的用户界面

1．标题行

位于界面的最上边一行，左边为窗口图标，其后显示当前文件名，右端依次为“最小化” 、“最大化/还原” 和“关闭” 三个图标按钮。

2．主菜单

标题行下面一行为主菜单，点击任意一项主菜单均可产生相应的下拉菜单。

3．绘图区

屏幕中间的大面积区域为绘图区，如图 1-2 中的空白区域。它位于屏幕的中心，并占据了屏幕的大部分面积，是操作者进行绘图设计的工作区域。

在绘图区的中央设置了一个二维直角坐标系，该坐标系称为世界坐标系，也称绝对坐标系。它的坐标原点设在屏幕中心，坐标值为（0.000，0.000）。坐标方向规定为：水平方向为 X 轴方向，向右为正，向左为负；垂直方向为 Y 轴方向，向上为正，向下为负。

在绘图区用鼠标拾取的点或由键盘输入的点，均以当前用户坐标系为基准。

4．工具栏

位于绘图区上方和左侧由若干图标组成的条状区域，称为工具栏。在工具栏中，可以通过单击相应的图标按钮进行操作。系统默认的工具栏为“标准”、“属性”、“设置工具”、“图幅操作”、“绘图工具Ⅱ”、“标注工具”、“常用工具”、“绘图工具”、“编辑工具”等。

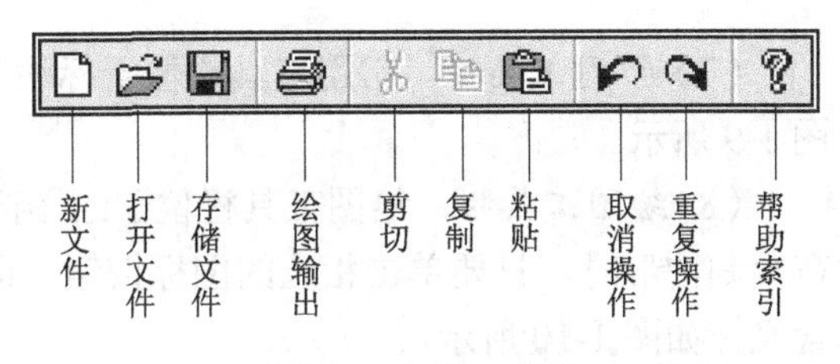

图 1-3　标准工具栏

（1）标准工具栏　位于绘图区上方左端，它们是下拉菜单“文件”和“编辑”中的常用命令，如图 1-3 所示。

（2）属性工具栏　位于标准工具栏右侧，包括“层控制”和“颜色设置”的图标按钮，还包括当前层和线型的下拉式选择窗口，如图 1-4 所示。

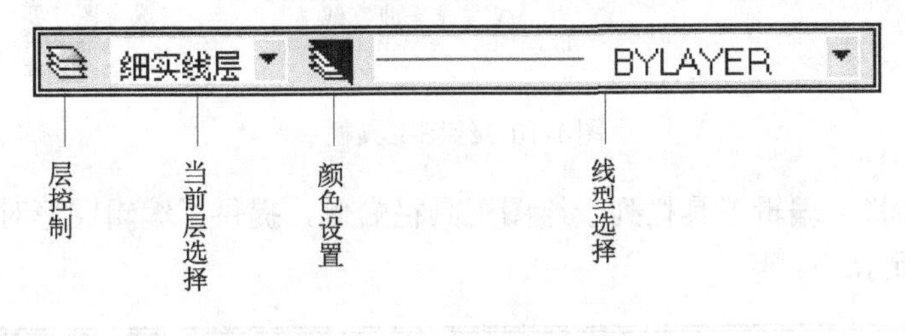

图 1-4　属性工具栏

（3）设置工具栏　设置工具栏位于属性工具栏右侧，提供了与设置相关的各种命令，如图 1-5 所示。

（4）图幅操作工具栏　图幅操作工具栏位于标准工具栏下方，提供了与图幅相关的各种命令，如图 1-6 所示。

（5）绘图工具Ⅱ工具栏　绘图工具Ⅱ工具栏位于图幅操作工具栏的右侧，如图 1-7 所示。绘图工具Ⅱ工具栏中的各种绘图命令，是绘图工具栏的补充。

（6）标注工具栏　标注工具栏位于属性工具栏下方，提供了标注尺寸及各种符号的命令，如图 1-8 所示。

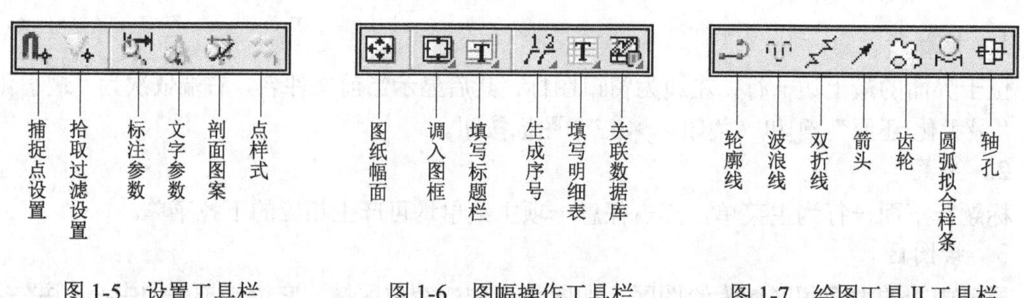

图 1-5　设置工具栏　　图 1-6　图幅操作工具栏　　图 1-7　绘图工具Ⅱ工具栏

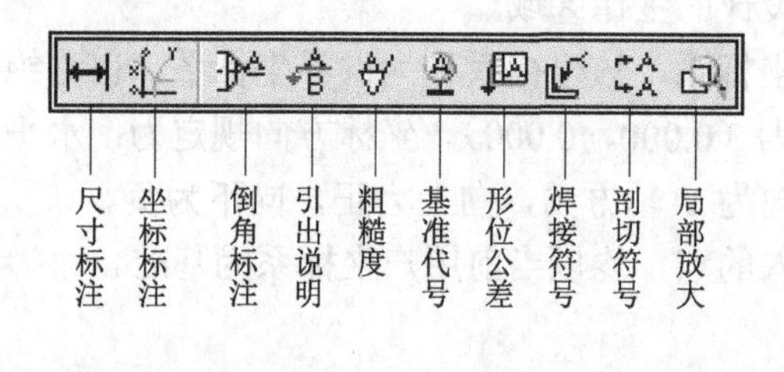

图 1-8　标注工具栏

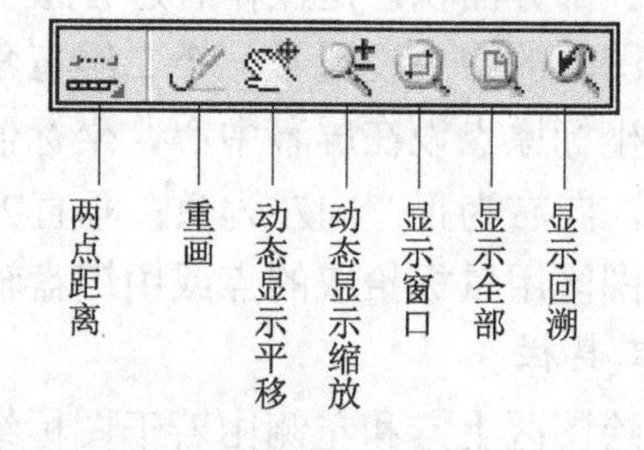

图 1-9　常用工具栏

（7）常用工具栏　常用工具栏位于标注工具栏右侧，包括常用的各种显示控制命令，如图 1-9 所示。

（8）绘图工具栏　绘图工具栏位于绘图区左侧，提供了绘制图形时常用的各种绘图命令。在绘制图形时，只要单击相应的图标按钮，即可执行相应的操作。绘图工具栏中各个图标的含义，如图 1-10 所示。

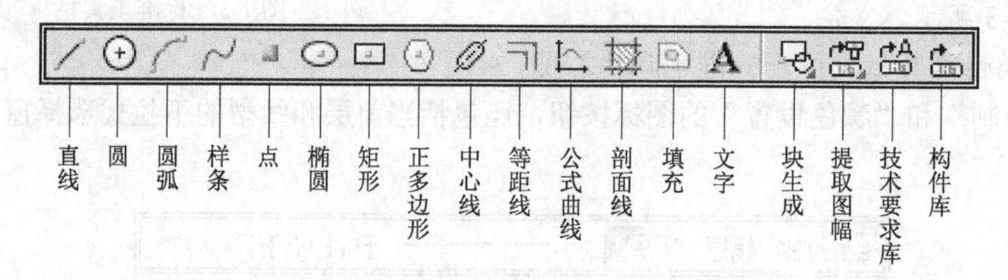

图 1-10　绘图工具栏

（9）编辑工具栏　编辑工具栏列于绘图工具栏右侧，提供了编辑图形时常用的各种编辑命令，如图 1-11 所示。

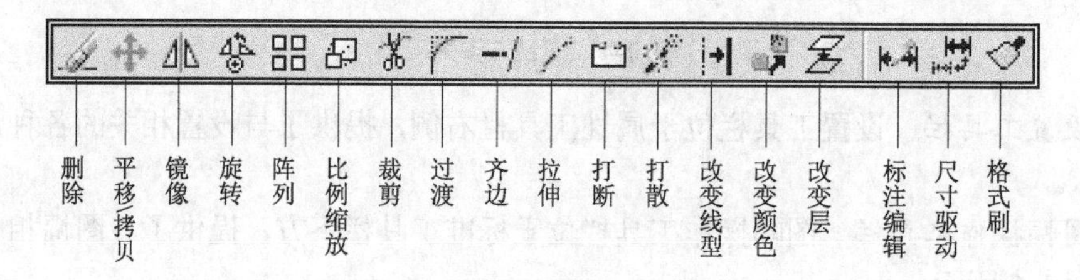

图 1-11　编辑工具栏

5. 状态行

状态行位于界面的最下面一行，用于显示当前状态并对当前操作进行提示，如图 1-12 所示。

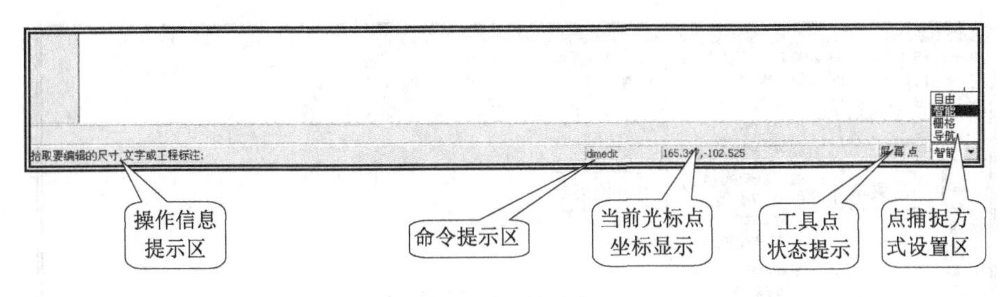

图 1-12　状态行

◇ 命令与数据输入区（操作信息提示区）　位于状态行左侧，在没有执行任何命令时，该区显示为“命令:”，如图 1-2 所示，此时系统正等待输入命令，称为“命令状态”。一旦输入了某种命令，将出现相应的操作提示，如图 1-12 所示。

◇ 命令提示区　位于状态行中部，用于提示目前所执行的命令在键盘上的输入形式，便于用户快速掌握 CAXA 电子图板的键盘命令。

◇ 当前光标点坐标显示　位于命令提示区右侧，用于显示当前光标点的坐标值，它随光标的移动作动态变化。

◇ 工具点状态提示　位于状态行的右侧，自动显示当前点的性质及拾取状态。系统的默认状态为屏幕点，当用工具点菜单捕捉切点、端点、交点等时，将在该区自动显示出工具点状态。

◇ 点捕捉方式设置区　系统对屏幕上的点可以进行不同形式的控制，习惯上把这种控制方式称为捕捉。点捕捉方式设置区位于状态行的最右侧，在此区域的选项菜单中可设置点的捕捉方式，包括自由、智能、栅格和导航四种方式。

- 自由方式　对输入的点无任何限制，点的输入完全由当前光标的实际定位来确定。
- 智能方式　在此方式下，移动鼠标的十字光标经过或接近一些特征点（圆心、切点、垂足、中点、端点）时，光标被自动“锁定”并加亮显示。
- 栅格方式　十字光标只能沿栅格线移动，鼠标捕捉的点为栅格点。
- 导航方式　导航方式是专门为机械工程图开发的一项功能，用以保证视图之间的投影关系。在此方式下，当鼠标的十字光标经过一些特征点时，特征点除被加亮显示外，十字光标与特征点之间自动呈现出相连的虚线。利用这种方式，可以方便、快捷地确定三视图间的“三等”关系。

第二节　CAXA 电子图板 2005 的菜单系统

一、主菜单、下拉菜单和子菜单

主菜单包括“文件”、“编辑”、“视图”、“格式”、“幅面”、“绘图”、“标注”、“修改”、“工具”和“帮助”共十项。选择其中一项，即可弹出该选项的下拉菜单。如果下拉菜单中某选项后面有三角符号标记，表示该选项还有下一级子菜单，如图 1-13 所示。

二、立即菜单

CAXA 电子图板用立即菜单的方式描述执行某项命令的各种操作方式和执行该操作的具体条件。作图时可根据当前的作图要求进行选择。

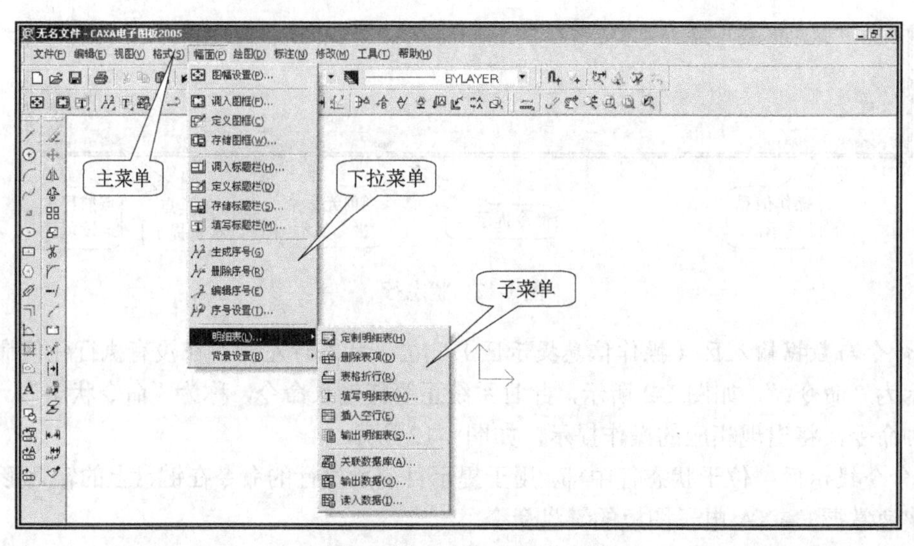

图 1-13　主菜单、下拉菜单和子菜单

当系统执行某一命令时，一般情况下都会在绘图区的下方出现一个立即菜单，如图 1-14 所示。立即菜单的每个窗口前标有数字序号，作图时应仔细审核所显示的各项是否符合要求，不符合要求时，可改变立即菜单中的选项或数据。

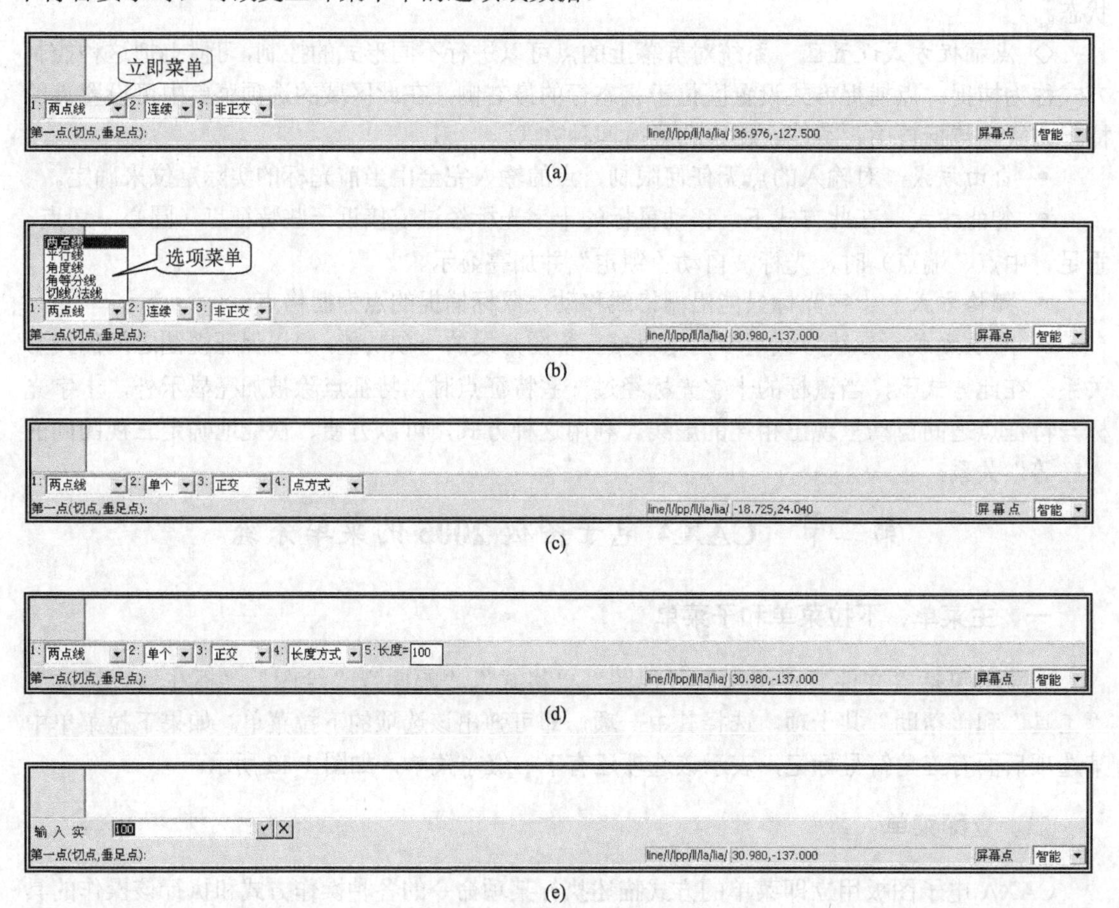

图 1-14　立即菜单

有两种方法可以改变窗口中的选项。一种是用鼠标左键单击该窗口，另一种方法是按“Alt+数字键”（该窗口前的序号）。若该窗口只有两个选项，则系统直接切换，不需用户进行选择；若选项多于两个，会在其上方弹出一个选项菜单，可用鼠标上下移动光标进行选择，单击某选项后，该窗口内容即被改变。对于显示数据的窗口，选择它会出现一个数据编辑窗口，从中可改变该数据。

例如，输入画直线的命令后，绘图区下方即出现立即菜单，如图1-14（a）所示，三个窗口显示出当前的画直线方式为“两点线”、“连续”、“非正交”。

单击立即菜单“1:”（或按Alt+1组合键），在其上方出现“两点线”、“平行线”、“角度线”、“角等分线”和“切线/法线”五种画线方式的选项菜单，如图1-14（b）所示。

若选择立即菜单“1”为“两点线”方式，立即菜单“2:”为“连续”或“单个”的切换窗口，立即菜单“3:”为“非正交”或“正交”的切换窗口。若选择“正交”方式，又出现立即菜单“4:”，用于切换到“点方式”或“长度方式”，如图1-14（c）所示。

若选择“长度方式”则出现立即菜单“5：长度=”，即数据显示窗口，如图1-14（d）所示。

数据显示窗口中显示的数值为缺省值，要改变其数值，可单击该窗口（或按Alt+5组合键），立即菜单区变为一个数据编辑窗口，如图1-14（e）所示。在数据编辑窗口用键盘输入新的数值后，单击窗口右侧的按钮✔或按Enter键，返回图1-14（d）所示的立即菜单，此时立即菜单“5:”中的长度值将被改变。在对数据编辑窗口的操作中，可以单击窗口右侧的“关闭”按钮✖，或按键盘上的Esc键取消操作。

三、弹出菜单

系统处于某种特定状态时，按下特定键会在光标处出现一个弹出菜单。弹出菜单主要有以下几种。

1. 界面定制菜单

当光标位于任意一个菜单或工具栏区域时，点击右键，弹出界面定制菜单，如图1-15（a）所示。在菜单中列出了主菜单、各种工具栏、立即菜单和状态栏，菜单左侧的复选框中带✔按钮的，表示当前工具栏正在显示。单击菜单中的选项，可以在显示和隐藏工具栏之间进行切换。

2. 右键快捷菜单

在命令状态下拾取元素后点击右键或Enter键，弹出相应的命令菜单，如图1-15（b）所示。单击菜单项，则将对选中的实体进行操作。根据拾取对象的不同，右键菜单的内容会略有不同。

3. 拾取方式菜单

在拾取状态下按空格键，弹出拾取方式菜单，如图1-15（c）所示，可通过操作拾取方式菜单来改变拾取方式。

4. 工具点菜单

在输入点状态下按空格键，弹出工具点菜单，如图1-15（d）所示，可根据作图需要从中选取特征点进行捕捉。

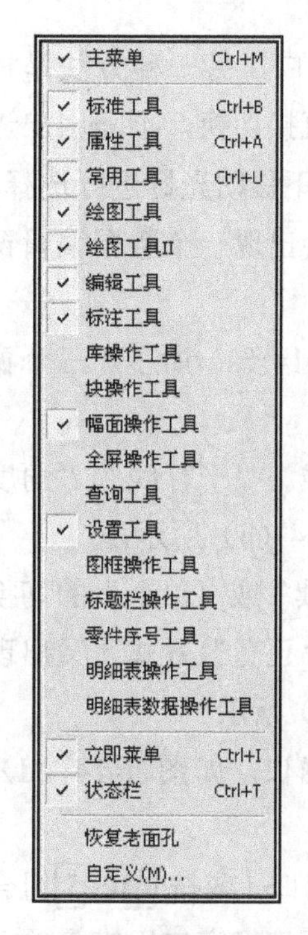

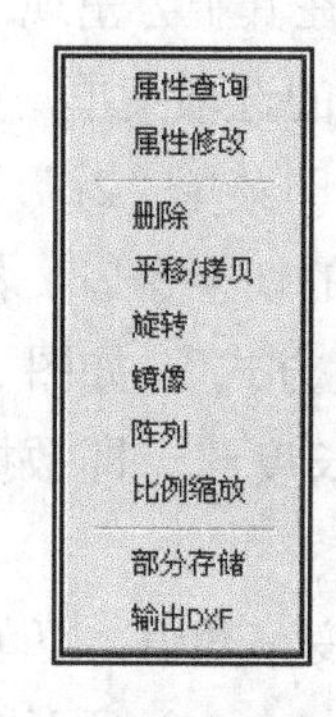

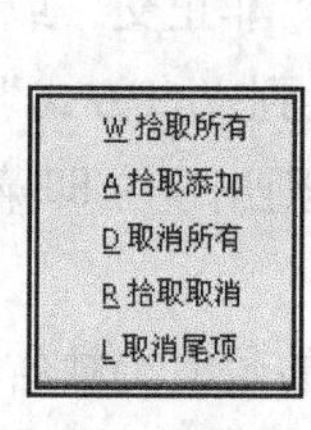

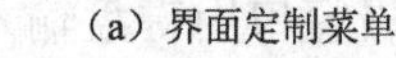

（a）界面定制菜单　（b）右键快捷菜单　（c）拾取方式菜单　（d）工具点菜单

图 1-15　弹出菜单

第三节　CAXA 电子图板的基本操作

CAXA 电子图板提供了丰富的绘图、编辑、标注及辅助功能，这些功能都是通过执行命令来实现的。在执行命令的操作方法上，有鼠标选择和键盘输入两种方式。

一、常用键的功能

1. 鼠标键

（1）鼠标左键　可以用来选择菜单，确定位置点、拾取元素等。

（2）鼠标右键　用来确认拾取、结束操作、终止命令、重复上一条命令（在命令状态下）、打开快捷菜单等。

（3）鼠标中键　动态显示平移。

（4）Shift＋鼠标左键　动态显示平移。

（5）Shift＋鼠标右键　动态显示缩放。

2. 回车键 Enter

用来结束数据的输入、确认默认值、终止当前命令、重复上一条命令（在命令状态下）。

3. 空格键

在输入点状态下弹出工具点菜单，在拾取状态下弹出拾取方式菜单。

4. 功能键

电子图板的功能键如下。

F1 键　请求系统的帮助。操作者在执行任何一种操作的过程中，如果遇到困难想求得帮助可以按 F1 键。此时，系统会列出与该操作有关的技术内容的对话框指导操作者完成该项操作。明确了正确的操作方法后，关闭对话框，即可继续进行正常的操作。

F2 键　拖画时切换动态拖动值和坐标值。

F3 键　显示全部。

F4 键　指定一个当前点作为参考点。用于相对坐标点的输入。

F5 键　当前坐标系切换开关。

F6 键　点捕捉方式切换开关，它的功能是进行捕捉方式的切换。

F7 键　三视图导航开关。

F9 键　全屏显示和窗口显示切换开关。

5. 其他键

Esc 键　中止当前命令。

Page Up 键　显示放大。

Page Down 键　显示缩小。

Home 键　显示复原。

Delete 键　删除拾取加亮的元素。

二、命令的输入

CAXA 电子图板设置了两种并行的命令输入方法，即鼠标选择和键盘输入。两种输入方式并行存在，以方便不同操作者的操作习惯。

1. 从下拉菜单选择命令

CAXA 电子图板的所有命令，都可以从下拉菜单中选择输入。单击主菜单中的任意一个菜单选项，即可弹出下拉菜单，选择其中的一项，立即执行该命令。在这些菜单命令中，有些可以直接执行相应的命令，有些会弹出一个对话框。

“文件”、“格式”、“幅面”、“工具”等主菜单中的许多命令，都是通过对话框操作来实现的。如图 1-16 为图幅设置对话框，通过它可以选择图幅、比例以及图纸方向等。

不同命令的对话框，其内容和复杂程度各不相同，通常包括选择框、显示框、录入编辑框和各种选择按钮等。

对话框内一般都有 确定(O) 和 取消(C) 按钮，对话框内容设置完毕后，单击 确定(O) 按钮（或按 Enter 键），对话框消失，系统接受对话框中的设置。选择 取消(C) 按钮（或按 Esc 键），则取消对话框操作，在对话框中所作的设置全部无效。每个对话框的上方都有一个标题行，单击标题行右端的“关闭”按钮 ×，即关闭该对话框。

【例 1】　从下拉菜单选择命令，绘制一个圆。

具体操作步骤如下。

① 输入画圆命令。单击主菜单【绘图】，弹出下拉菜单如图 1-17 所示。在下拉菜单中选择【圆】命令，弹出系统默认的立即菜单如图 1-18 所示，此时的操作信息提示“圆心点：”。

② 用鼠标或键盘输入圆心点后，操作提示“输入直径或圆上一点：”。用键盘输入圆的直径或用鼠标确定圆上的任意一点，即可绘制出相应的圆。

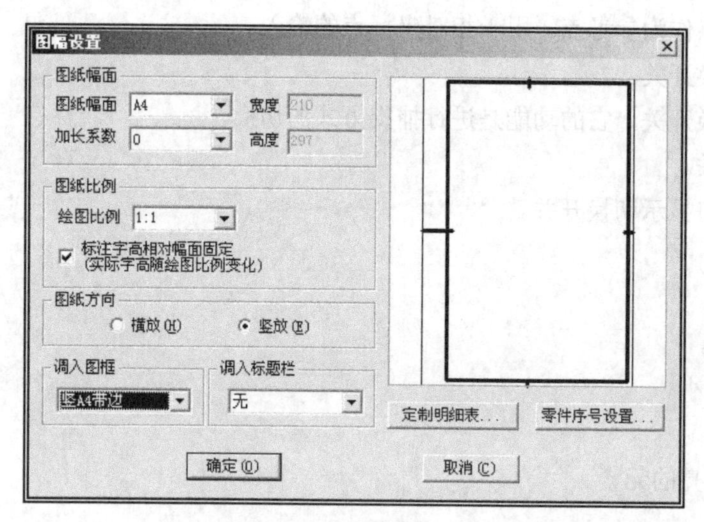

图 1-16　对话框示例

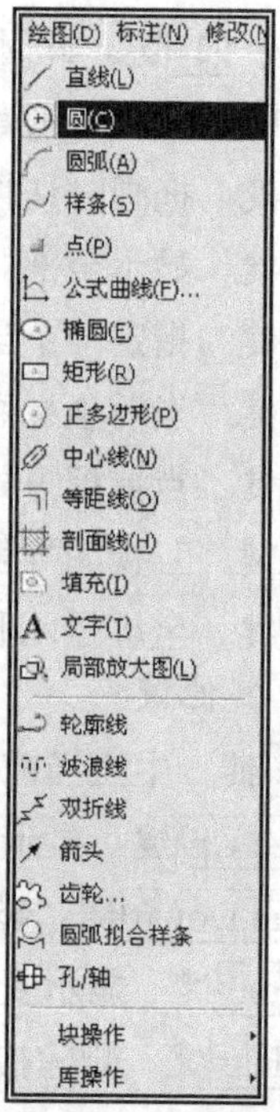

图 1-17　绘图下拉菜单

2. 从工具栏中选择命令

CAXA 电子图板为用户提供了较丰富的工具栏，凡在下拉菜单命令项前有图标标志的命令，都可在相应的工具栏中找到。输入命令时，只需将光标移至工具栏的图标上，单击左键，即开始执行该命令。

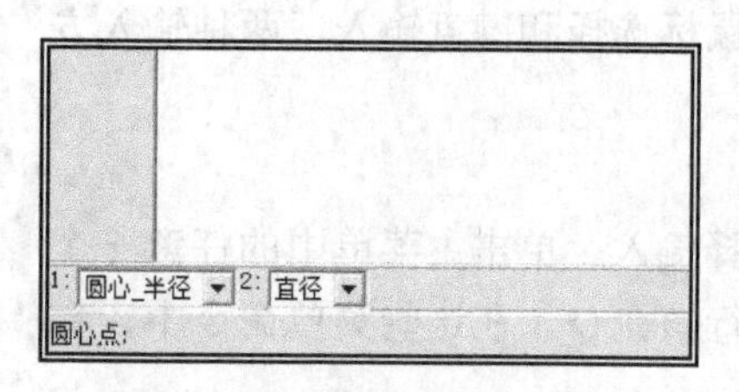

图 1-18　画圆的立即菜单

【例 2】　从工具栏选择命令，绘制一个圆。

具体操作步骤如下。

① 输入画圆命令。单击屏幕左侧绘图工具栏中的“圆”图标⊙。

② 按状态栏的操作提示，用与例 1 相同的操作方法，输入相应的点和数据，即可画出相应的圆。

为方便初学者，本书在后面的作图过程中，均采用鼠标选择命令方式。如要提高绘图速度，可熟记一些常用的快捷键。操作时鼠标和键盘配合使用，可大大提高绘图效率。

三、命令的执行

在 CAXA 电子图板中，一条命令的执行过程，大体有以下几种情况。

1. 直接执行

系统接受命令后直接执行，直至结束该命令，即不需用户干预，如“重画”、“全部重新生成”等。

2. 弹出对话框

系统接受命令后弹出对话框（图 1-16），操作者需对对话框作出响应，确认后结束命令。

3. 出现操作提示和立即菜单

因为多数命令要分为若干个步骤，一步一步地通过“人机对话”执行，所以多数命令的执行属于这种情况。操作者需通过立即菜单选择命令的执行方式，并且按操作提示逐步完成绘图操作。

四、命令的终止与重复命令的输入

在任何情况下，按键盘上的Esc键，即终止正在执行的操作。连续按Esc键，可以退回到命令状态，即终止当前命令。通常情况下，在命令的执行过程中，点击右键或按Enter键，也可终止当前操作直至退出命令。此外，在一个命令执行过程中，如果选择下拉菜单或单击工具栏中的图标，则自动终止当前命令，并执行新命令。

不管上一个命令是如何输入的，在命令状态下，只要点击右键或按 Enter 键，就可以重复输入上一个命令。

五、命令的嵌套执行

CAXA 电子图板中的某些命令可嵌套在其他命令中执行，称为透明命令。显示、设置、帮助、存盘以及某些编辑操作均属于透明命令。在一个命令的执行过程中（在提示区不是“命令:”状态下）输入透明命令后，前一命令并未终止只是暂时中断，执行完透明命令后，继续执行前一命令。

例如，系统正在执行删除命令，操作提示为“拾取添加:”，即处于拾取状态。操作者要删除图 1-19（a）中左侧两个小同心圆中的内圆，但由于该圆太小，不便于拾取。此时可

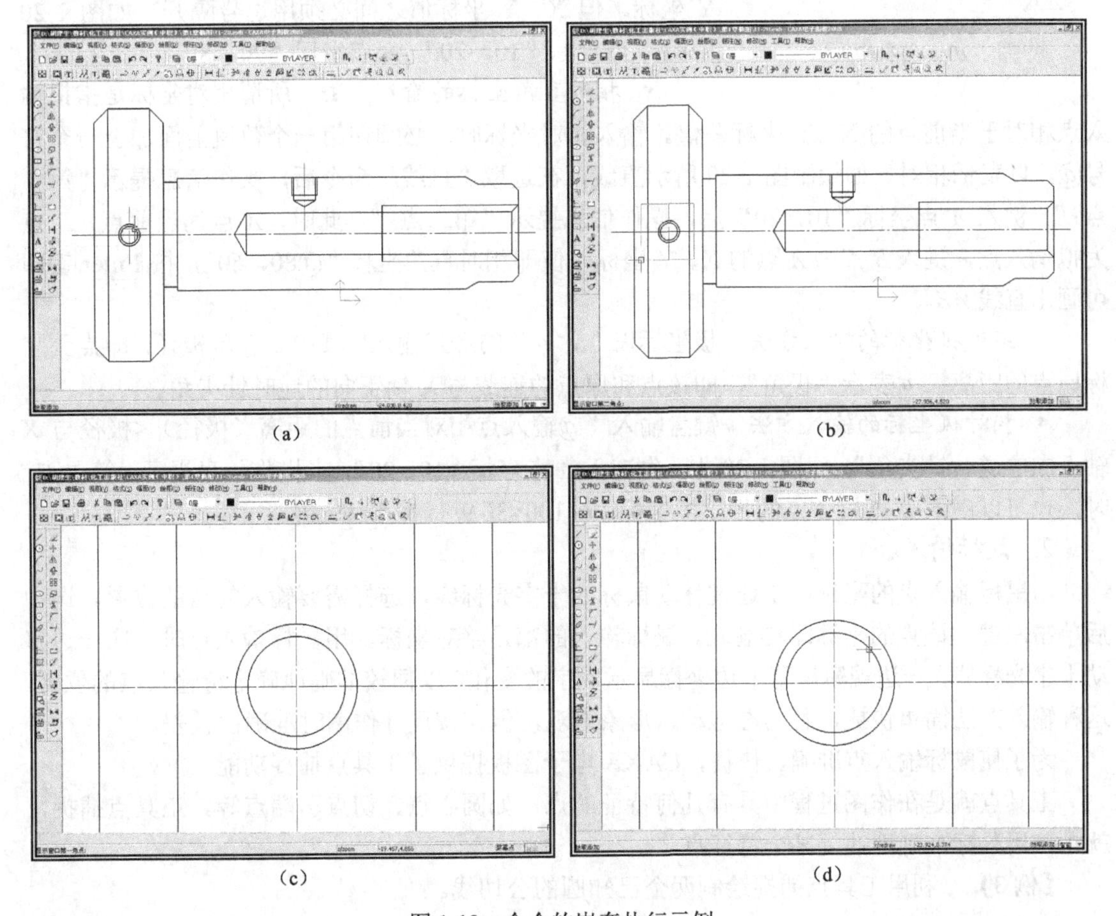

图 1-19　命令的嵌套执行示例

单击常用工具栏中的“显示窗口”图标，操作提示变为“显示窗口第一角点:”。在小圆旁确定一点后，操作提示变为“显示窗口第二角点:”，如图 1-19（b）所示。按操作提示确定第二角点后，将按给定二点所确定的窗口对图形进行放大，操作提示仍为“显示窗口第一角点:”，如图 1-19（c）所示。点击右键或按 Esc 键结束窗口放大后，又恢复操作提示“拾取添加:”，即回到了删除和操作的拾取状态，此时可以非常容易的拾取小圆，如图 1-19（d）所示。

六、点的输入

点是最基本的图形元素，点的输入是绘图操作的基础。CAXA 电子图板除了提供常用的键盘输入和鼠标点取输入方式外，还设置了若干种点的捕捉方式，力求点的输入简单、迅速、准确。

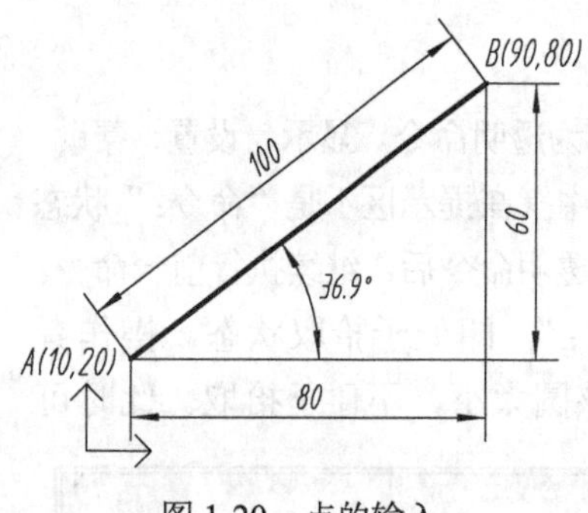

图 1-20　点的输入

1. 键盘输入

在输入点状态下，直接用键盘键入一个点的坐标并按 Enter 键（或点击右键、或按空格键），该点即被输入。根据坐标系的不同，点的坐标分为直角坐标和极坐标，每一种又有绝对坐标和相对坐标之分。

● **绝对直角坐标的输入方法**　键盘直接输入点的 X、Y 坐标，但 X、Y 坐标值之间必须用逗号隔开。如图 1-20 中的 *A* 点坐标“10，20”、*B* 点坐标“90，80”。

● **相对直角坐标的输入方法**　所谓相对坐标是指拟输入点相对于当前点的 X、Y 坐标差值。输入相对坐标时，必须在第一个数值前面加上一个符号@，以表示相对。如绘制图 1-20 所示直线，在选取“直线”命令后，操作信息提示“第一点:”。键入 *A* 点坐标“10，20”后，操作信息提示“第二点:”。此时，*A* 点为当前点，*B* 点为拟输入点，键入 *B* 点与 *A* 点的 X、Y 坐标差值即相对直角坐标“@80，60”，按 Enter 键即可画出直线 *AB*。

● **绝对极坐标的输入方法**　极坐标以“*d*< *α*”的形式输入。其中 *d* 表示极径，即点到坐标原点的距离；*α* 表示“极角”，即该点和原点的连线与 X 轴正向的逆时针夹角。

● **相对极坐标的输入方法**　键盘输入“@输入点相对当前点的距离（极径）<极径与 X 轴正向的逆时针夹角”。如图 1-20 中，先键入 *A* 点坐标“10，20”，当操作信息提示“第二点”时，也可以键入 *B* 点与 *A* 点的相对极坐标“@100<36.9”，按 Enter 键。

2. 鼠标输入

用鼠标输入点的坐标就是通过移动鼠标的十字光标线，选择需要输入的点的位置。选中后单击左键，该点的坐标即被输入。鼠标输入的都是绝对坐标。用鼠标输入点时，应一边移动十字光标线，一边观察屏幕下边坐标显示数字的变化，以便较准确地确定待输入点的位置。这种输入方法简单快捷，且动态拖动、形象直观，但在按尺寸作图时准确性较差。

为了使鼠标输入点准确、快捷，CAXA 电子图板提供了工具点捕捉功能。

工具点就是在作图过程中具有几何特征的点，如圆心点、切点、端点等。工具点捕捉，就是使用鼠标准确地捕捉某个特征点。

【例 3】　利用工具点捕捉绘制两个已知圆的公切线。

操作步骤如下。

① 单击绘图工具栏中的“直线”图标 ⁄ ，当操作提示“第一点”时，按空格键，在工具点菜单中选择“切点”，如图 1-21（a）所示。

② 选择切点后，工具点菜单消失，用鼠标拾取一个圆后，可拖动出一条与该圆相切的任意角度直线，如图 1-21（b）所示。

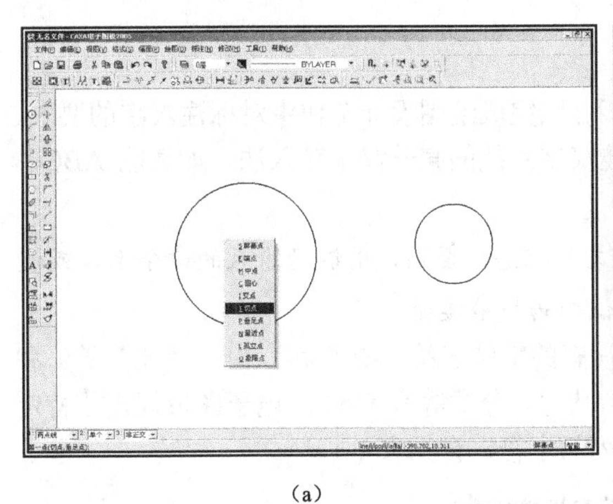

（a）

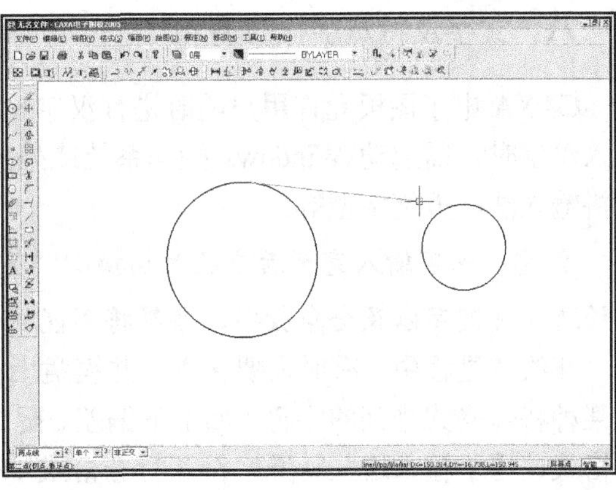

（b）

图 1-21　利用工具点捕捉示例

③ 当系统提示“第二点”时，再按空格键，在工具点菜单中选择“切点”后，拾取另一圆周，即完成两个已知圆的公切线绘制。

提示：如要提高工具点捕捉的速度，可以不用工具点菜单的弹出与拾取，而是在输入点状态下，直接按相应的键盘字符。此时需熟记忆一些常用工具点的键盘字符，如 E 键代表端点、C 键代表圆心、I 键代表交点、T 键代表切点等。

七、数值的输入

在 CAXA 电子图板中，可以用下列方法输入一个（或一组）数。

1. 键盘输入

在执行某些命令的过程中，常需要输入一个数值（如长度、高度、直径、半径、角度等），此时可以用键盘直接键入数值。输入的数值显示在状态行的操作提示之后，按 Enter 键（或空格键）确认即可。

2. 在数据编辑窗口输入

某些命令的立即菜单中包含数据显示窗口，单击数据显示窗口会弹出一个数据编辑窗口，如图 1-14（d）所示。在该窗口键入数值，按 Enter 键确认后即接受该数据。

3. 在对话框中输入

在很多对话框中都有数据显示与编辑窗口，如单击“图纸幅面”时，选择图纸幅面为“用户定义”后，则可在“宽度”和“高度”框内输入图幅尺寸。方法是：首先将光

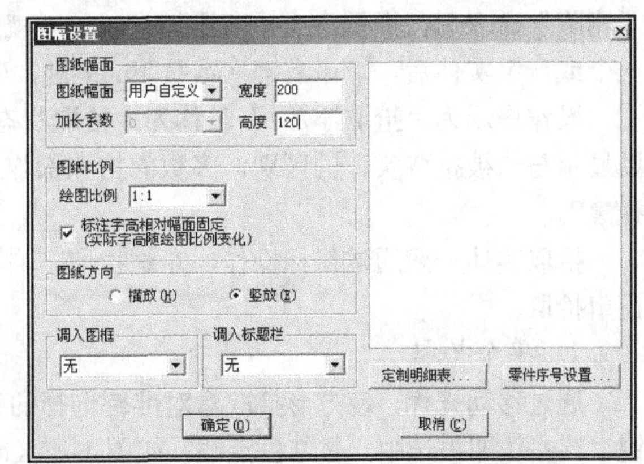

图 1-22　在对话框中输入数值

标移至该框处，单击左键激活该框（出现闪烁的竖线光标）后，即可键入数值并即时显示出来，如图 1-22 所示。

4. 角度的输入

输入角度时，规定以“°”为单位，只需键入角度数值即可，并且规定角度值以 X 轴正向为 0°，逆时针旋转为正，顺时针旋转时为负。

八、文字及特殊字符的输入

CAXA 电子图板允许用户随时进行汉字输入，以完成绘图设计工作中对标注汉字的要求。输入汉字时，需起动 Windows 操作系统或外挂汉字系统的某一汉字输入法，如智能 ABC、全拼输入法、五笔字型等。

注意：汉字输入完毕后应及时切换回“英文”状态，否则，用键盘输入的命令名，或键入的选项关键字以及全角数字、字符将不能被识别而拒绝接受。

在绘图过程中，有时需要输入一些键盘上没有的特殊字符（如“ ϕ”、“°”、“±”等）和以某种特殊格式排列的字符（如上下偏差、配合代号、分数等），CAXA 电子图板规定了特定的格式，用于输入这些特殊字符和特殊格式排列的字符，详见表 1-1。

表 1-1 特殊字符和格式的输入

内 容	键盘输入	内 容	键盘输入
ϕ50	%c50	$50^{+0.012}_{-0.027}$	50%+0.012%-0.027%b
60°	60%d	A_1	A%*p%*p1%*b
40±0.012	40%p0.012	B^2	B%*p2%*p
80%	80%%	$\phi 60\frac{H7}{f6}$	%c60%&H7/f6
37℃	37%dC	ϕ50H6（$^{+0.016}_{0}$）	%c50H6（%+0.016%b）

九、拾取实体的方法

绘图时所用的直线、圆弧、块或图符等元素，在交互式软件中称为实体。通常把选择实体称为拾取实体，其目的就是根据作图的需要，在已经画出的图形中，选取作图所需的某个或某几个实体。在许多命令（特别是编辑命令）的执行过程中常需要拾取实体。例如，输入“删除”命令后，提示为“拾取添加:”，这时就要先通过拾取，确定需要删除的对象。拾取一个或一组实体后，点击右键（或按 Enter 键）确认，所选实体即被删除。

操作提示为“拾取添加:”时称为“拾取状态”，被拾取的实体呈加亮颜色（红色点线），以显示与未被拾取实体的区别。多数的拾取操作允许连续进行，已选中实体的集合称为“选择集”。

拾取实体一般通过鼠标操作，左键拾取，右键确认。拾取实体可以单个拾取，也可以用窗口拾取。

1. 单个拾取

通过移动光标，使方形拾取盒对准待选择的某个实体，如图 1-23（a）所示。此时单击左键，该实体即被选中，呈红色点线，如图 1-23（b）所示。连续在其他实体上单击左键，可继续选中其他实体。

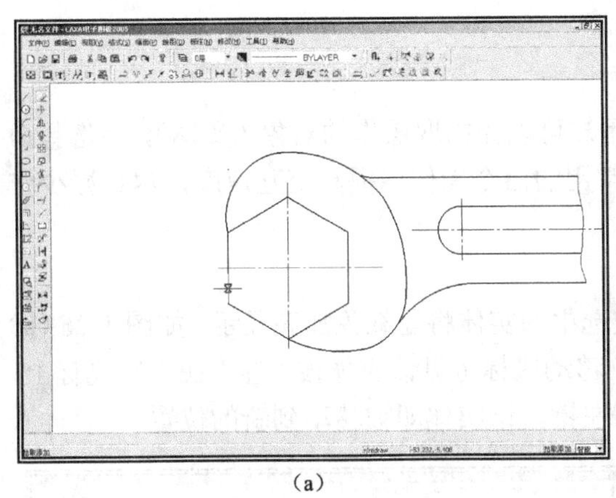
(a)

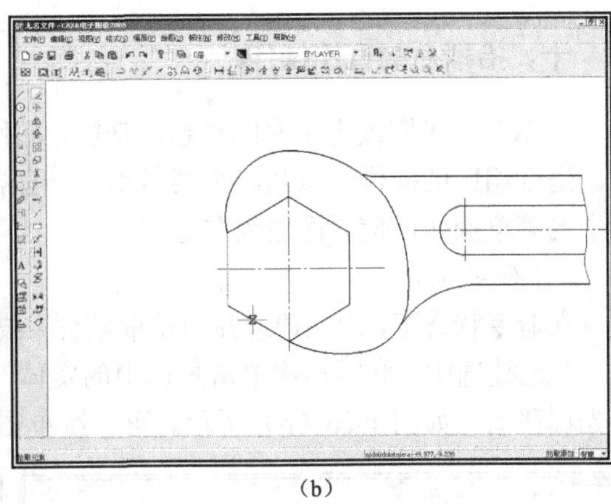
(b)

图 1-23　单个拾取

2. 窗口拾取

用鼠标左键在屏幕空白处指定一点后，系统接着提示“另一角点:”。移动鼠标即从指定点处拖动出一个矩形框（称窗口），如图 1-24 所示。此时再次单击左键指定窗口的另一角点，则两角点确定了拾取窗口的大小。

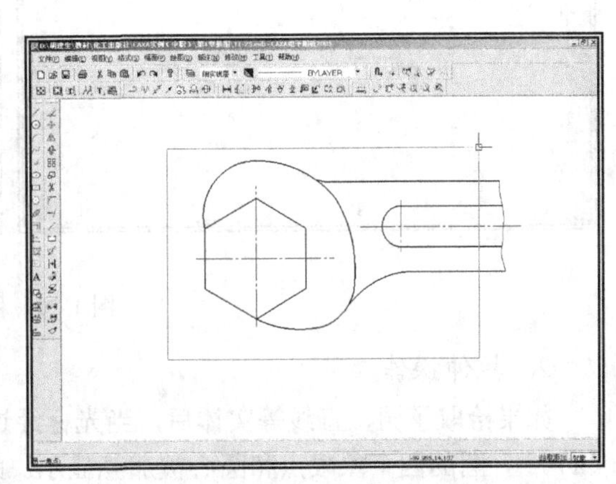
图 1-24　移动光标拖动出窗口

采用窗口拾取时，不同的窗口拖动方式，拾取的实体也不相同。从左向右拖动窗口（*第一角点在左，第二角点在右，称左右窗口*），只能选中完全处于窗口内的实体，不包括与窗口相交的实体，如图 1-25（a）所示；而从右向左拖动窗口（*第一角点在右，第二角点在左，称右左窗口*），则不但位于窗口内的实体被选中，与窗口相交的元素也均被选中，如图 1-25（b）所示。

单个拾取和窗口拾取在操作上的区别在于第一点是否选中元素。第一点定位在元素上，系统按单个拾取处；第一点定位在屏幕空白处，未选中元素，则提示“另一角点:”，系统按窗口拾取处理。

拾取操作大多重复提示，即可多次拾取，直至点击右键（或按 Enter 键）确认后，系统结束拾取状态向下执行。

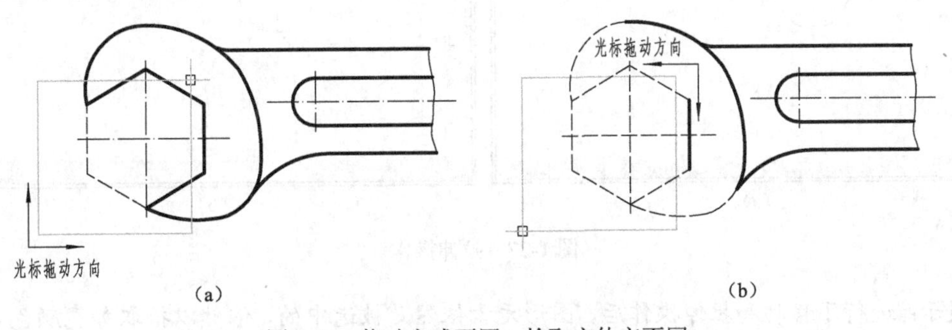

(a)　　(b)

图 1-25　拖动方式不同，拾取实体亦不同

十、拾取后的直接操作

CAXA电子图板提供面向对象的功能，即用户可以先拾取操作的对象（实体），后选择命令，进行相应的操作。该功能主要适用于一些常用的命令操作，提高交互速度，尽量减少作图中的菜单操作，使界面更为友好。

1. 移动实体

在命令状态下，用左键或窗口拾取实体，被选中的实体将呈红色加亮显示，如图1-26（a）中，圆已被选中。此时再次单击被选中的实体，移动鼠标可见该实体被“挂”在十字光标上，随光标移动，如图1-26（b）所示。再一次单击左键，该实体即被移动到新的位置。

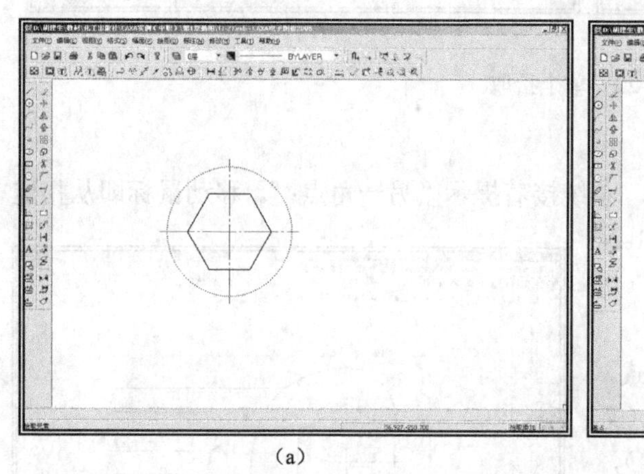
（a）

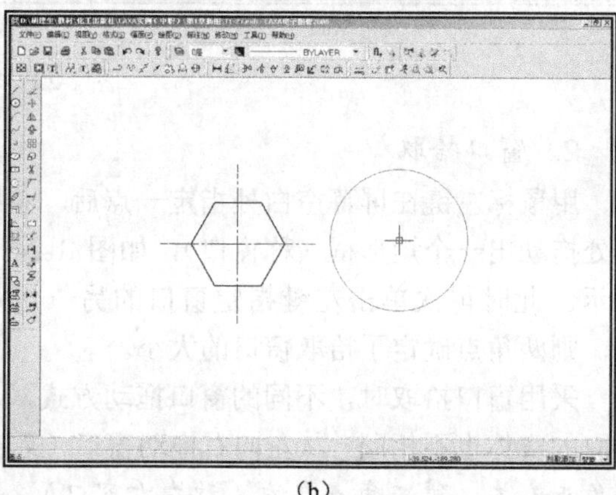
（b）

图1-26 移动实体

2. 拉伸操作

如果拾取了圆、直线等实体后，当光标经过该实体时，其控制点将被加亮显示如图1-27（a）中，圆的四个象限点和圆心被加亮显示。此时用鼠标选择控制点，可对已经拾取的圆或直线进行拉伸操作。如图1-27（b）中，选择了圆的象限点对圆的半径进行拉伸。

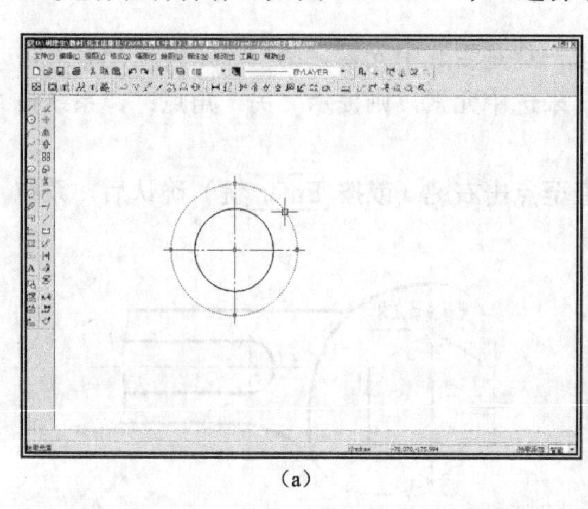
（a）

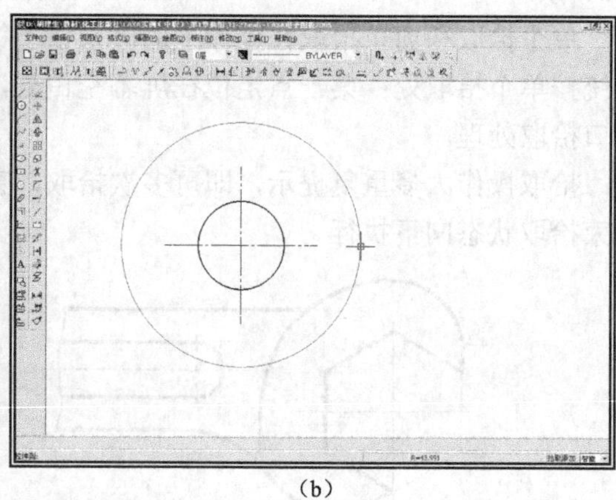
（b）

图1-27 拉伸操作

提示：进行了移动和拉伸操作后，图形元素依然是被选中的，依然以拾取加亮颜色显示。系统仍然认为被选中的实体为操作的对象，此时可按 Esc 键结束操作。

十一、设置当前层

1. 图层的概念

绘制的每一幅图形中，都包含许多要素，如线型、文字、数字、尺寸、图例符号等要素。线型要素又包括粗实线、细实线、点画线、虚线、双点画线等等。为便于把各要素信息分别绘制、编辑，并且又能适时组合或分离，CAXA 电子图板与其他绘图系统一样，也采用了分图层进行绘图设计工作的方式。

什么是图层呢？如图 1-28 所示，可以把图层想像成没有厚度的透明薄片，将一幅图样的不同内容、绘制在不同的图层上。为保证层与层之间完全对齐，各图层之间具有相同的坐标系和显示缩放系数。当一个图样的各层完全打开，所有层重叠在一起，就组合成了一幅完整的图样。

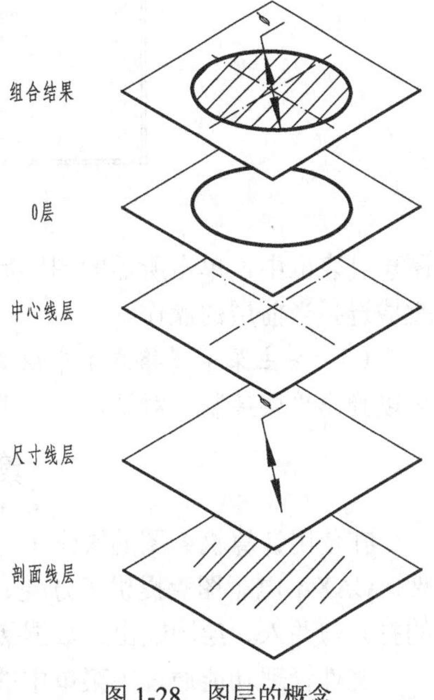

图 1-28　图层的概念

（1）*图层的状态*　图层是有状态的，并且它的状态可以改变。图层的状态包括层名、层描述、线型、颜色、打开与关闭、是否为当前层等。

（2）*层名*　每一图层具有唯一的层名，CAXA 电子图板最多可以设置 100 层。每一图层都具有自身的线型和颜色。系统预先定义了七个图层，分别为“0 层”、“中心线层”、“虚线层”、“细实线层”、“尺寸线层”、“剖面线层”和“隐藏层”，每个层设置了相应的线型和颜色。系统起动后初始的当前层为 0 层，线型为粗实线。

（3）*当前层*　正在进行操作的图层称为当前层。如果把图层比作若干张重叠在一起的透明薄片，当前层就是位于最上面的那一张。系统只有唯一的当前层，显示在属性工具栏的“当前层选择”窗口中。

（4）*打开和关闭图层*　每一图层具有“打开”和“关闭”两种状态。打开图层上的实体在屏幕上可见，被关闭的图层上的实体不被显示，也不能被拾取。

2. 设置当前层

此项操作用来将某个图层设置为当前层。设置当前层的方法有三种。

（1）*在“当前层”下拉列表框中设置当前层*　单击属性工具栏中的“当前层选择”下拉列表框右侧的下拉箭头▼，可弹出图层列表，如图 1-29 所示。在图层列表中，单击所需的图层，即可完成当前层选择的操作。

图 1-29　图层列表

（2）*在“层控制”对话框中设置当前层*　单击属性工具栏中的“层控制”图标，弹出“层控制”对话框，如图 1-30 所示。对话框的上部显示出当前层是哪一个层，在对话框中的

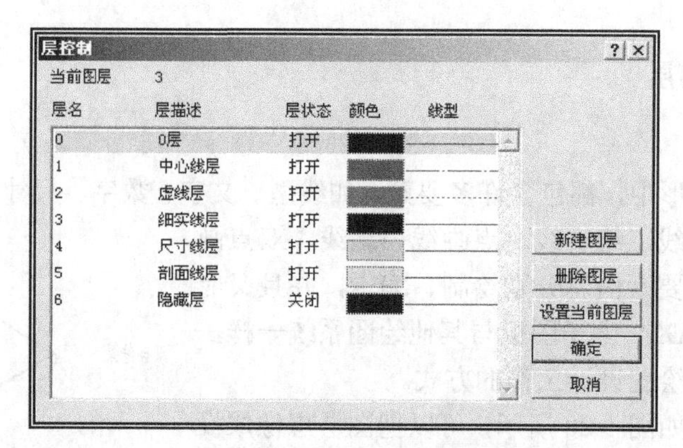

图 1-30 “层控制”对话框

图层列表框中，单击所需的图层后，再单击右侧的设置当前图层按钮，再单击确定(O)按钮，即完成选择当前层的操作。

（3）*在主菜单【格式】中设置当前层* 单击主菜单中的【格式】→【层控制】命令，也可以弹出“层控制”对话框，余下的操作方法与（2）相同，不再赘述。

第四节 文 件 管 理

在使用计算机绘图的操作中，所绘图形都以文件形式存储在计算机中，故称之为图形文件。CAXA 电子图板提供了方便、灵活的文件管理功能，其中包括文件的建立与存储、文件的打开与并入、绘图输出、数据接口和应用程序管理等。

文件管理功能通过主菜单中的【文件】菜单来实现，单击该菜单项，弹出的下拉菜单如图 1-31 所示。单击相应的菜单项，即可实现对文件的管理操作。为方便使用，CAXA 电子图板还将常用的“新文件”、“打开文件”、“存储文件”和“绘图输出”，以图标形式放在标准工具栏中。

一、建立新文件（□或 Ctrl+N）

① 单击标准工具栏中的“新建文件”图标□（或单击主菜单中的【文件】→【新文件】命令），系统弹出“新建”对话框，如图 1-32 所示。

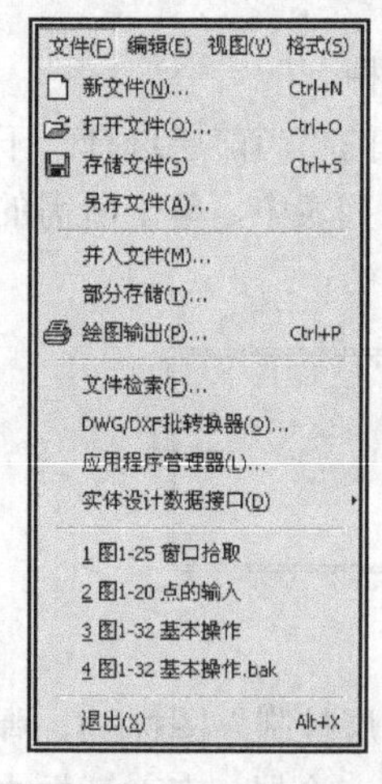

图 1-31 文件下拉菜单

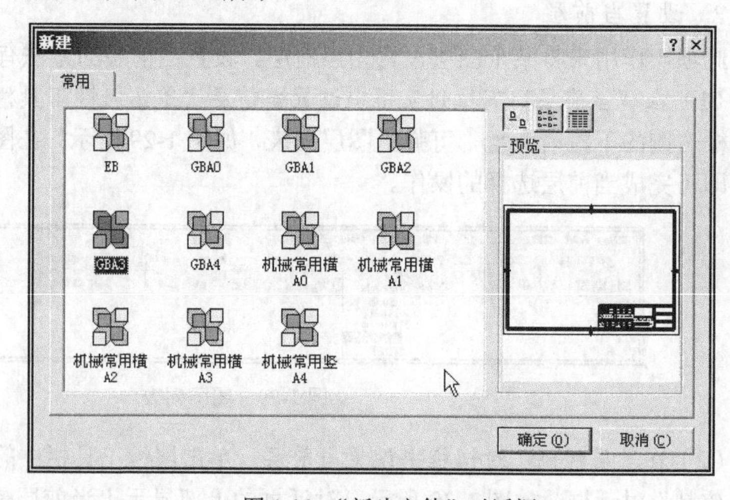

图 1-32 “新建文件”对话框

② 对话框有两个窗口，左边是模板文件的选择框，右边是所选模板的预览窗口。可从中选择国标规定的 A0～A4 图幅模板以及一个名称为 EB 的空白模板文件。指定模板后，单击 确定(O) 按钮（或按 Enter 键），选取的模板文件被调出，并显示在屏幕绘图区，此时一个新文件就建立了。由于调用的是一个模板文件，在窗口顶部的标题栏中仍显示一个无名文件。由此可见，CAXA 电子图板中的建立新文件，实际上是为用户调用了一张图纸，从而减少不必要的操作，提高工作效率。

新建文件时，如果当前文件在经过编辑后未保存，系统会弹出一个提示对话框，询问用户是否保存文件，如图 1-33 所示。选择 否(N) 按钮，则放弃存盘；选择 是(Y) 按钮，系统将先对当前文件进行存储，然后再弹出新建对话框。

二、存储文件（或 Ctrl+S）

存储文件就是将当前绘制的图形以文件形式存储到磁盘上。

单击标准工具栏中的“存储文件”图标，或单击主菜单中的【文件】→【存储文件】命令，或在图 1-33 中的对话框中选择 是(Y) 按钮，如果当前文件没有文件名，则系统弹出一个如图 1-34 所示的“另存文件”对话框。在对话框的文件名输入框内输入一个文件名，单击 保存(S) 按钮，系统即按所给文件名存盘。

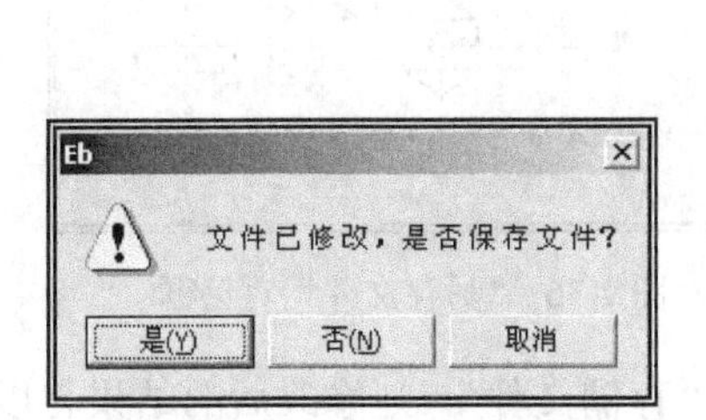

图 1-33　保存文件提示对话框

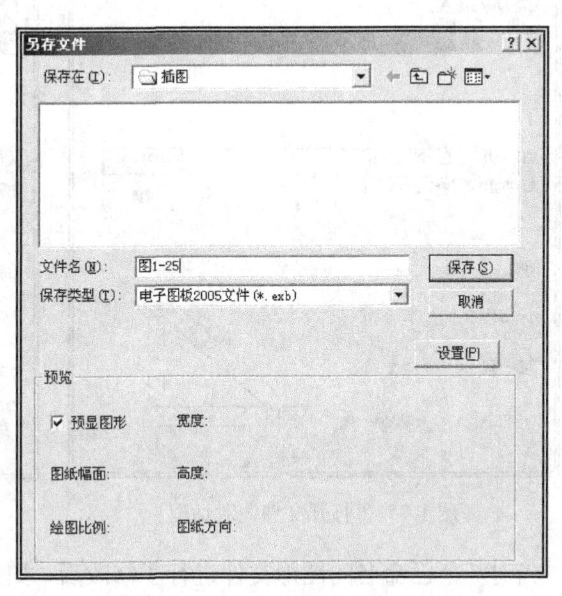

图 1-34　“另存文件”对话框

如果当前文件已有文件名（即窗口顶部的标题栏中显示的文件名），则不出现对话框，系统按当前文件名直接存盘。一般情况下在第一次存盘以后，若再次选择“存储文件”命令，就会出现这种情况。这是很正常的，不必担心因无对话框而没有存盘的现象。

启动 CAXA 电子图板后，用户就可以进行图形绘制和图形编辑等各项操作了。但是当前的所有操作结果都只被记录在内存中，只有在进行存盘操作以后，工作成果才会被永久的保存下来。因此要经常将自己的绘图结果保存起来，从而避免因发生意外而使绘图结果丢失的情况发生。

三、打开文件（或Ctrl+O）

打开文件就是要调出一个已存盘的图形文件。

单击标准工具栏中的“打开文件”图标（或单击下拉菜单【文件】→【打开文件】命令），系统就会弹出“打开文件”对话框，如图1-35所示。

对话框上部为Windows标准文件显示窗口，下部为图纸属性和图形预览框。在显示窗口中选取要打开的文件名，单击打开(O)按钮，系统将打开一个图形文件。

四、另存文件

另存文件就是将当前图形文件换名存盘，即以新的文件名作为当前文件名。

单击主菜单中的【文件】→【另存文件】命令，弹出“另存文件”对话框，如图1-36所示。在对话框的文件名输入框内输入一个新的文件名，单击保存(S)按钮，系统即按所给的新文件名存盘。

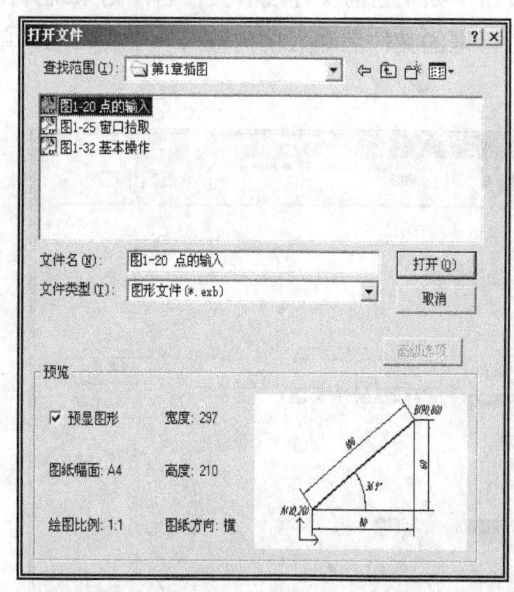

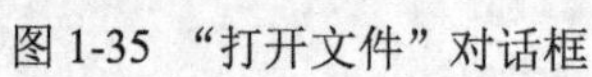
图1-35 “打开文件”对话框

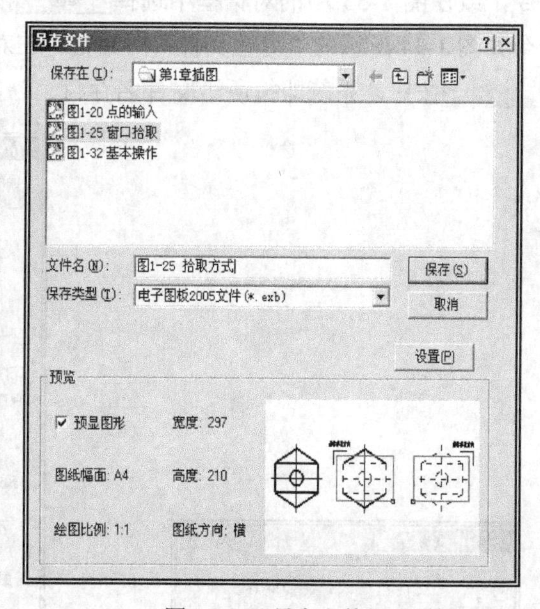

图1-36 “另存文件”对话框

当对一个已命名的图形文件进行了修改后，如果执行“存储文件”，则修改后的结果将以原文件名快速存盘，原文件将被覆盖。因此，当希望保留个性前的原有文件时，则不能执行“存储文件”命令，而应执行“另存文件”命令。

五、退出（×或Alt+X）

退出即关闭绘图窗口，退出CAXA电子图板系统。

单击主菜单中的【文件】→【退出】命令，或单击绘图窗口标题栏右端的“关闭”按钮×；或使用Windows“关闭窗口”快捷键Alt+F4，均可退出CAXA电子图板系统。执行退出时，如果当前文件没有存盘，则弹出提示对话框（图1-33），提示是否保存文件，作出选择后可退出系统。

练习题（一）

一、思考题

（1）CAXA 电子图板 2005 的界面由哪几部分组成？

（2）CAXA 电子图板 2005 菜单系统中包括哪几类菜单？

（3）什么是立即菜单?立即菜单的特点和主要内容是什么？

（4）要终止正在执行的命令如何操作？要重复执行上一条命令如何操作？

（5）常用点的输入方法有哪些？各有什么特点?

（6）何谓工具点及工具点捕捉？怎样才能实现工具点捕捉？

（7）如何输入特殊字符“ ϕ”和“°”？

（8）何谓实体？常用的拾取实体方法有哪些？

（9）何谓模板文件？怎么建立一个“机械常用横 A3”的新文件？

（10）存储文件与另存文件有什么区别？

二、上机练习题

（1）入门练习。

① 启动“CAXA 电子图板 2005”，熟悉其用户界面。

② 分别从下拉菜单和工具栏输入命令，画一些直线。

③ 分别用“单选”和两种“窗选”方式删除所画内容。

④ 熟悉存储文件、打开文件及退出系统的操作方法。

（2）用直线命令画一个 150×100 的矩形。左下角用绝对坐标或鼠标输入，其他各点用相对直角坐标输入。

（3）采用“两点线-连续-非正交”方式画直线，观察完成后的图形是什么。提示和输入如下：

第一点：-190，-15↙；第二点：@66，30↙；第二点：@120，0↙；第二点：@75，84↙；第二点：@27，0↙；第二点：@-50，-84↙；第二点：@74，0↙；第二点：@20，35↙；第二点：@25，0↙；第二点：@-25，-65↙；第二点：@-332，0↙（结束）。

第二章　绘图的基本方法

本章通过五个绘图实例，介绍直线、圆、圆弧、矩形正多边形等常用绘图命令的使用方法；实体裁剪、拉伸、阵列、镜像等常用图形的编辑与修改方法；常用的尺寸标注方法以及文字的标注方法，使读者初步掌握利用 CAXA 电子图板绘图的基本方法。

实例一　简单图形的绘制

本例要点　掌握直线、圆、矩形、圆角的常用绘制方法；利用拉伸命令对实体进行编辑修改；学会利用工具点菜单捕捉特征点。

题目　按 1∶1 的比例，绘制图 2-1 所示简单图形，不标注尺寸。

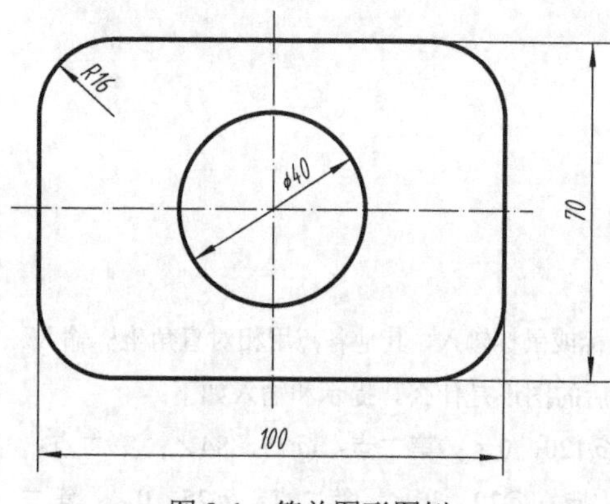

图 2-1　简单图形图例

利用 CAXA 电子图板绘制同一个图形，可以有多种绘制方法和过程，下面介绍两种不同的绘制方法，供读者进行比较。

一、第一种绘制方法

1. 绘制基准线

按手工绘图的习惯，画图时先画基准线。

① 单击属性工具栏中的“当前层选择”下拉列表框右侧的下拉箭头▼，在弹出的图层列表中，单击“中心线层”，即可将当前层设置为中心线层。

② 单击绘图工具栏中的“直线”按钮╱（或单击主菜单中的【绘图】→【直线】命令），在作图区的下方出现立即菜单和操作提示，如图 2-2（a）所示。

◇ 立即菜单“1:”　为绘制直线类型的选择窗口，单击该窗口可弹出绘制两点线选项菜单，如图 2-2（b）所示。CAXA 电子图板提供了“两点线”、“平行线”、“角度线”、“角等分线”和“切线/法线”等五种绘制直线的类型，可根据不同的需要进行选择。

• 两点线　通过给定的两点画一条直线。因为两点线是应用最多的一种绘制直线类型，因此把它作为绘制直线的缺省选项。

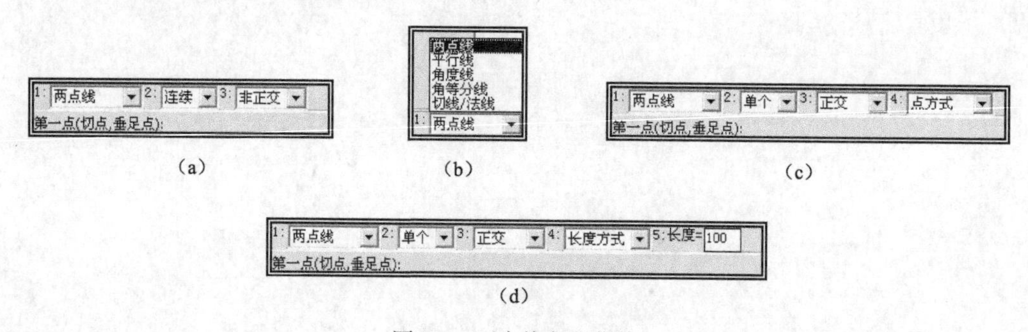

图 2-2　两点线立即菜单

● 平行线　按给定距离绘制与已知线段平行、且长度相等的单向或双向平行线。

● 角度线　画与 X 轴、Y 轴或与已知直线成一定角度的直线。

● 角等分线　指按给定等分份数将一个角等分绘制的直线。

● 切线/法线　可实现过给定点作已知线的切线或法线。其中，作直线的切线，就是过一点作该直线的平行线，而作直线的法线，即过一点作该直线的垂直线。作圆（弧）的切线，是指过一点作一条与圆（弧）径向相垂直的直线，而作圆（弧）的法线，就是过一点作圆（弧）的径向直线。

◇ 立即菜单“2:”　是“连续”直线与“单个”直线两种绘制方式的切换窗口。

● 连续　是指每次可连续绘制多条直线，且各条直线按绘制顺序首尾相连。

● 单个　是指每次只绘制一条直线。

◇ 立即菜单“3:”　是“非正交”和“正交”两种方式的切换窗口。

● 非正交　表示可以绘制任意方向的直线。

● 正交　只允许画与坐标轴平行的线段。

③ 单击立即菜单“2:”，将“连续”转换为“单个”。单击立即菜单“3：”，将“非正交”转换为“正交”，同时又弹出立即菜单“4：”，如图 2-2（c）所示。

◇ 立即菜单“4:”　是“点方式”和“长度方式”的切换窗口。如果切换为“长度方式”，又会弹出立即菜单“5:”，如图 2-2（d）所示。

◇ 立即菜单“5:”　是显示直线长度的数据显示窗口，系统默认的直线长度为 100 mm，单击该窗口（或按 Alt+5 组合键），立即菜单区变为一个数据编辑窗口，可用键盘输入新的数据以改变长度值。

④ 将立即菜单设置为“两点线”、“单个”、“正交”、“点方式”，按操作提示用鼠标在绘图区的适当位置确定水平中心线的第一点后，操作提示变为“第二点：”，向右移动光标可拖动出一条以前一点为定点，被光标拖动而动态伸缩的粉红色亮显的水平线，如图 2-3（a）所示。单击左键确定直线的第二点后，水平中心线即被画出，此时操作提示仍为“第一点：”，表明系统仍处于输入点状态，可按上述方法，接着输入点画出竖直中心线，如图 2-3（b）所示。

2. 绘制圆

① 单击属性工具栏中的“当前层选择”下拉列表框右侧的下拉箭头▼，在弹出的图层列

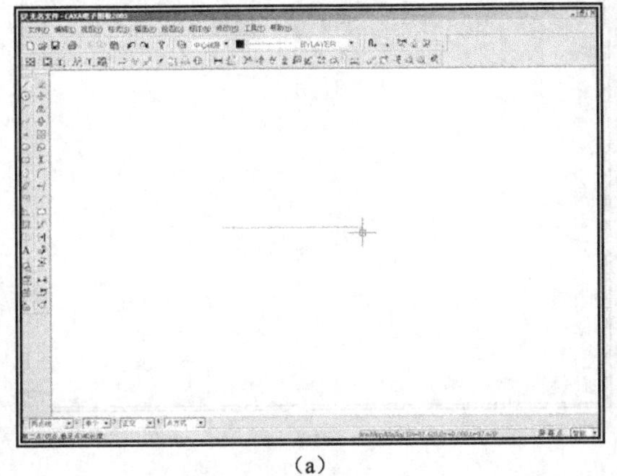

（a）

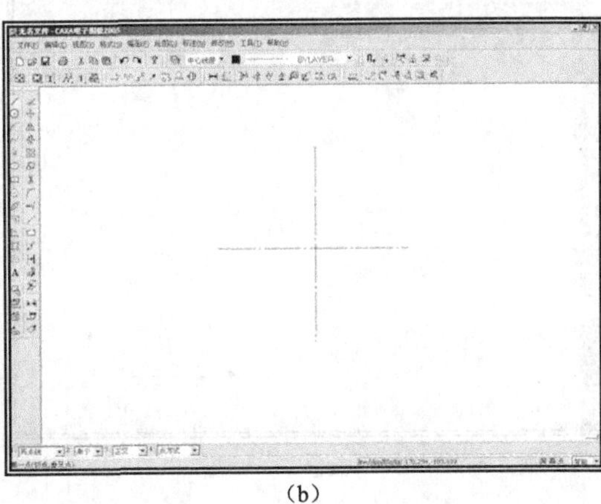

（b）

图 2-3　绘制基准线

表中，单击“0层”，即可将当前层设置为0层。

② 单击绘图工具栏中的“圆”图标⊙（或单击主菜单中的【绘图】→【圆】命令），弹出系统默认的画圆立即菜单及操作提示，如图2-4（a）所示。

◇ 立即菜单“1:” 是绘制圆的各种方法的选择窗口，单击该窗口可弹出绘制圆的选项菜单，如图2-4（b）所示。CAXA电子图板提供了“圆心_半径”、“两点”、“三点”、“两点_半径”等四种画圆方式，供作图时选择。

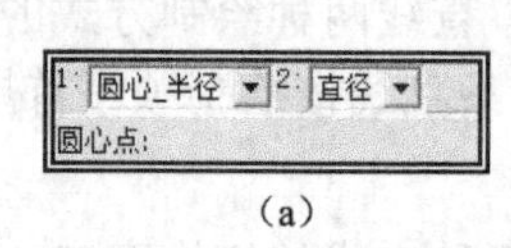

（a）

（b）

图2-4 绘制圆的立即菜单

- 圆心_半径 已知圆心和半径（或直径）画圆。因为已知“圆心_半径”画圆是应用最多的一种画圆方式，因此把它作为画圆的缺省选项。
- 两点 过两个已知点（两点之间的距离为直径）画圆。
- 三点 过已知三点画圆。
- 两点_半径 过两个已知点和给定半径画圆。

◇ 立即菜单“2:” 是“直径”与“半径”的转换窗口。单击立即菜单“2:”，显示内容由“直径”变为“半径”。

③ 按操作提示输入圆心时，为使作图准确，可利用工具点菜单捕捉中心线的交点。具体操作方法是：按空格键，弹出工具点菜单，用光标在其中选择交点后，工具点菜单消失，状态行右侧的工具点状态显示为“交点”，说明系统已经处于捕捉交点状态。将光标移至中心线的交点处单击左键，系统会准确地将该交点作为圆心点。同时操作提示变为“输入直径或圆上一点：”，移动光标可拖动出一个以中心线交点为圆心，随光标移动而动态变化的圆，如图2-5（a）所示。

④ 用键盘输入圆的直径40，点击右键（或按Enter键），完成圆的绘制，如图2-5（b）所示。

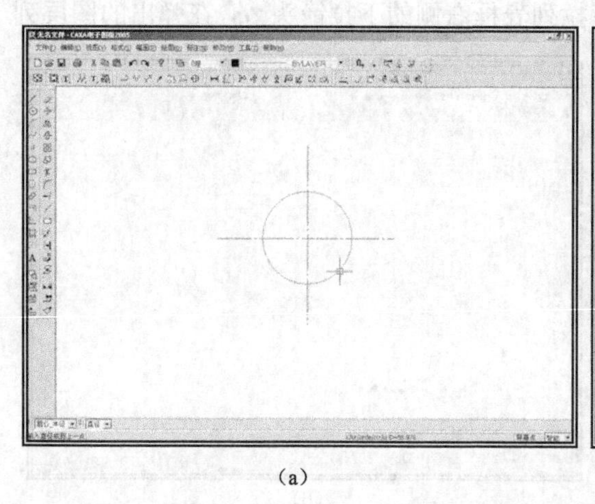
（a）

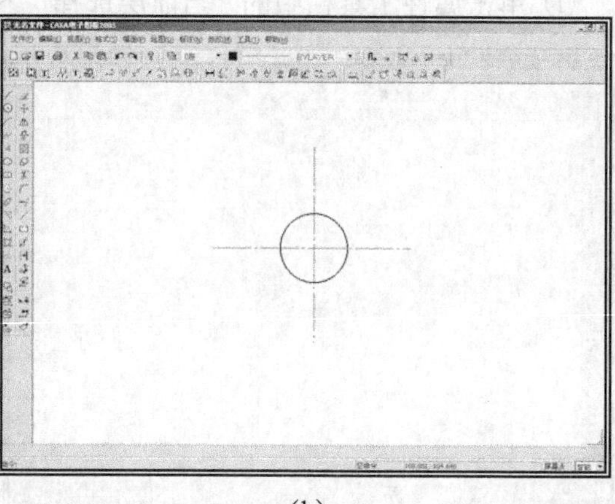
（b）

图2-5 绘制圆的过程

3．绘制矩形

① 单击绘图工具栏中的“矩形”图标（或单击主菜单中的【绘图】→【矩形】命令），弹出绘制矩形的立即菜单，如图2-6（a）所示。

◇ 立即菜单“1:” 是绘制矩形方法的选择窗口，CAXA电子图板提供了“两角点”、“长度和宽度”两种绘制矩形的方法，供画图时选择。

• 两角点 以先后输入的两点为矩形的两个角点画出矩形。系统默认的绘制矩形方式为“两角点”方式。

• 长度和宽度 根据矩形的长度和宽度绘制矩形。

◇ 立即菜单“2:” 用于确定所绘矩形是否有中心线，单击该窗口，“无中心线”切换为“有中心线”，此时又弹出立即菜单“3：中心线延长长度”，如图2-6（b）所示。系统默认中心线延长长度为3 mm，可单击该窗口，在弹出的数据编辑框中改变中心线超出矩形轮廓线的长度。

② 由于已知矩形的长度为50，宽度为35，故而单击立即菜单“1：”，将“两角点”切换为“长度和宽度”，此时立即菜单变为图2-6（c）所示。

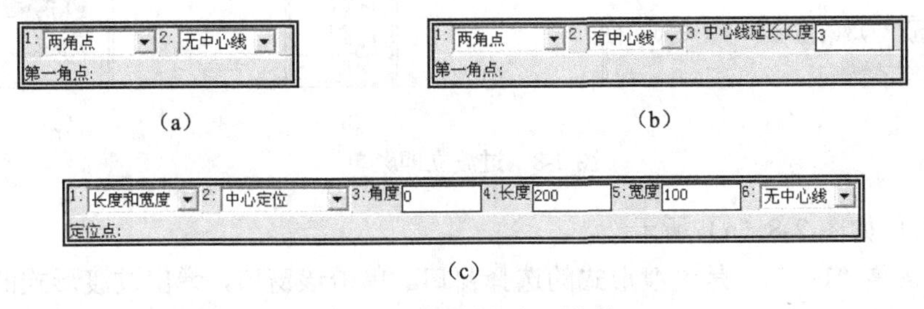

（a） （b）

（c）

图2-6 绘制矩形立即菜单

◇ 立即菜单“2:” 用于将“中心定位”切换为“顶边中点”或“左上角点定位”。

• 中心定位 以矩形的中心作为定位点绘制矩形。

• 顶边中点 以矩形顶边的中点为定位点绘制矩形。

• 左上角点定位 以矩形左上角顶点为定位点绘制矩形。

◇ 立即菜单“3：角度” 为数据显示窗口，用来确定所画矩形的倾斜角度。

◇ 立即菜单“4：长度”和立即菜单“5：宽度” 为矩形长度和宽度的数据显示窗口，单击这些窗口，均出现数据编辑框，可用来改变所画矩形的长度和宽度。

◇ 立即菜单“6:” 是“无中心线”与“有中心线”的切换窗口，用来确定所绘的矩形是否有中心线。操作方法与“两角点”方式相同。

③ 单击长度显示窗口，在弹出的数据编辑框中输入100，按 Enter 键结束数据输入。单击宽度显示窗口，在弹出的数据编辑框中输入70，按 Enter 键结束数据输入。此时一个矩形被“挂”在十字光标上，随光标移动，如图2-7（a）所示。

注意：由于图中已有基准线，所以立即菜单“6：”应选择“无中心线”方式，否则将出现图线重叠的现象。

④ 按操作提示输入矩形定位点时，为使作图准确，仍需利用工具点菜单捕捉中心线的交点。矩形绘制完成后如图2-7（b）所示。

4．绘制圆角

① 单击编辑工具栏中的“过渡”图标（或单击主菜单中的【修改】→【过渡】命令），

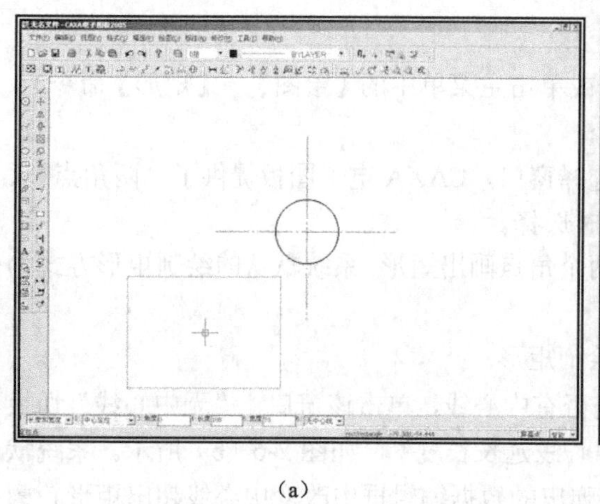
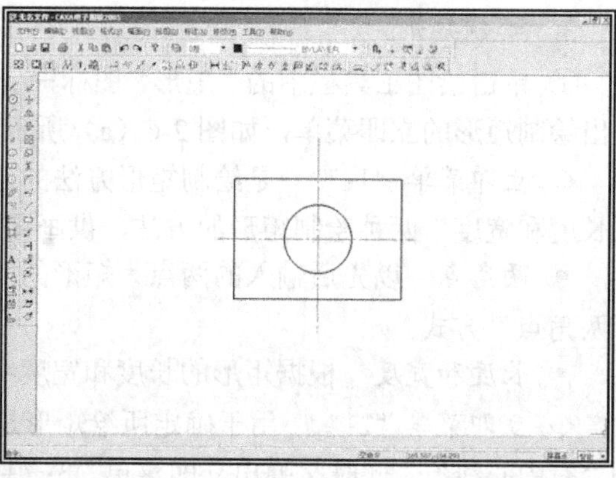

(a)　　　　　　　　　　　　　　　　(b)

图 2-7　绘制矩形

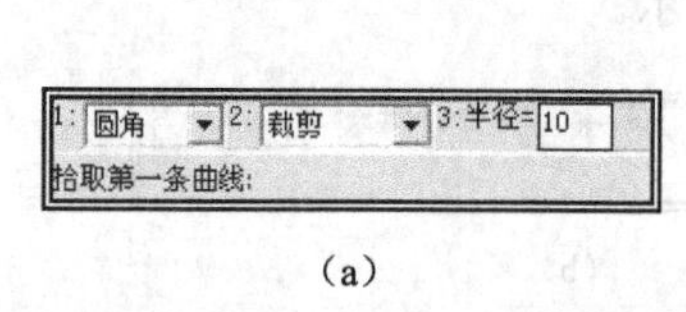

(a)　　　　　　　　(b)　　　　　　　　(c)

图 2-8　过渡立即菜单

弹出的立即菜单如图 2-8（a）所示。

◇ 立即菜单“1：”　是过渡形式的选择窗口。单击该窗口，弹出过渡形式的选项菜单，如图 2-8（b）所示。CAXA 电子图板提供了“圆角”、“多圆角”、“倒角”、“外倒角”、“内倒角”、“多倒角”、“尖角”等七种过渡形式，供作图时选择。

- 圆角　在直线与直线、直线与圆弧、圆弧与圆弧之间进行圆弧连接，是系统默认的过渡形式。
- 多圆角　对一系列首尾相连的直线（封闭或不封闭）同时在相交处、以相同的半径进行圆弧连接。
- 倒角　在两直线间进行倒角过渡。直线可被裁剪或向角的方向延伸。
- 外倒角与内倒角　在轴或孔上绘制倒角。
- 多倒角　对一系列首尾相连的直线（封闭或不封闭）同时在相交处进行倒角过渡。
- 尖角　在两条曲线的交点处，形成尖角过渡。

◇ 立即菜单“2：”　是裁剪类型的选择菜单。单击该窗口，弹出裁剪类型的选项菜单如图 2-8（c）所示。

- 裁剪　裁剪过渡后所有边的多余部分。
- 裁剪始边　只裁剪起始边的多余部分，起始边也就是拾取的第一条曲线。
- 不裁剪　执行过渡操作以后，原线段保留原样，不被裁剪。

◇ 立即菜单“3：半径”　是连接弧半径的显示窗口。单击该窗口可弹出数据编辑框，可修改连接弧的半径值。

② 根据本例的情况，在立即菜单“1：”中选择“多圆角”，此时的立即菜单只剩两项。如图 2-9（a）所示，将立即菜单“2：”中的连接弧半径修改为 16。

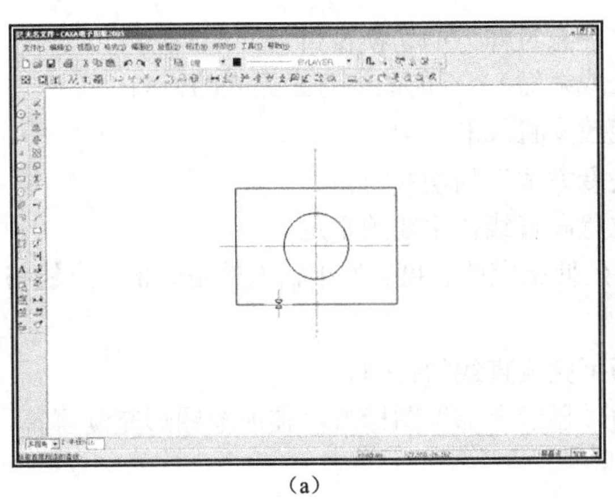

(a)

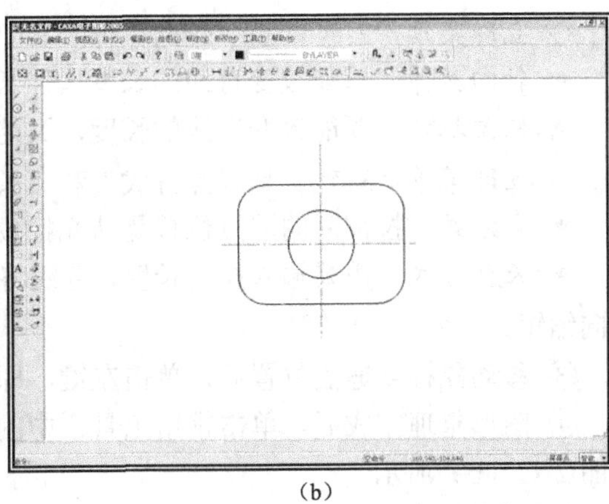

(b)

图 2-9　绘制圆角

③ 按操作提示“拾取首尾相连的直线:”，用光标拾取矩形的任一条边，即可完成圆角的绘制，如图 2-9（b）所示。

5. 整理图形

图形绘制完成后，有些中心线过长，需要整理，可用“拉伸”命令完成。

① 单击编辑工具栏中的“拉伸”图标（或单击主菜单中的【修改】→【拉伸】命令），出现拉伸的立即菜单如图 2-10（a）所示。

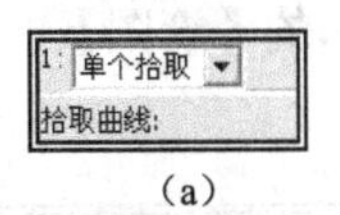

(a)

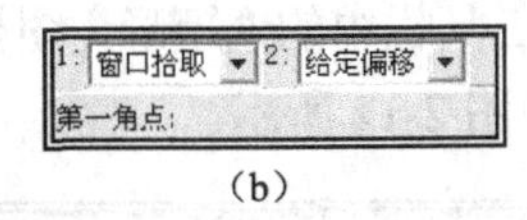

(b)

图 2-10　拉伸立即菜单

◇ 立即菜单“1：”　是拉伸拾取方式的选择窗口，单击该窗口，可将“单个拾取”切换为“窗口拾取”，如图 2-10（b）所示。

- 单个拾取　用鼠标拾取直线、圆、圆弧或样条（包括波浪线、公式曲线）进行拉伸。
- 窗口拾取　用窗口拾取被拉伸的曲线组，对其进行整体拉伸。

② 用鼠标拾取需拉伸的直线后，该直线被加亮显示，同时立即菜单变为图 2-11（a）所示。

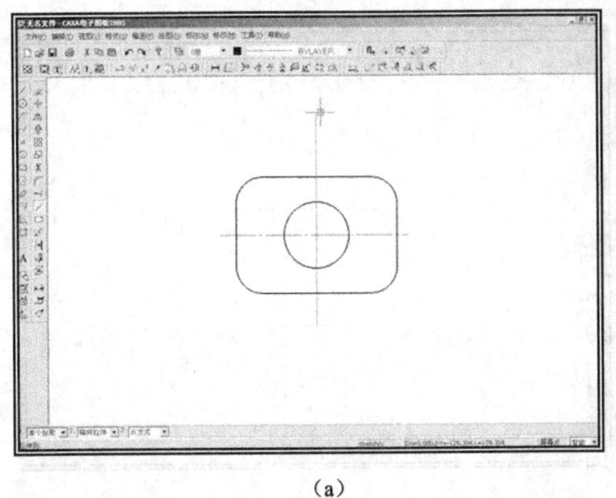

(a)

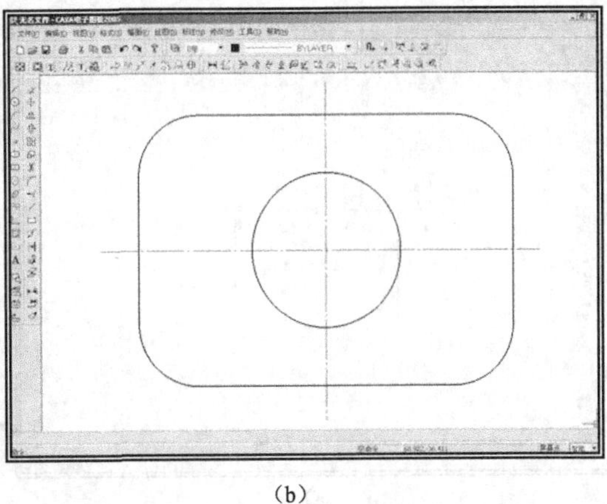

(b)

图 2-11　整理图形

◇ 立即菜单“2:” 是“轴向拉伸”和“任意拉伸”的切换窗口。

- 轴向拉伸 只能改变直线的长度（伸长或缩短），不能改变直线原来的方向。
- 任意拉伸 既能改变直线的长度，又能改变直线的方向。

◇ 立即菜单“3:” 是“点方式”和“长度方式”的切换窗口。

- 点方式 拉伸后的端点位置是从光标位置向直线作垂线的垂足。
- 长度方式 需要输入拉伸长度，直线将延伸指定的长度。如果输入的是负值，直线将反向缩短。

③ 移动鼠标到适当位置后，单击左键，即可完成直线的拉伸。

④ 图形整理完成后，单击常用工具栏中的“显示全部”图标，使所绘图形充满屏幕，如图2-11（b）所示。

6. 存储文件

① 单击标准工具栏中的“存储文件”图标（或单击主菜单中的【文件】→【存储文件】命令），弹出“另存文件”对话框。

② 在“另存文件”对话框中的文件名输入框内输入一个文件名，单击保存(S)按钮即可。

二、第二种绘制方法

1. 绘制矩形

① 将当前层设置为0层。

② 单击绘图工具栏中的“矩形”图标（或单击主菜单中的【绘图】→【矩形】命令），立即菜单的设置如图2-12所示。

图2-12 绘制矩形立即菜单

③ 按操作提示用鼠标在绘图区的适当位置确定矩形的定位点，画出有中心线的矩形如图2-13（a）所示。

2. 绘制圆角

① 单击编辑工具栏中的“过渡”图标（或单击主菜单中的【修改】→【过渡】命令），

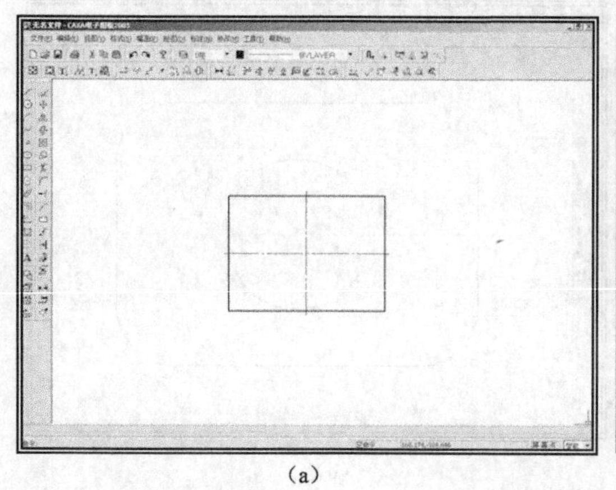

（a）

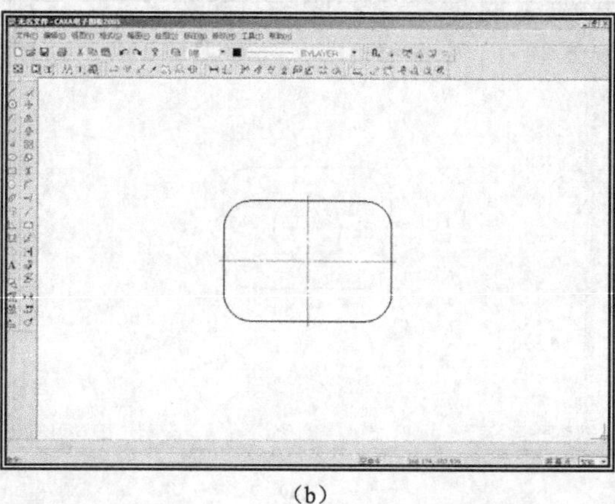

（b）

图2-13 绘制矩形及圆角

在立即菜单“1：”中选择“多圆角”，在立即菜单“2：”中输入圆角半径 16。

② 按操作提示“拾取首尾相连的直线:”，用光标拾取矩形的任一条边，完成圆角的绘制，如图 2-13（b）所示。

3. 绘制圆

① 单击绘图工具栏中的“圆”图标（或单击主菜单中的【绘图】→【圆】命令）。

② 利用工具点菜单捕捉中心线的交点作为圆的圆心，键盘输入圆的直径 40，点击右键（或按 Enter 键），完成的图形如图 2-14 所示。

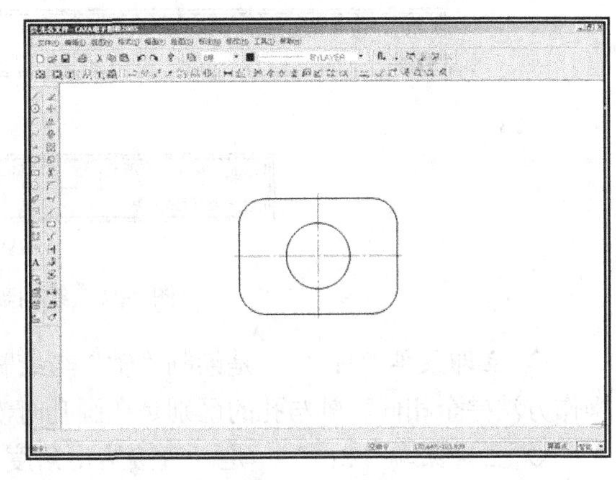

图 2-14 绘制圆

4. 存储文件

① 单击常用工具栏中的“显示全部”图标，使所绘图形充满屏幕，此时的中心线长短合适，不需再拉伸整理。

② 单击标准工具栏中的“存储文件”图标（或单击主菜单中的【文件】→【存储文件】命令），在弹出的“另存文件”对话框中的文件名输入框内输入一个文件名，单击 保存(S) 按钮。

比较以上两种绘制方法，我们不难发现第二种方法较第一种方法快捷、简单。因此，利用 CAXA 电子图板绘制图形时，应先对图形进行分析，找出简便快捷的绘制方法，提高绘图速度与效率。

实例二 顶尖的绘制

本例要点 掌握孔/轴命令、镜像命令的使用方法；掌握角度线的绘制方法；利用裁剪、删除命令对图形进行编辑修改。

题目 按 1∶1 的比例，绘制图 2-15 所示的顶尖图形，不标注尺寸。

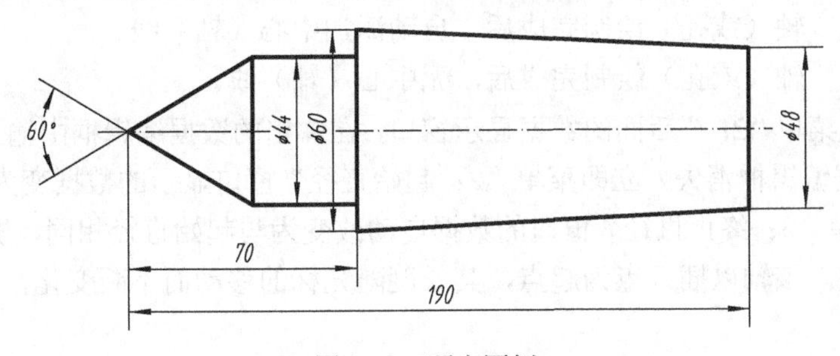

图 2-15 顶尖图例

1. 分析图形

从图中不难看出，该顶尖由三段同轴回转体构成，对于这类图形，恰当地应用孔/轴命令，可大大提高绘图速度。

2. 绘制主体轮廓

① 单击绘图工具Ⅱ工具栏中的“孔/轴”图标（或单击主菜单中的【绘图】→【孔/轴】命令），弹出的立即菜单，如图 2-16（a）所示。

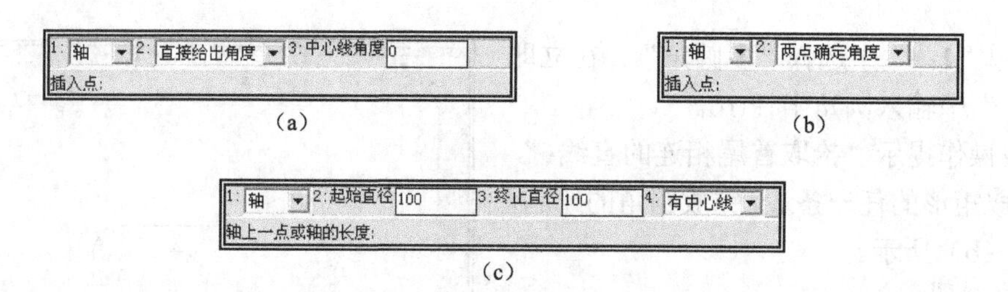

图 2-16　绘制轴/孔的立即菜单

◇ 立即菜单“1：”　是绘制“轴”与绘制“孔”的切换窗口。不论是画轴还是画孔，其操作方法完全相同。轴与孔的区别是在画孔时没有两端的端面线，系统将画轴作为缺省选项。

◇ 立即菜单“2：”　是“直接给出角度”和“两点确定角度”的切换窗口。

- 直接给出角度　通过输入中心线角度来确定待画轴（或孔）的倾斜角度。因为直接给出角度是应用较多的一种绘制轴（或孔）的方式，因此把它作为缺省选项。
- 两点确定角度　是通过输入的插入点和终止点位置确定中心线的角度。将“直接给出角度”切换为“两点确定角度”后，立即菜单如图 2-16（b）所示。

◇ 立即菜单“3：中心线角度”　是数据显示窗口。单击该窗口，将弹出一个数据编辑框，可在其中输入待画轴（或孔）的倾斜角度。当轴（或孔）的轴线与 X 轴平行时，角度值为 0°。角度值的范围是“–360，360”。系统默认的中心线角度值为 0°。

② 保持系统默认的立即菜单形式如图 2-16（a），按操作提示用鼠标在绘图区的适当位置确定“插入点：”后，出现一个新的立即菜单，如图 2-16（c）所示。

◇ 立即菜单“1：”　仍为绘制“轴”与绘制“孔”的切换窗口。

◇ 立即菜单“2：起始直径”和立即菜单“3：终止直径”　为数据显示窗口，用来确定所画轴（或孔）的“起始直径”和“终止直径”，系统默认的缺省值为 100。单击数据显示窗口，均出现数据编辑框，可用来改变轴（或孔）的起始直径与终止直径。如果重新输入的起始直径与终止直径不同，则画出的是圆锥轴（或圆锥孔）。

◇ 立即菜单“4：”　是“有中心线”和“无中心线”的切换窗口。

- 有中心线　轴（或孔）绘制完成后，自动添加中心（轴）线。
- 无中心线　轴（或孔）绘制完成后，无中心（轴）线。

③ 单击立即菜单“2：”后面的数据显示窗口，在弹出的数据编辑框中输入起始直径 44，按 Enter 键，数据编辑框消失，立即菜单“2：起始直径”窗口显示的数据变为 44。沿轴向拖动光标，立即菜单“3：终止直径”窗口的数据自动改变为与起始直径相同，屏幕上显示出一个直径为 44 的轴。该轴以插入点为起点，其长度随光标的移动而不断变化，如图 2-17（a）所示。

④ 此时系统给出的操作提示为“轴上一点或轴的长度：”，由键盘输入轴的轴向长度 70，点击右键（或按 Enter 键），绘制出的一段轴如图 2-17（b）所示。此时系统没有退出命令，仍然处于绘制轴的状态。

⑤ 继续绘制下一段轴。因下一段轴为圆锥轴，故应将立即菜单中的起始直径修改为 60，终止直径修改为 48。修改完成后，移动光标，可见一个圆锥轴被显示出来，如图 2-18（a）所示。

⑥ 系统继续提示“轴上一点或轴的长度：”，由键盘输入该段轴的轴向长度 190–70＝120，点击右键（或按 Enter 键），绘制出的圆锥轴如图 2-18（b）所示。

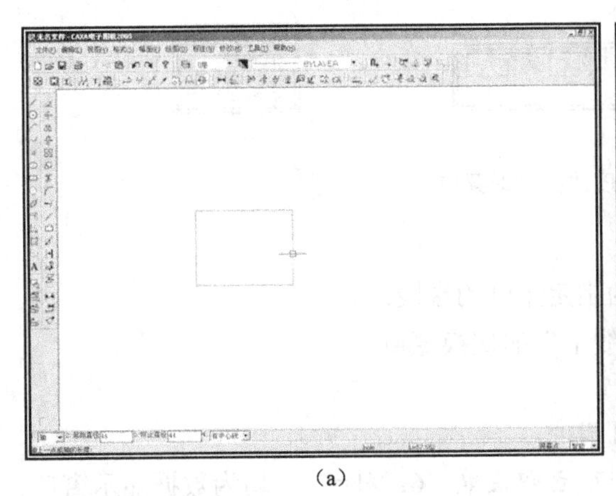

（a）

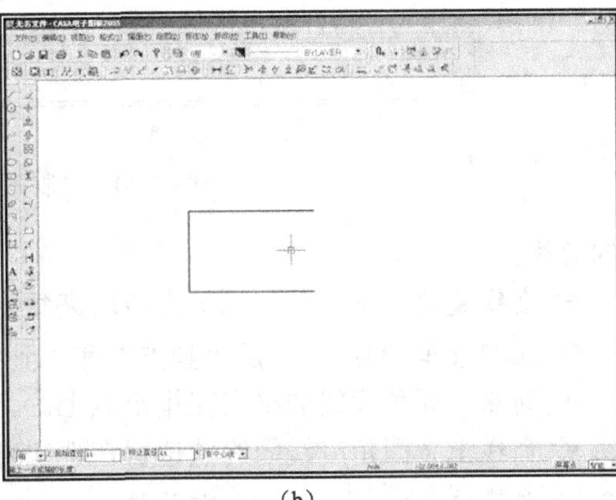

（b）

图 2-17　绘制直径为 44 的轴

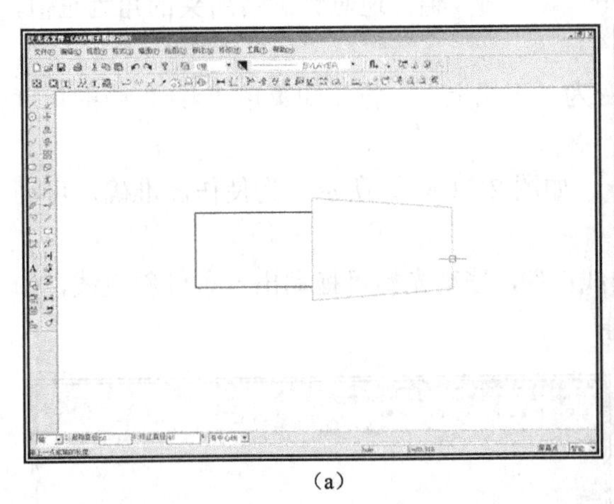

（a）

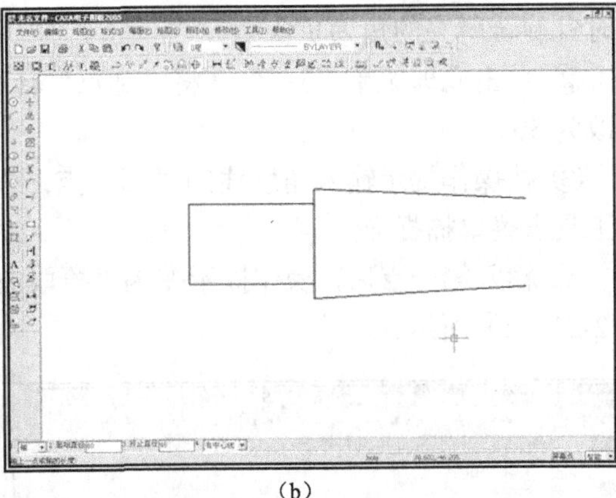

（b）

图 2-18　绘制圆锥轴

⑦ 点击右键（或按 Enter 键）结束命令后，系统自动为轴加上轴线。至此，图形的主体轮廓绘制完毕，如图 2-19 所示。

3. 绘制左端圆锥

① 单击绘图工具栏中的“直线”按钮（或单击主菜单中的【绘图】→【直线】命令），从立即菜单“1：”的选项菜单中选择“角度线”后，弹出绘制角度线的立即菜单，如图 2-20（a）所示。

◇ 立即菜单“2：”　是角度线夹角类型的选择窗口，单击该窗口可弹出选项菜单，如图 2-20（b）所示。CAXA 电子图板提供了“X 轴夹角”、“Y 轴夹角”、“直线夹角”等三种夹角类型，供作图时选择。

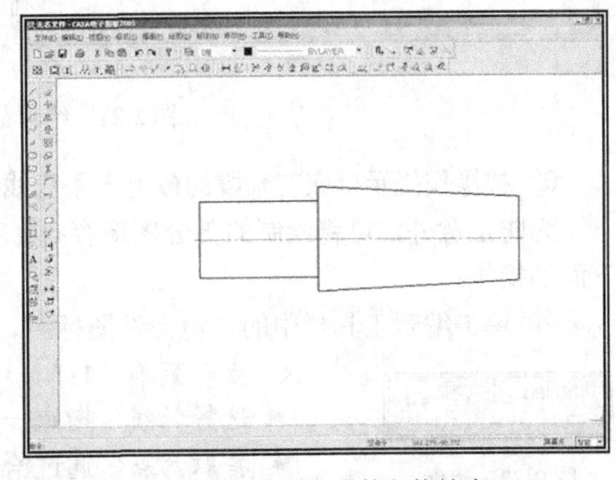

图 2-19　绘制完成的主体轮廓

- X 轴夹角　画一条与 X 轴夹角为指定角度的直线。
- Y 轴夹角　画一条与 Y 轴夹角为指定角

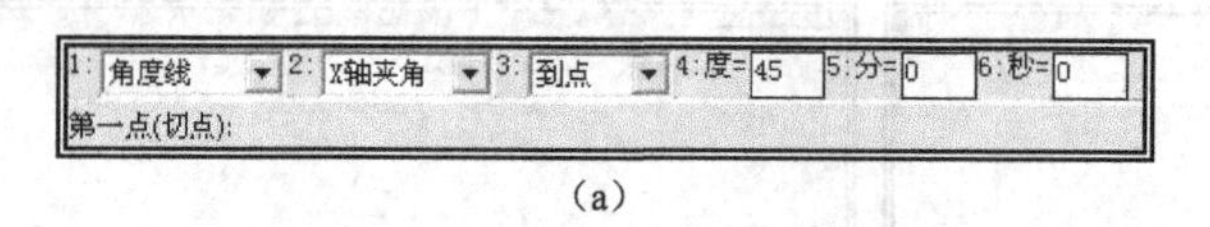

（a）

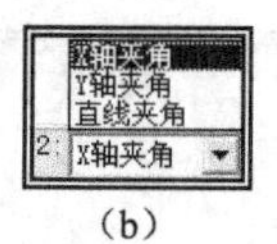

（b）

图 2-20　绘制角度线的立即菜单

度的直线。

- 直线夹角　画一条与已知直线段夹角为指定角度的直线。

◇ 立即菜单“3：”　是“到点”和“到线上”的切换窗口。

- 到点　即角度线的终点在指定点上。
- 到线上　即角度线的终点位置在选定直线上。

◇ 立即菜单“4：度=”、立即菜单“5：分=”立即菜单“6：秒=”　均为数据显示窗口。单击这些窗口，均出现数据编辑框，编辑框中的数值为当前立即菜单所选角度的缺省值。可在“–360，360”间输入所需角度的“度”、“分”、“秒”值。逆时针旋转所夹的角为正值，顺时针旋转所夹的角为负值。

② 单击立即菜单“3：”，将“到点”转变为“到线上”，将立即菜单“4：”中的角度修改为 30。

③ 按操作提示输入角度线的“第一点：”，如图 2-21（a）所示。为使作图准确，可利用工具点菜单捕捉交点。

④ 输入第一点后，操作提示变为“拾取曲线：”，移动光标可拖动出一条倾斜直线，如图 2-21（b）所示。

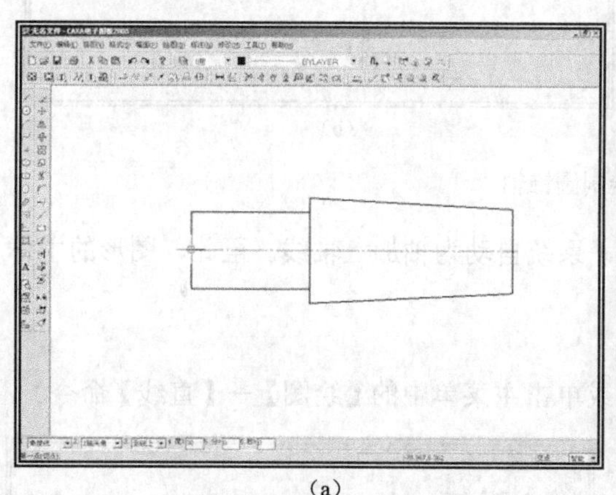

（a）

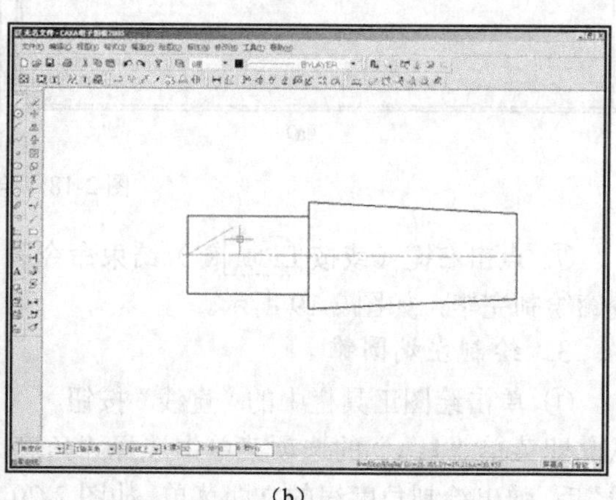

（b）

图 2-21　绘制左端圆锥（一）

⑤ 按操作提示拾取左轴段的最上一条直线，一条与 X 轴夹角为 30° 的直线即被绘制出来。

为防止意外，可将绘制的部分图形存盘。存盘的操作方法同实例一。存盘后，继续进行下面的操作。

⑥ 单击编辑工具栏中的“镜像”图标，弹出如图 2-22 所示的立即菜单和操作提示。

图 2-22　镜像立即菜单

◇ 立即菜单“1:”　是“选择轴线”和“拾取两点”的切换窗口。

- 选择轴线　指定一条直线作为镜像的对称轴线。
- 拾取两点　通过给定两点来确定对称轴线。

◇ 立即菜单“2:”　是“拷贝”和“镜像”的切换窗口。

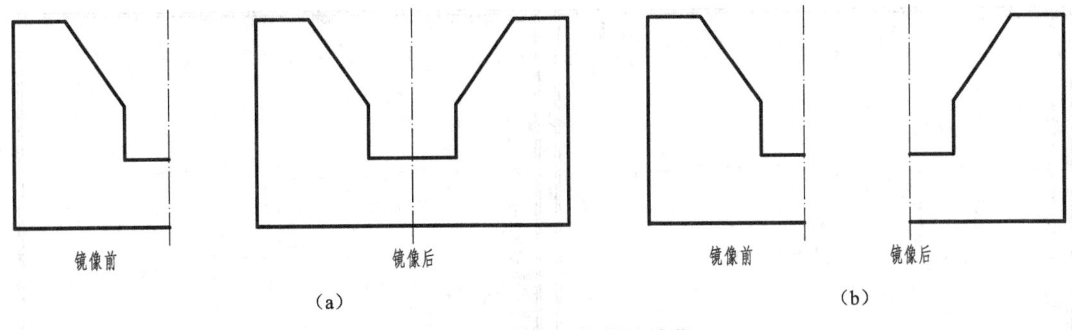

图 2-23 镜像拷贝与单纯镜像

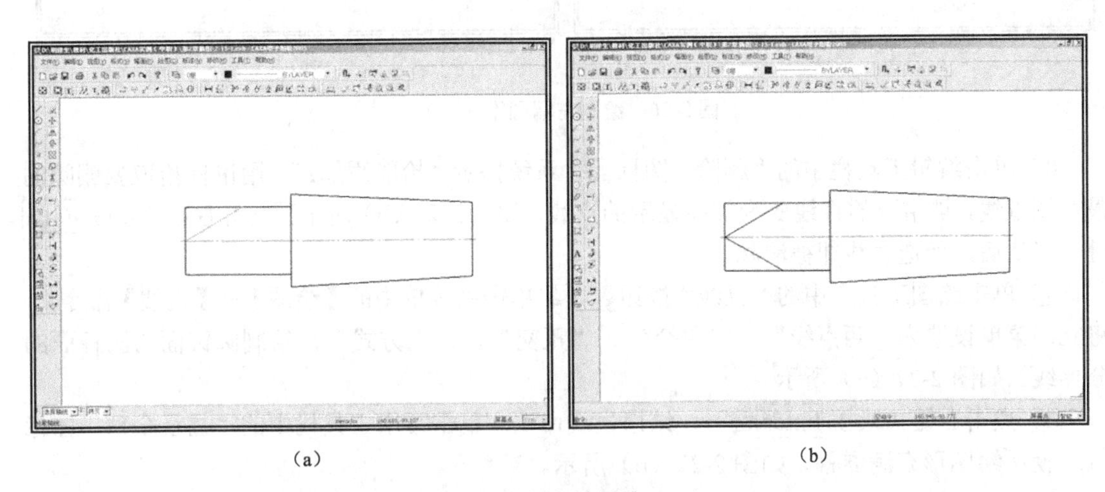

(a) (b)

图 2-24 绘制左端圆锥（二）

- 拷贝 被拾取的镜像实体不消失，如图 2-23（a）所示。
- 镜像 在完成镜像操作后，删除被拾取的镜像实体，如图 2-23（b）所示。

⑦ 按操作提示拾取已绘制完成的角度线，若拾取成功，该线变为加亮显示的点线，点击右键确认拾取完毕，操作提示变为“拾取轴线”，如图 2-24（a）所示。

⑧ 指定水平的点画线作为镜像的对称轴线，对称的下部角度线被绘制出来，如图 2-24（b）所示。

⑨ 单击编辑工具栏中的裁剪图标（或单击主菜单中的【修改】→【裁剪】命令），弹出的立即菜单如图 2-25（a）所示。

◇ 立即菜单“1：” 是裁剪方式的选择窗口，单击该窗口可弹出裁剪方式的选项菜单，如图 2-25（b）所示。CAXA 电子图板提供了“快速裁剪”、“拾取边界”、“批量裁剪”、等三种裁剪方式，供作图时选择。因“快速裁剪”方式使用起来方便、灵活，所以将其作为缺省设置。

⑩ 用鼠标“拾取要裁剪的曲线：”，被拾取的直线即被剪掉，如图 2-26（a）所示。

图 2-25 裁剪立即菜单

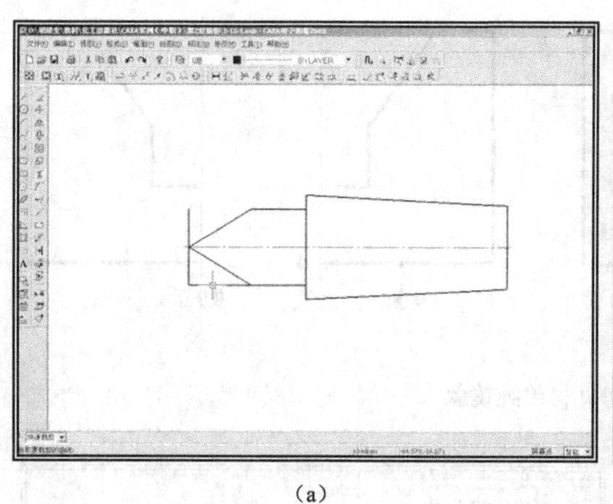

(a)

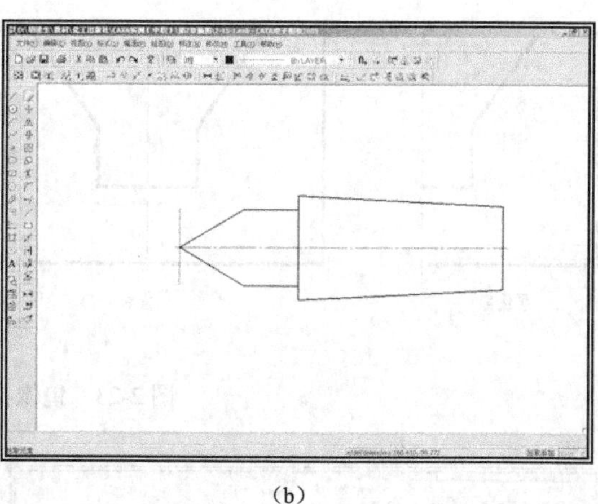

(b)

图 2-26　绘制左端圆锥（三）

⑪ 单击编辑工具栏中的“删除”图标，系统提示“拾取添加:”。用鼠标拾取要删除的最左侧直线，被拾取的直线变为加亮显示的点线，如图 2-26（b）所示，点击右键（或按 Enter 键）确认后，所选直线即被清除。

⑫ 单击绘图工具栏中的“直线”按钮（或单击主菜单中的【绘图】→【直线】命令），将立即菜单设置为“两点线”、“单个”、“正交”、“点方式”，绘制圆锥面与圆柱面的分界线，如图 2-27（a）所示。

⑬ 点击右键（或按 Enter 键），结束直线命令。单击常用工具栏中的“显示全部”图标，使所绘图形充满屏幕，如图 2-27（b）所示。

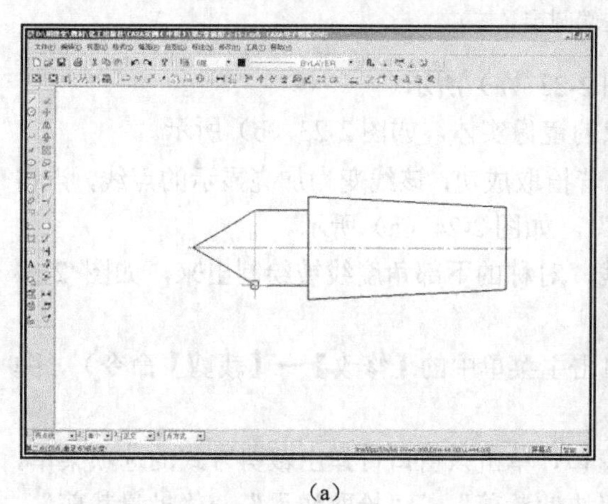

(a)

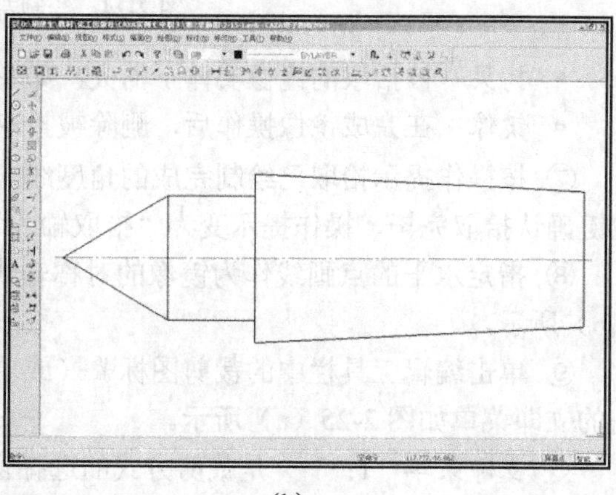

(b)

图 2-27　完成全图

4. 存储文件

检查全图，确认无误后，单击“存储文件”图标。

实例三　圆周上均布元素的绘制

本例要点　利用中心线命令绘制中心线；掌握正多边形的绘制方法、三点圆弧的绘制方法；掌握阵列、旋转命令的使用方法。

题目　按 1∶1 的比例，绘制图 2-28 所示图形，不标注尺寸。

1. 分析图形

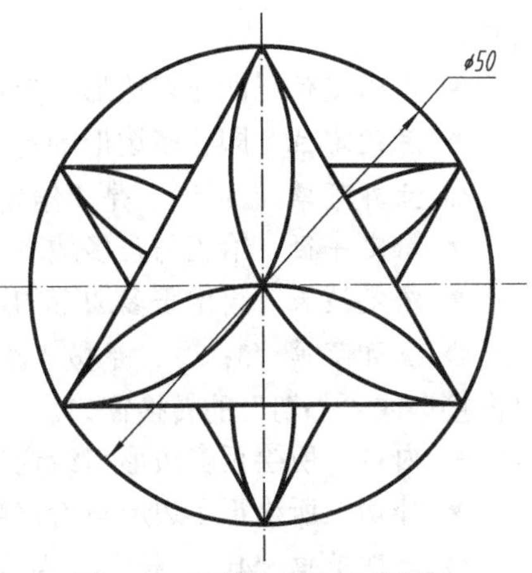

图 2-28　圆周上均布元素图例

该图形为两个方向相反的等边三角形与圆内接，三角形内有三条相同的圆弧，分别通过三角形的各个顶点和圆心。对于这类图形，恰当地应用阵列和旋转拷贝命令，可大大提高绘图速度。

2. 绘制圆及中心线

① 单击绘图工具栏中的“圆”图标（或单击主菜单中的【绘图】→【圆】命令），用“圆心_半径”方式画圆。

② 按操作提示在绘图区适当位置确定圆心后，键入圆的直径 50，点击右键（或按 Enter 键），一个直径为 50 mm 的圆即被画出，如图 2-29（a）所示。

③ 单击绘图工具栏中的“中心线”图标（或单击主菜单中的【绘图】→【中心线】命令），弹出画中心线的立即菜单，如图 2-30 所示。

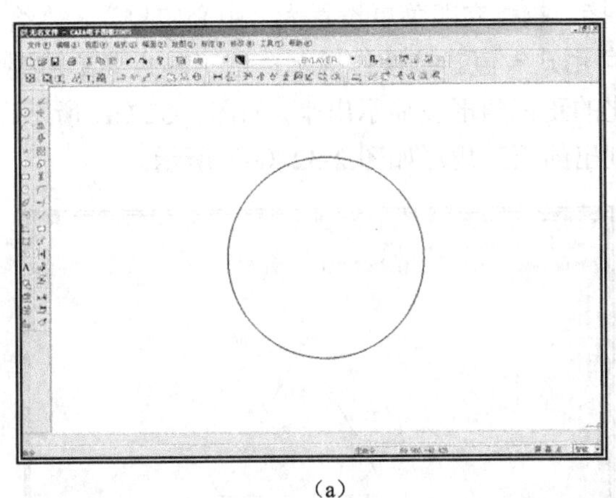

（a）

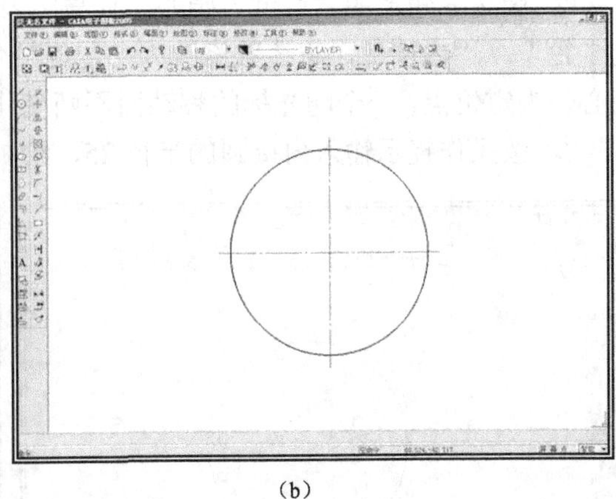

（b）

图 2-29　绘制圆及中心线

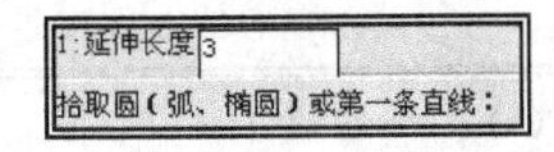

图 2-30　绘制中心线的立即菜单

图 2-31　绘制正多边形的立即菜单

- 延伸长度　表示中心线超出轮廓线的长度，缺省值为 3。单击该窗口，可在弹出的数据编辑框中改变延伸长度值。

④ 按操作提示“拾取圆（弧、椭圆）或第一条直线”，拾取圆，则直接画出一对相互垂直且超出其轮廓线为延伸长度的中心线，如图 2-29（b）所示。

注意：此命令不受系统当前所在图层的限制，直接绘制到中心线层，且线型为点画线。

3. 绘制圆的内接正三角形

① 单击绘图工具栏中的“正多边形”图标（或单击主菜单中的【绘图】→【正多边形】命令），弹出画正多边形的立即菜单，如图 2-31 所示。

◇ 立即菜单“1：”　是绘制正多边形定位方法“中心定位”和“底边定位”的切换

窗口。

- 中心定位　即正多边形的定位点在其中心。
- 底边定位　即正多边形的定位点在其底边的中点上。

◇ 立即菜单“2：”　是“给定半径”或“给定边长”的切换窗口。

- 给定半径　给出与正多边形内接或外切圆的半径。
- 给定边长　给出正多边形的连长。

◇ 立即菜单“3：”　是按“给定半径”方式画正多边形时，该多边形与给定半径的圆“内接”或“外切”的转换窗口。

- 内接　所绘正多边形与给定半径的圆内接。
- 外切　所绘正多边形与给定半径的圆外切。

◇ 立即菜单“4：边数”　为数据显示窗口。用来显示所绘正多边形的边数，缺省边数为6。可通过单击该窗口来改变其中的数据。

◇ 立即菜单“5：旋转角”　为数据显示窗口。用来显示所绘正多边形的旋转角度，缺省角度为0。可通过单击该窗口来改变其中的数据。

② 因正三角形的中心位于圆心，且与圆内接，故将立即菜单设置为“中心定位”、“给定半径”、“内接”，将边数修改为3，旋转角用缺省值。按操作提示，用工具点菜单捕捉圆心作为定位点，一个随光标的移动而不断变化的正三角形被显示出来，如图2-32（a）所示。

③ 按操作提示输入内接圆的半径25，绘制出的正三角形如图2-32（b）所示。

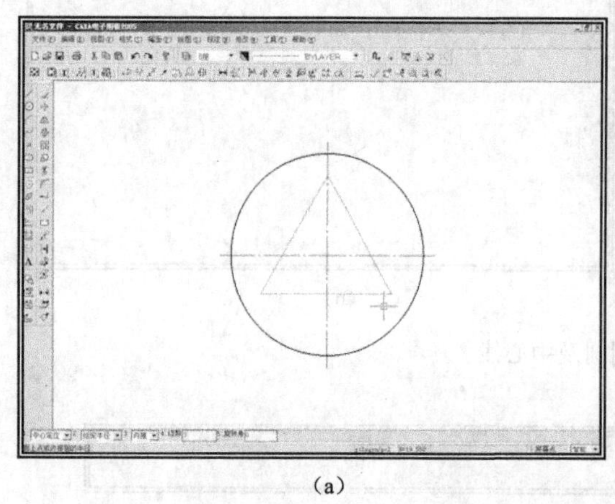

（a）

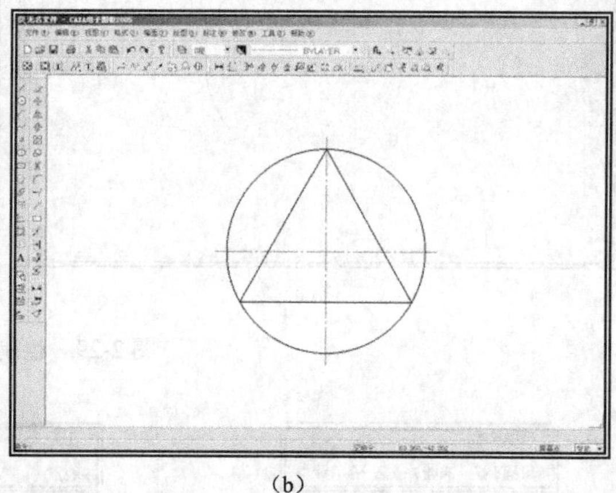

（b）

图2-32　绘制圆的内接正三角形

图2-33（a）是旋转角为90°时，绘制出的正三角形。图2-33（b）是旋转角为180°时，绘制出的正三角形。

4．绘制正三角形内的一条圆弧

① 单击绘图工具栏中的“圆弧”图标（或单击主菜单中的【绘图】→【圆弧】命令），弹出只有一个窗口的立即菜单和操作提示，如图2-34（a）所示。单击立即菜单的窗口，弹出绘制圆弧方式的选项菜单，如图2-34（b）所示。

CAXA电子图板提供了“三点圆弧”、“圆心_起点_圆心角”、“两点_半径”、“圆心_半径_起终角”、“起点_终点_圆心角”和“起点_半径_起终角”等六种画圆弧方式，供作图时选择。

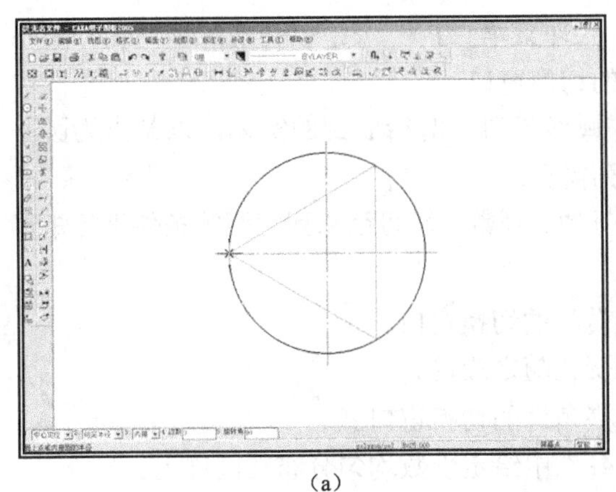

（a）

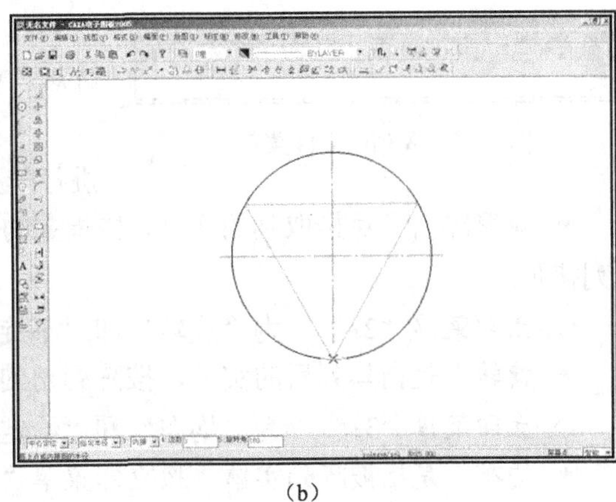

（b）

图 2-33　旋转角不同的内接正三角形

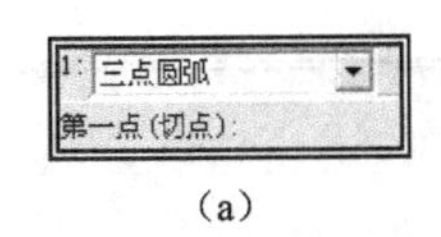

（a）

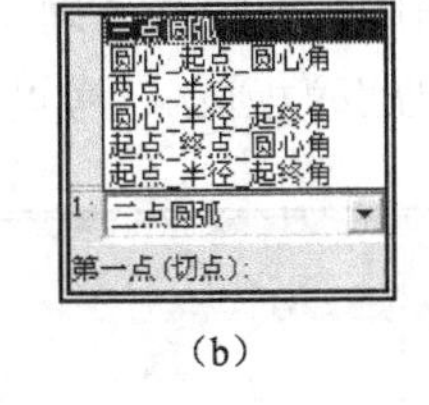

（b）

图 2-34　绘制圆弧的立即菜单

- 三点圆弧　即过给定的三个点画一段圆弧。三点圆弧是常用的一种绘制圆弧方式，因此系统将其作为缺省设置。
- 两点_半径　即已知两点及圆弧的半径画一段圆弧。

② 因圆弧分别过三角形的两个顶点和圆心，故选择“三点圆弧”的画圆弧方式。按操作提示指定圆弧的第一点后，操作提示变为“第二点：”。指定圆弧的第二点后，一条过上述两点及过光标所在位置的三点圆弧被显示出来，如图 2-35（a）所示。

③ 按操作提示指定圆弧的第三点后，一条圆弧线即被画出，如图 2-35（b）所示。

5. 绘制正三角形内的另两条圆弧

① 单击编辑工具栏中的“阵列”图标田，弹出阵列的立即菜单，如图 2-36 所示。

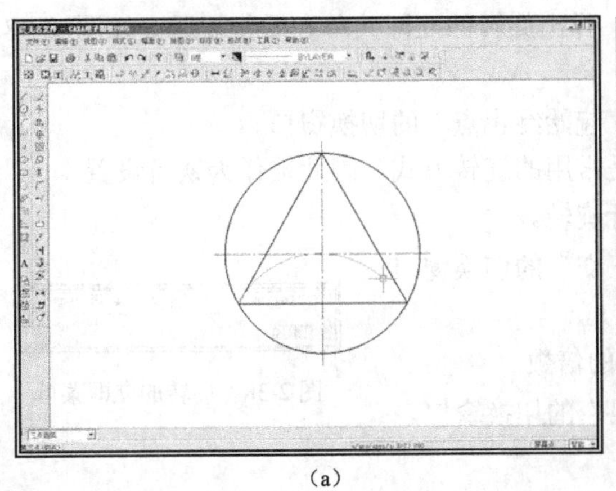

（a）

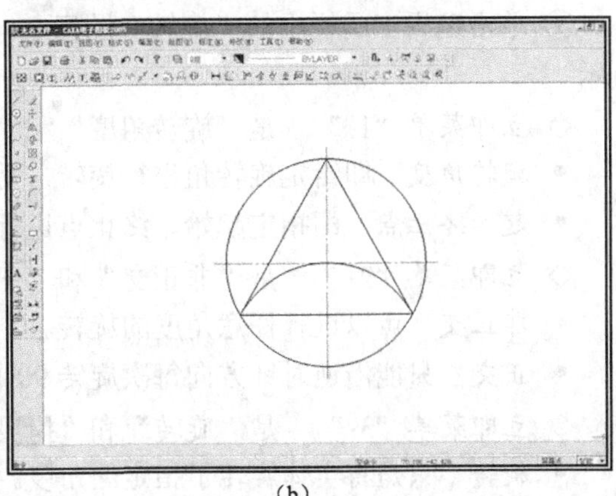

（b）

图 2-35　绘制正三角形内的一条圆弧

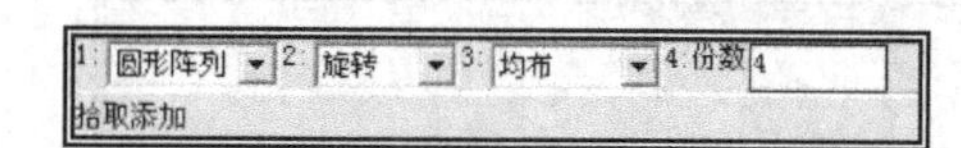

图 2-36 阵列的立即菜单

◇ 立即菜单“1:” 是“圆形阵列”和“矩形阵列”的切换窗口。

• 圆形阵列 对拾取到的实体，以某点为圆心进行阵列拷贝。

• 矩形阵列 对拾取到的实体，按指定的行数、列数、行间距和列间距等条件进行矩形阵列拷贝。

◇ 立即菜单“2:” 为“旋转”和“不旋转”的切换窗口。

• 旋转 是指阵列后的实体，按阵列角的变化随之旋转。

◇ 立即菜单“3:” 为“均布”和“给定夹角”的切换窗口。

• 均布 是指被阵列实体，按立即菜单“4:”中给定份数均匀分布在圆周上。

② 将立即菜单“4:”中的份数修改为 3，按操作提示拾取要阵列的圆弧，被拾取的圆弧变为加亮显示的点线，如图 2-37（a）所示。

③ 拾取完毕后，点击右键确认，操作提示变为“中心点:”。指定圆心为中心点后，被拾取到的圆弧以中心点为圆心，拷贝为 3 份均匀分布在圆周上，如图 2-37（b）所示。

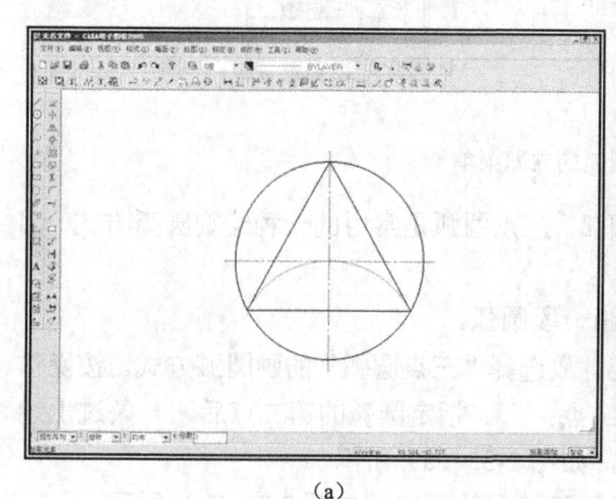

(a)

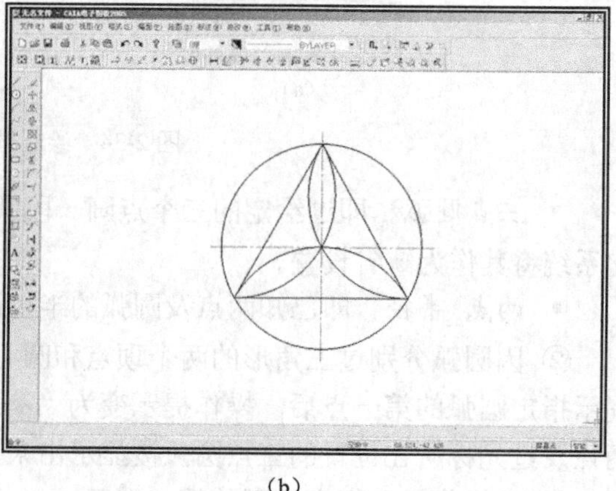

(b)

图 2-37 用圆形阵列绘制正三角形内的另两条圆弧

6. 对所绘制的正三角形及圆弧进行旋转拷贝

① 单击编辑工具栏中的“旋转”图标，弹出旋转的立即菜单和操作提示，如图 2-38 所示。

◇ 立即菜单“1:” 是“旋转角度”和“起始终止点”的切换窗口。

• 旋转角度 即给定旋转角进行旋转，是常用的旋转方式，因此被作为缺省设置。

• 起始终止点 即指定起始、终止点进行旋转。

◇ 立即菜单“2:” 是“非正交”和“正交”的切换窗口。

• 非正交 可以进行任意角度的旋转。

• 正交 只能沿逆时针方向每次旋转 90°的倍数。

图 2-38 旋转的立即菜单

◇ 立即菜单“3:” 是“旋转”和“拷贝”的切换窗口。

• 旋转 只是将实体旋转了指定的角度。

• 拷贝 不但将实体旋转了指定的角度，而且原图不消失。

② 将立即菜单“3：”中的“旋转”切换为“拷贝”，按操作提示拾取要旋转拷贝的正三角形及圆弧，如图 2-39（a）所示。

③ 点击右键确认拾取，操作提示变为“基点：”。捕捉圆的圆心作为旋转基点，操作提示变为“旋转角:”，由键盘输入旋转角度“180”，点击右键（或按 Enter 键）。完成旋转拷贝后的图形如图 2-39（b）所示。

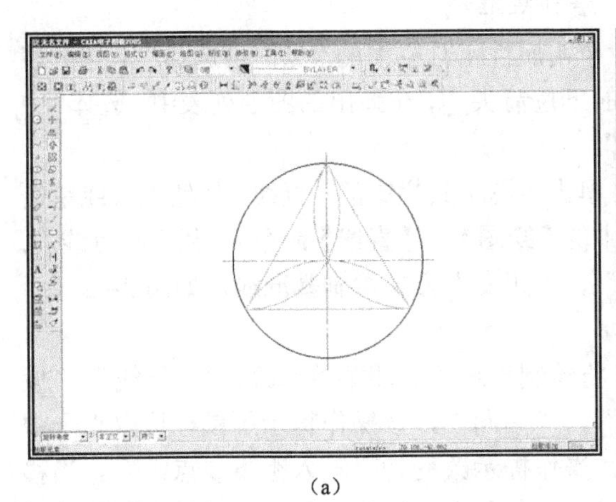

（a）

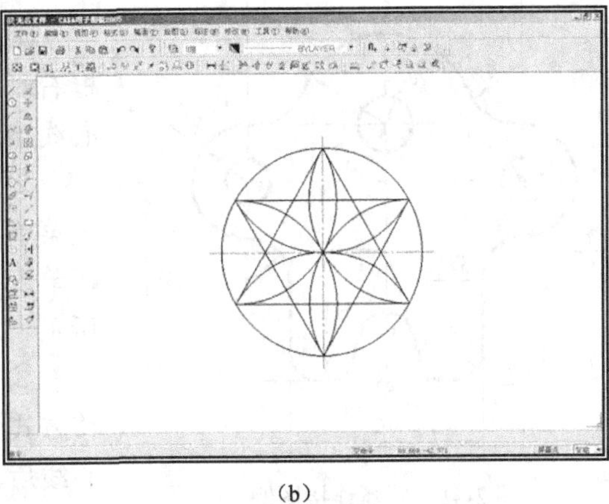

（b）

图 2-39　旋转拷贝

7. 整理图形

单击编辑工具栏中的裁剪图标（或单击主菜单中的【修改】→【裁剪】命令），裁剪各段圆弧，如图 2-40（a）所示。继续裁剪各段直线，如图 2-40（b）所示。

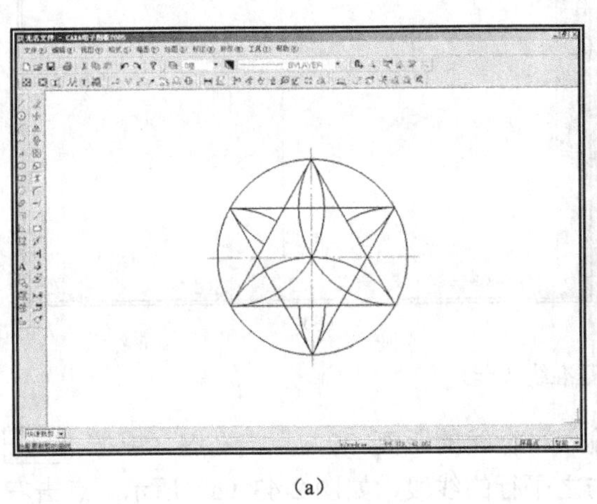

（a）

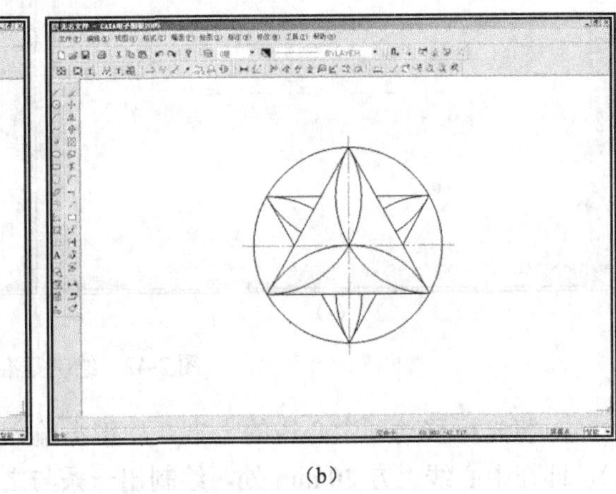

（b）

图 2-40　整理图形

8. 存储文件

① 检查全图，确认无误后，单击常用工具栏中的“显示全部”图标，使所绘图形充满屏幕。

② 单击“存储文件”图标，在“另存文件”对话框中的文件名输入框内输入文件名，单击 保存(S) 按钮。

实例四　圆弧连接并标注尺寸

本例要点　掌握常用的绘图命令与编辑修改命令；学会改变图层和线型的方法；在绘图过程中熟练应用工具点捕捉；初步掌握尺寸标注的基本方法。

题目　按 1∶1 的比例，绘制图 2-41 所示的平面图形，并标注尺寸。

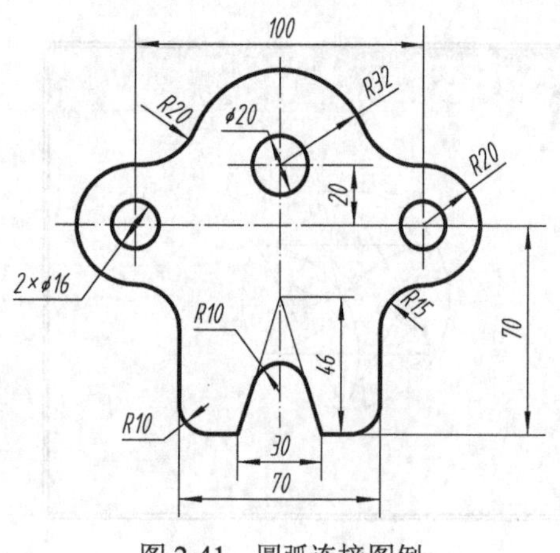

图 2-41　圆弧连接图例

1. 绘制基准线

① 单击属性工具栏中的"当前层选择"下拉列表框右侧的下拉箭头▼，在弹出的图层列表中，选择"中心线层"。

② 单击绘图工具栏中的"直线"按钮╱（或单击主菜单中的【绘图】→【直线】命令），用"两点线"、"单个"、"正交"方式绘制基准线，如图 2-42（a）所示。

③ 将绘制直线的立即菜单修改为"平行线"、"偏移方式"、"单向"，按操作提示用鼠标拾取水平中心线后，操作提示改变为"输入距离或点："。当移动鼠标时，一条与所选直线平行、并且长度相等的线段被动态拖动着，如图 2-42（b）所示。

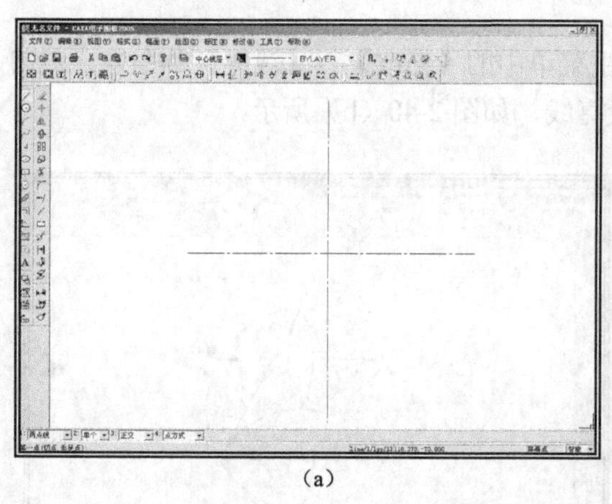

（a）

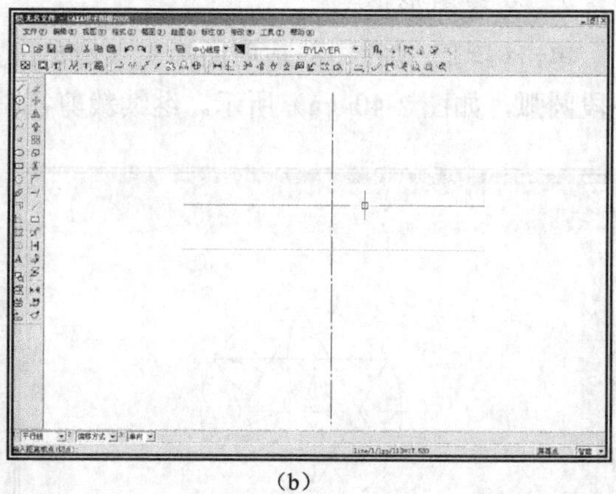

（b）

图 2-42　绘制基准线（一）

④ 将光标移动到中心线的上方，用键盘输入平行线的距离 20，点击右键（或按 Enter 键），即在中心线上方 20 mm 处，绘制出一条与之平行的线段，如图 2-43（a）所示。点击右键（或按 Enter 键）结束命令。

注意：绘制的单向平行线将位于光标所在侧，平行线的线型和颜色由当前层的设置决定，与所拾取的直线属性无关。本操作可以重复进行，点击右键（或按 Enter 键）终止操作。

⑤ 点击右键（或按 Enter 键）重复平行线命令，将立即菜单"3："的"单向"切换为"双向"，拾取竖直中心线并键入距离 50，画出两条竖直中心线，如图 2-43（b）所示。

2. 绘制已知圆及直线

① 在"当前层选择"下拉列表框中选择"0 层"。

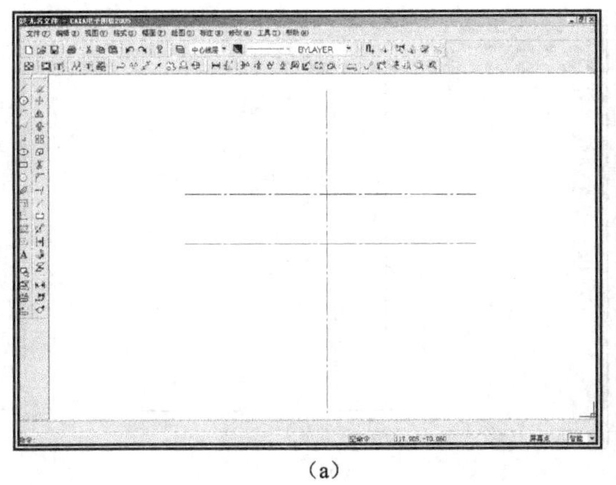

（a）

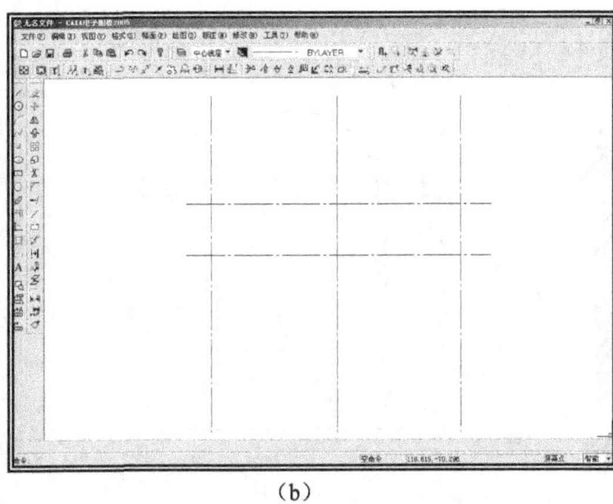

（b）

图 2-43　绘制基准线（二）

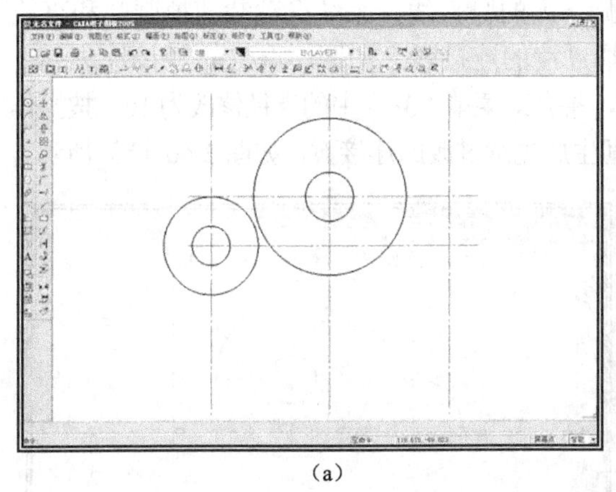

（a）

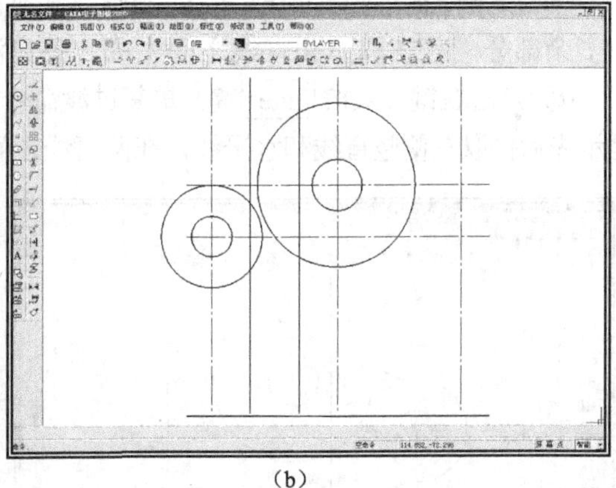

（b）

图 2-44　绘制已知圆及直线

② 单击绘图工具栏中的“圆”图标（或单击主菜单中的【绘图】→【圆】命令），利用工具点菜单捕捉中心线的交点作为圆心，绘制直径为 $\phi 20$、$\phi 16$ 的圆以及半径为 $R32$、$R20$ 的圆，如图 2-44（a）所示。

注意：因图形左右对称，故先画左侧图形。待左侧绘制完成后，用镜像命令完成右侧图形即可。

③ 用前面所述的绘制平行线方法，绘制一条水平粗实线和两条竖直粗实线，如图 2-44（b）所示。

3. 绘制连接弧

① 单击编辑工具栏中的“过渡”图标（或单击主菜单中的【修改】→【过渡】命令），将立即菜单“3：”中的半径修改为 20。

② 按操作提示先后拾取 $R20$ 和 $R32$ 的圆，在两条曲线之间生成一条光滑过渡的连接弧，如图 2-45（a）所示。

③ 单击编辑工具栏中的“裁剪”图标，用裁剪命令剪除 $R20$ 和 $R32$ 圆的一部分，如图 2-45（b）所示。

④ 单击编辑工具栏中的“过渡”图标，将立即菜单“3：”中的半径修改为 15。

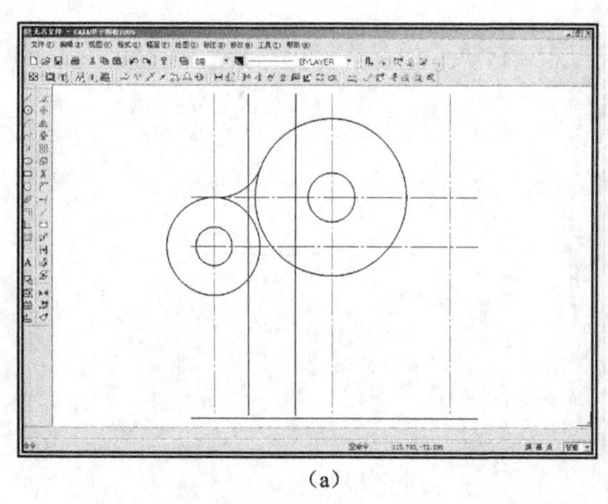
(a)

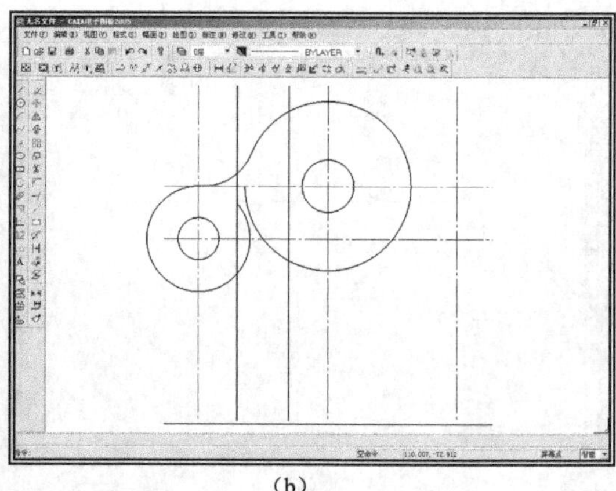
(b)

图 2-45　绘制连接弧（一）

⑤ 按操作提示先后拾取 *R*20 的圆弧和圆弧下方的竖直线，系统自动裁剪掉圆弧和直线的多余部分，且在圆弧和直线之间生成一条光滑过渡的连接弧，如图 2-46（a）所示。

⑥ 点击右键（或按 Enter 键）重复过渡命令，将立即菜单“3:”中的半径修改为 10，按操作提示先后拾取左侧竖直线和水平线，在两直线之间生成光滑过渡的连接弧，如图 2-46（b）所示。

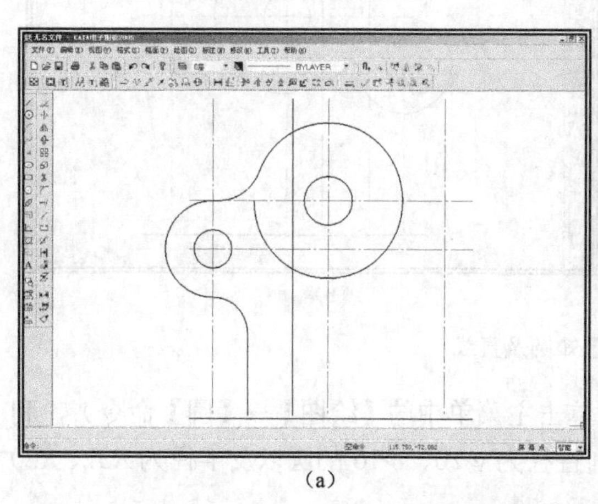
(a)

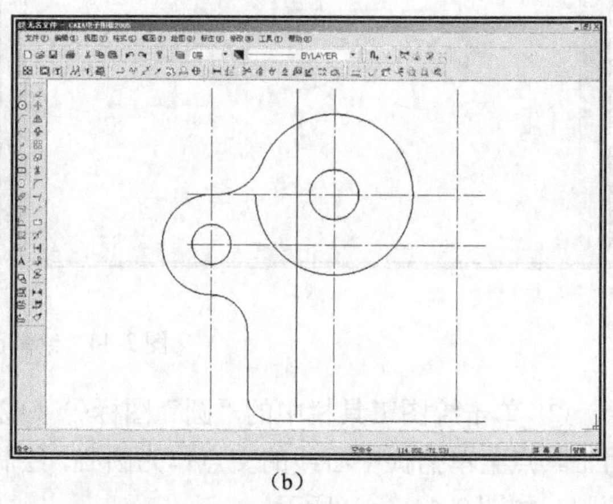
(b)

图 2-46　绘制连接弧（二）

4. 绘制斜线

① 单击绘图工具栏中的“直线”按钮（或单击主菜单中的【绘图】→【直线】命令），将立即菜单修改为“平行线”、“偏移方式”、“单向”，按操作提示拾取水平的粗实线，键入平行线的距离 46，点击右键（或按 Enter 键），在该线上方绘制出一条与之平行且距离为 46 mm 的直线。

② 单击编辑工具栏中的“过渡”图标（或单击主菜单中的【修改】→【过渡】命令），在立即菜单“1：”中选择“尖角”，按操作提示连续拾取右侧的竖直粗实线和下方水平线的左侧，使两条线相交，且以交点为界，多余的部分被裁剪掉，如图 2-47（a）所示。

③ 单击绘图工具栏中的“直线”按钮（或单击主菜单中的【绘图】→【直线】命令），用“两点线”、“单个”、“非正交”方式，并用工具点菜单捕捉交点，绘制出斜线，如图 2-47（b）所示。

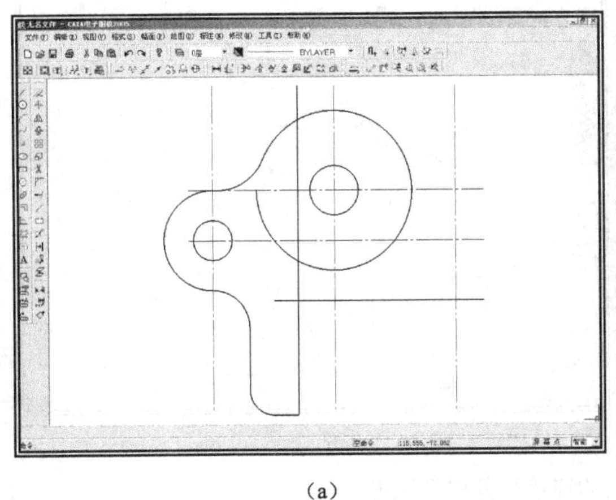
(a)

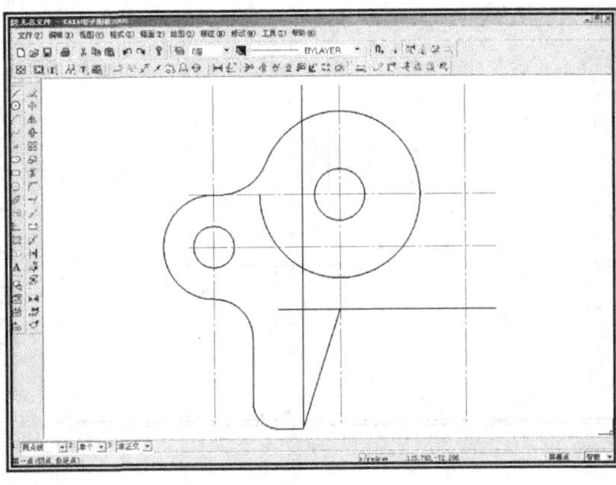
(b)

图 2-47　绘制斜线

5. 绘制右侧的对称图形

① 单击编辑工具栏中的“镜像”图标，按操作提示逐一拾取需镜像拷贝的实体，被拾取的实体呈红色点线，如图 2-48（a）所示。

② 拾取完毕后，点击右键确认，系统提示“拾取轴线：”，拾取竖直中心线作为轴线，完成右侧对称图形的绘制，如图 2-48（b）所示。

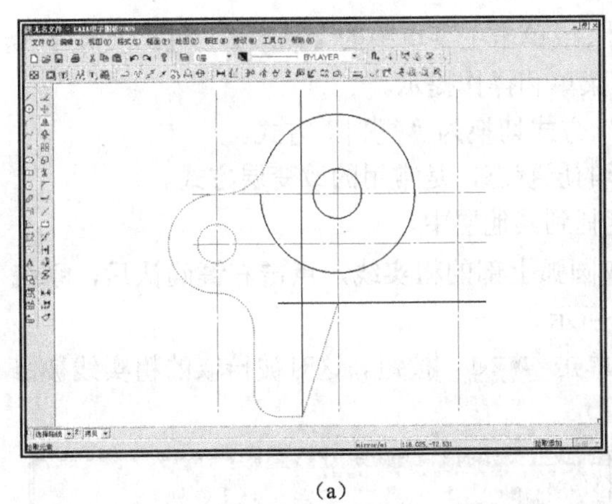
(a)

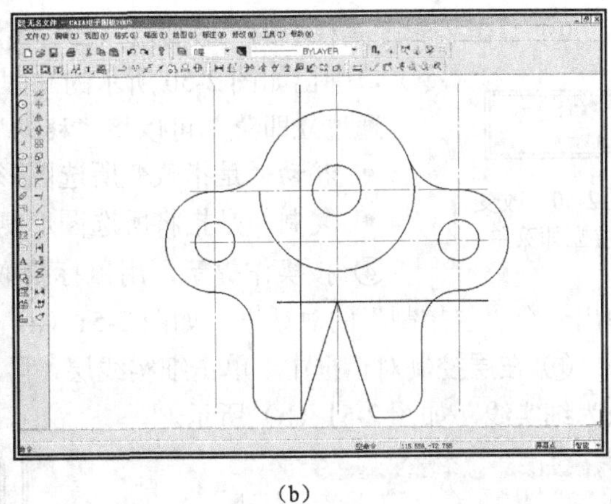
(b)

图 2-48　绘制右侧对称图形

6. 绘制两斜线间的连接弧并整理图形

① 单击编辑工具栏中的“过渡”图标（或单击主菜单中的【修改】→【过渡】命令），在立即菜单“1：”中选择“圆角”，在立即菜单“2：”中选择“不裁剪”，将立即菜单“3：”的半径设置为 10。

② 按操作提示连续拾取两条斜线，在两条斜线之间生成一条光滑过渡的连接弧，如图 2-49（a）所示。

③ 单击编辑工具栏中的“拉伸”图标，调整中心线的长度；单击编辑工具栏中的“裁剪”图标，裁掉多余图线；单击编辑工具栏中的“删除”图标，删除多余图线。整理后的图形如图 2-49（b）所示。

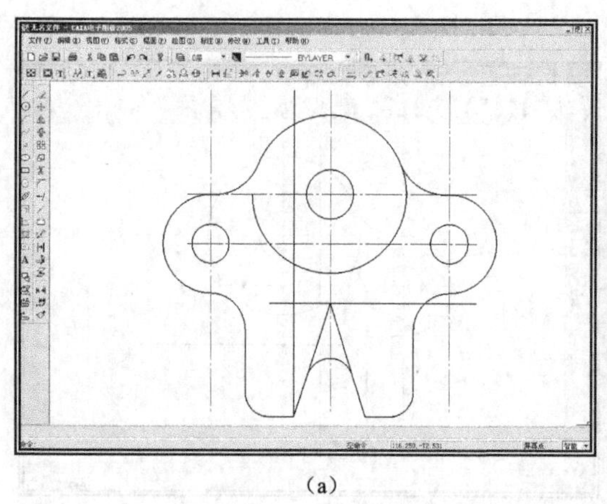

(a)

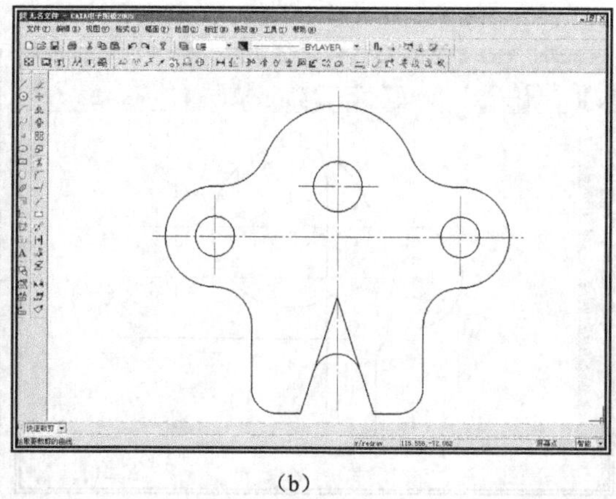

(b)

图 2-49　绘制两斜线间的连接弧并整理图形

7. 将圆弧上部的粗实线修改为细实线

① 单击编辑工具栏中的“打断”图标（或单击主菜单中的【修改】→【打断】命令），操作提示为“拾取曲线：”。

② 拾取一条斜线后，该线变成红色点线。操作提示变为“拾取打断点：”，捕捉圆弧与斜线的交点为打断点，该斜线从该点被打断。重复上述操作，将另一斜线打断。

注意：曲线被打断后，屏幕显示与打断前并无区别，但实际上已经变成了两条互不相干的曲线，即各自成为一个独立的实体。

③ 单击编辑工具栏中的“改变层”图标（或单击主菜单中的【修改】→【改变层】命令），弹出如图 2-50 所示的立即菜单和操作提示。

1: 移动
拾取添加

图 2-50　改变层立即菜单

通过立即菜单可以将“移动”方式切换为“复制”方式。

- **移动**　是指改变所选图形的层状态，是常用的改变层方式。
- **复制**　是指将所选图形复制到其他层中。

④ 按操作提示，用鼠标拾取圆弧上部的粗实线，点击右键确认后，系统弹出一个“层控制”的对话框，如图 2-51（a）所示。

⑤ 在层控制对话框中，单击细实线层，再单击 确定(O) 按钮。这时被拾取的粗实线被修改为细实线，如图 2-51（b）所示。

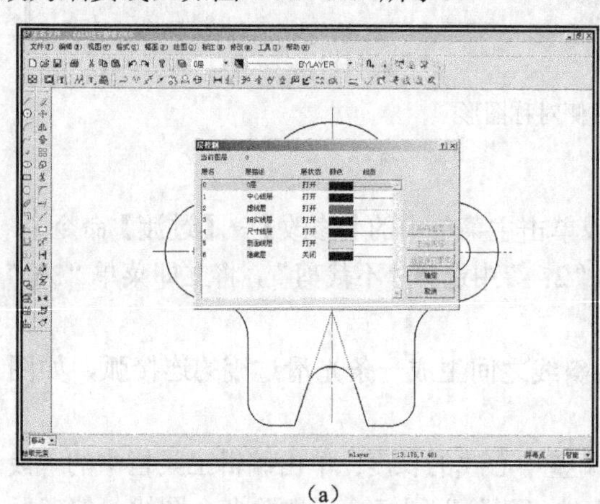

(a)

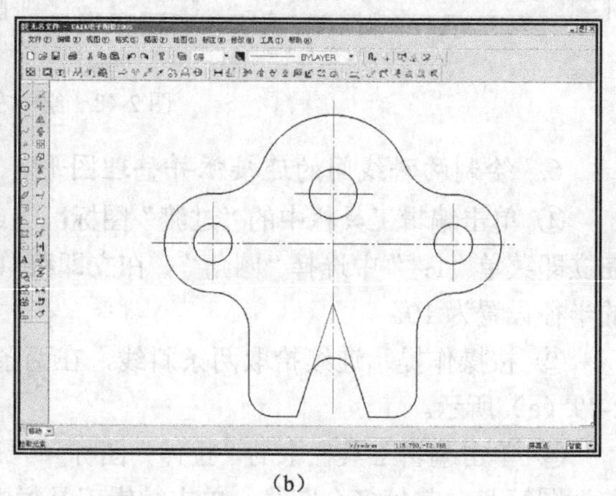

(b)

图 2-51　将圆弧上部的粗实线修改为细实线

8. 标注尺寸

① 单击标注工具栏中的“尺寸标注”图标⟼（或单击主菜单中的【标注】→【尺寸标注】命令），出现只有一个窗口的立即菜单，如图 2-52（a）所示。单击该窗口，弹出尺寸标注的选项菜单，包括基本标注、基准标注、连续标注、三点角度、半标注、大圆弧标注、射线标注、锥度标注及曲率半径标注，如图 2-52（b）所示。

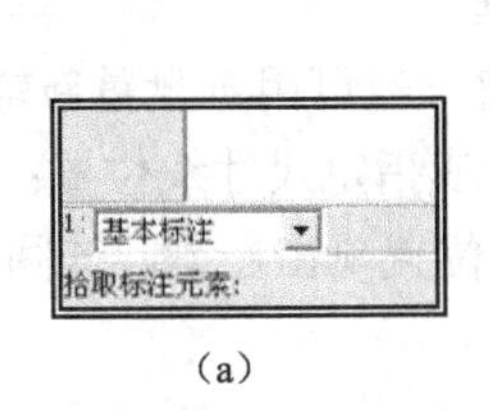

（a）

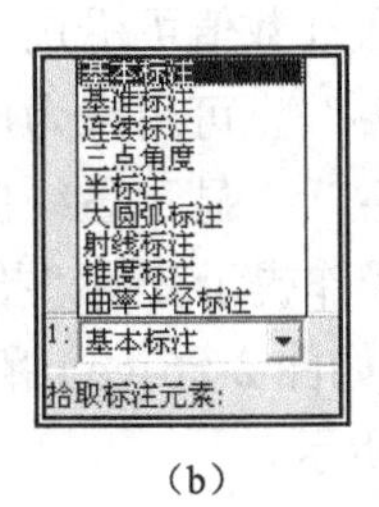

（b）

图 2-52　尺寸标注选项菜单

基本标注是进行尺寸标注的主体命令，工程图样中的多数尺寸，都可以通过“基本标注”注出。因此，把基本标注作为尺寸标注的缺省选项。

② 在“基本标注”状态下，系统提示“拾取标注元素:”。如果要标注圆的尺寸，可用鼠标拾取该圆，弹出如图 2-53 所示的立即菜单。

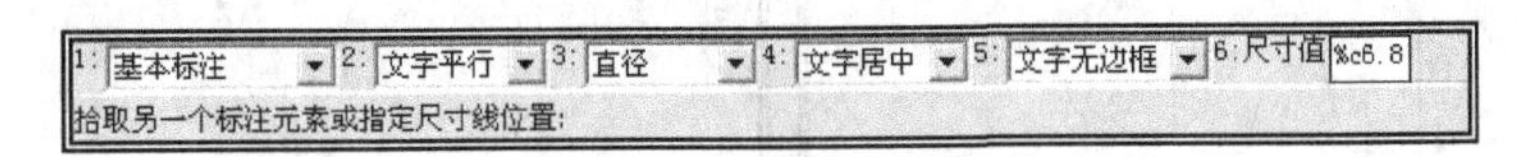

图 2-53　拾取一个圆时的立即菜单

◇ 立即菜单“2：” 是“文字平行”和“文字水平”的切换窗口。

• 文字平行　即尺寸数值的方向随尺寸线方向变化。当尺寸线水平时，尺寸数值水平书写，字头朝上；当尺寸线垂直时，尺寸数值垂直书写，字头朝左；当尺寸线倾斜时，尺寸数值随之倾斜，并保持字头有朝上的趋势，如图 2-54（a）所示。

• 文字水平　无论尺寸线方向如何，尺寸数值一律水平书写，如图 2-54（b）所示。当把尺寸引出到尺寸界线之外标注时，尺寸线将折成水平，尺寸数值注写在该水平折线上，如图 2-54（c）所示。

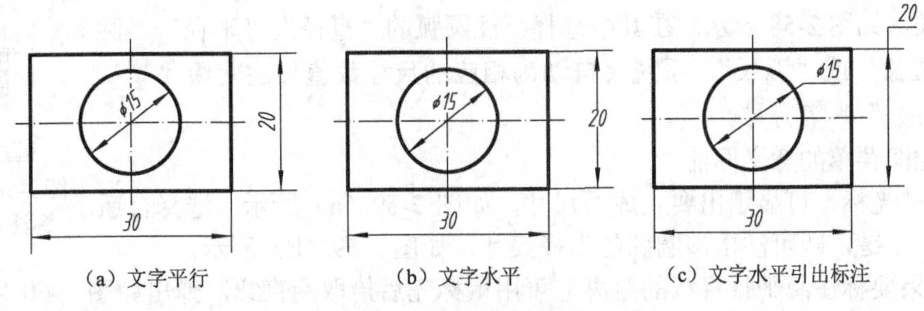

（a）文字平行　　（b）文字水平　　（c）文字水平引出标注

图 2-54　尺寸数值的方向

◇ 立即菜单“3:” 是圆的标注选项菜单。选项菜单中有三个选项，即直径、半径及圆周直径，如图 2-55 所示。

• 直径　可标注圆的直径，并自动在数值前加直径符号“ ϕ”。

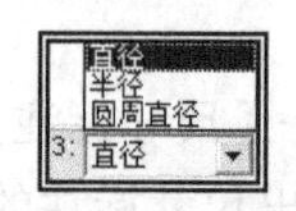

图 2-55　圆的标注选项菜单

• 半径　可标注圆的半径，并自动在半径值前加半径符号“*R*”。

• 圆周直径　自圆周引出水平或铅垂方向的尺寸界线，标注直径尺寸。

◇ 立即菜单“4:”　是“文字居中”和“文字拖动”的切换窗口，用来指定尺寸数值的位置。

• 文字居中　尺寸数值位于尺寸线的中部。

• 文字拖动　尺寸数值可沿尺寸线拖动，通过拖动决定尺寸数值的位置。

◇ 立即菜单“5:”　可用来为尺寸数值添加边框。

◇ 立即菜单“6:”　显示系统自动测量的尺寸值，也可用键盘重新输入尺寸值。

③ 拾取圆后，操作提示变为“拾取另一标注元素或指定尺寸线位置:”，移动光标，可显示出要生成的尺寸，如图 2-56（a）所示。选择合适的位置单击左键，该圆的直径尺寸即被注出，如图 2-56（b）所示。

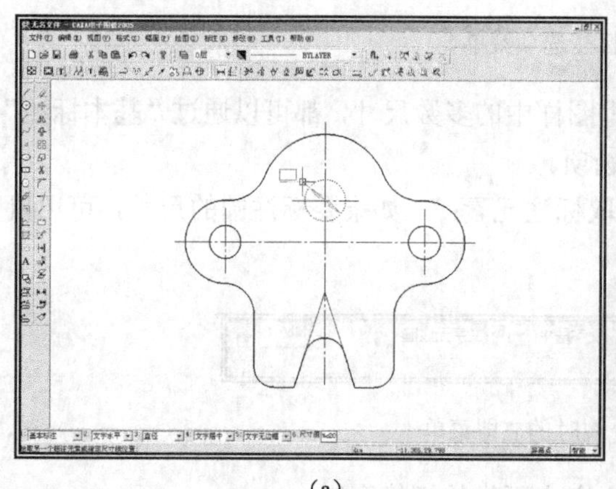

（a）

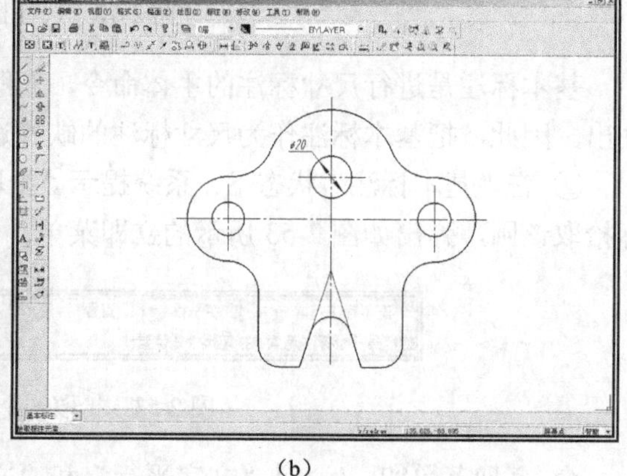

（b）

图 2-56　标注圆的直径尺寸

④ 如果要标注圆弧的尺寸，可用鼠标拾取该圆弧，弹出如图 2-57 所示的立即菜单。

图 2-57　拾取一个圆弧时的立即菜单

◇ 立即菜单“2:”　是一个选项菜单。选项菜单中有五个选项，即直径、半径、圆心角、弦长及弧长，如图 2-58 所示。在其中选择标注圆弧的“直径”、“半径”、“圆心角”、“弦长”或“弧长”，系统会自动为相应的尺寸数值加注前缀“ *ϕ*”、“*R*”或后缀“°”等符号。

其他立即菜单的意义同前。

图 2-58　圆弧的标注选项菜单

⑤ 移动光标，可显示出要生成的尺寸，如图 2-59（a）所示。选择合适的位置单击左键，即可注出该圆弧的半径尺寸，如图 2-59（b）所示。

⑥ 如果要标注两平行直线的距离，可用鼠标先后拾取两直线，弹出如图 2-60 所示的立即菜单。

◇ 立即菜单“3:”　用来进行“长度”与“直径”的切换。

• 长度　标注两平行直线间的距离。

• 直径　标注两平行直线间对应的直径，且在注出的尺寸数值前加直径符号“ *ϕ*”。

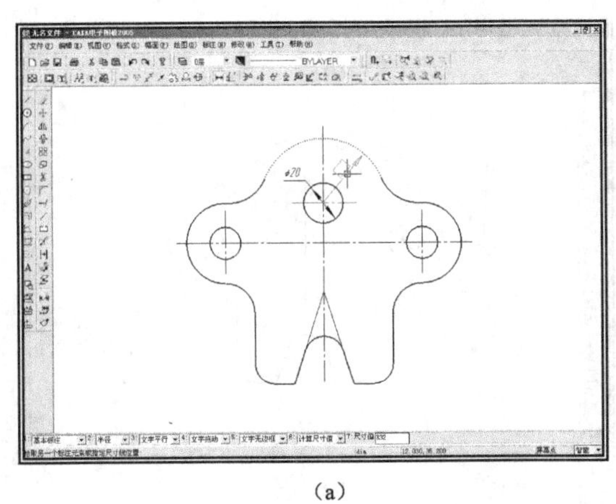

（a）

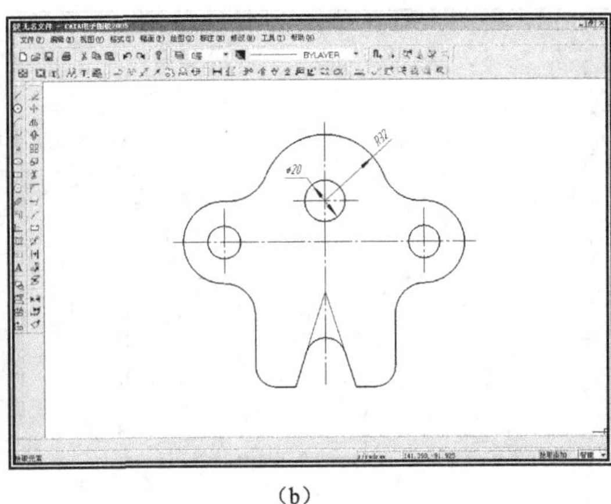

（b）

图 2-59　标注圆弧的半径尺寸

1: 基本标注 ▼ 2: 文字平行 ▼ 3: 长度 ▼ 4: 文字居中 ▼ 5: 文字无边框 ▼ 6: 尺寸值 100
尺寸线位置:

图 2-60　拾取两直线的立即菜单

其他立即菜单的意义同前。

⑦ 移动光标，可显示出要生成的尺寸，如图 2-61（a）所示。选择合适的位置单击左键，即可注出该尺寸，如图 2-61（b）所示。

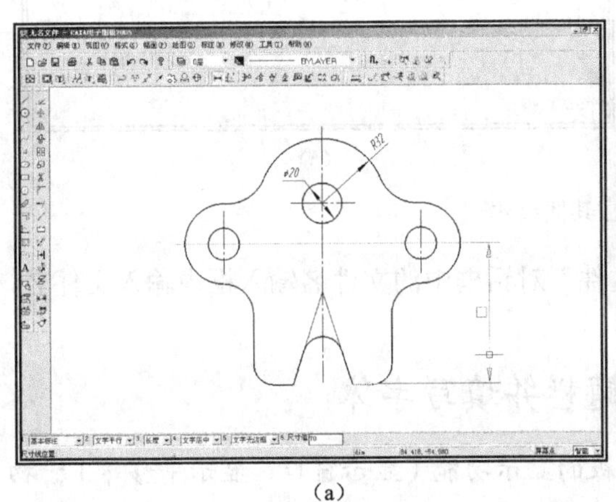

（a）

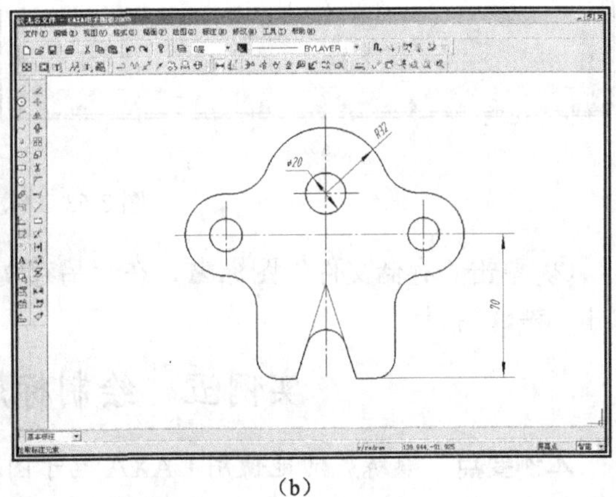

（b）

图 2-61　标注两平行直线间的距离

⑧ 如果要标注两个相同直径圆的尺寸，只需拾取其中任一个圆，单击立即菜单中显示尺寸值的窗口，在弹出的数据编辑框中输入“2×%c16”，如图 2-62（a）所示。按 Enter 键确认尺寸值的修改，选择合适的位置单击左键，完成相同直径圆的尺寸标注，如图 2-62（b）所示。

⑨ 如果要标注尺寸 30，需先后拾取两交点；如果要标注尺寸 46，可先后拾取点和直线，如图 2-63（a）所示。

注意：拾取点时，要使用工具点菜单捕捉特征点。

⑩ 按前面所述方法，注出其他尺寸，如图 2-63（b）所示。

9．存储文件

① 检查全图，确认无误后，单击常用工具栏中的“显示全部”图标，使所绘图形充满屏幕。

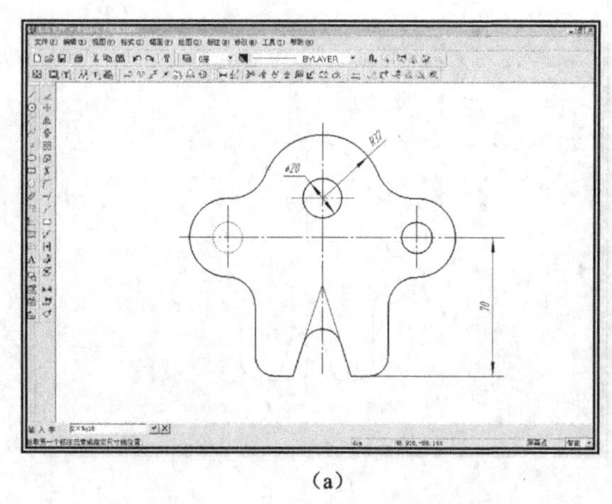

（a）

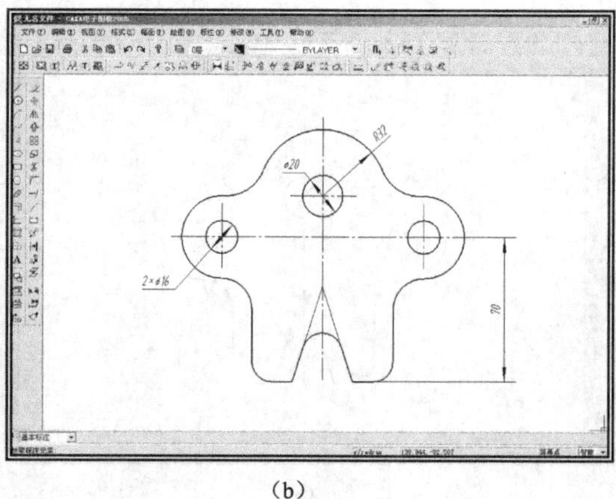

（b）

图 2-62　标注相同直径圆的尺寸

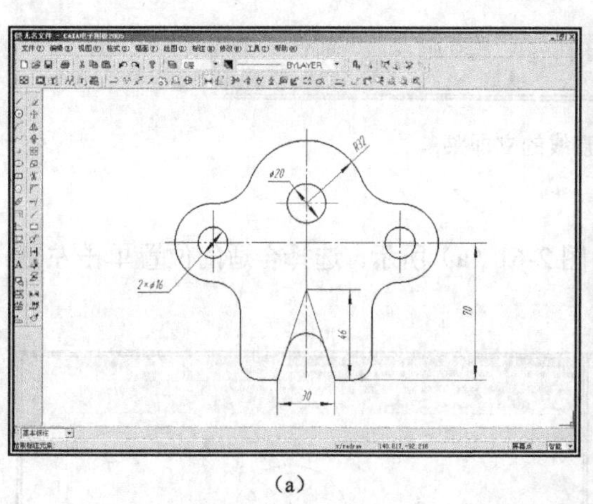

（a）

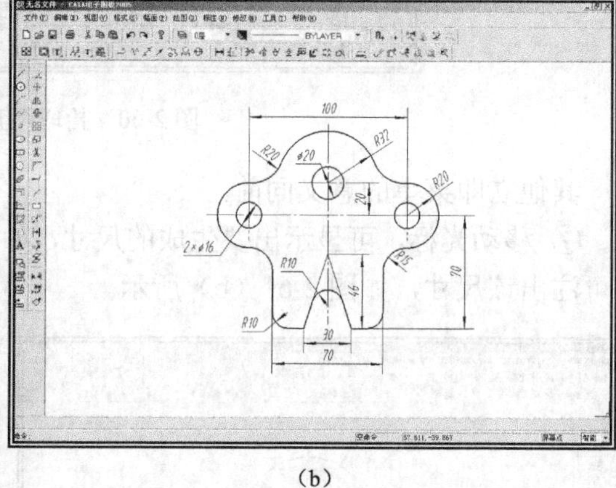

（b）

图 2-63　标注其他尺寸

② 单击“存储文件”图标，在“另存文件”对话框中的文件名输入框内输入文件名，单击 保存(S) 按钮。

实例五　绘制标题栏并填写字体

本例要点　熟练灵活地使用 CAXA 电子图板的显示功能（显示窗口、显示平移等）；初步掌握文字标注的基本方法，以及文字参数的设置方法。

题目　用粗实线画出边框（400×277），按图 2-64 中的线型及尺寸在右下角绘制标题栏，并填写字体，字高 7 mm。

1. 绘制边框

① 单击绘图工具栏中的“矩形”图标（或单击主菜单中的【绘图】→【矩形】命令），在弹出的立即菜单中选择“长度和宽度”方式。

② 将立即菜单中的长度值修改为 400、宽度值修改为 277。按操作提示，选择坐标原点作为定位点，如图 2-65（a）所示。

③ 单击左键，绘制出 400×277 的边框，如图 2-65（b）所示。

2. 绘制标题栏

① 单击绘图工具栏中的“直线”按钮（或单击主菜单中的【绘图】→【直线】命令），

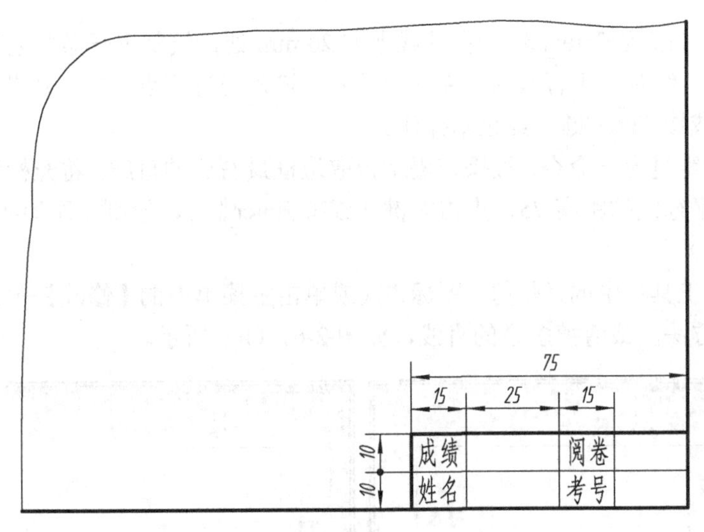

图 2-64　标题栏图例

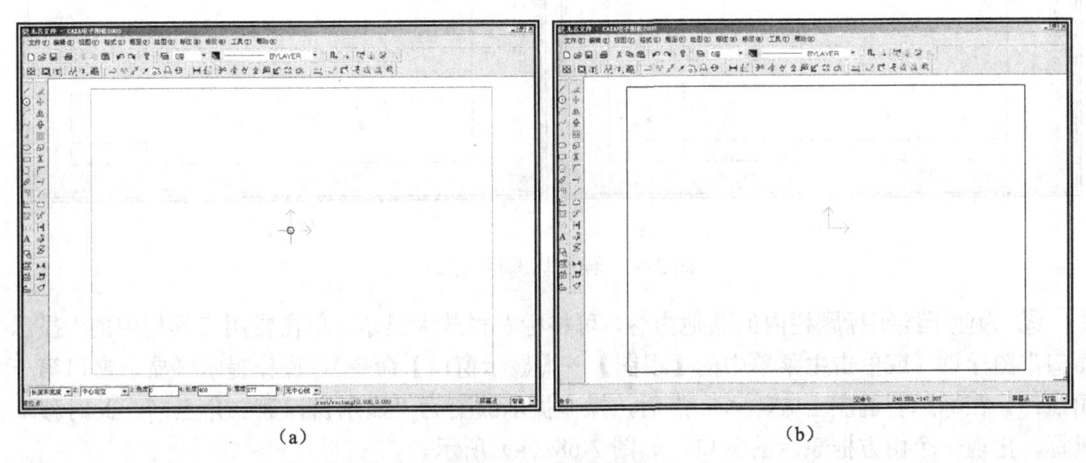

（a）　　　　　　　　　　　　（b）

图 2-65　绘制边框

将立即菜单设置为“平行线”、“偏移方式”、“单向”，操作提示“拾取直线：”。

② 按操作提示拾取边框最下边的直线后，操作提示变为“输入距离或点：”。将光标移动到该线的上方，用键盘输入平行线的距离 20，如图 2-66（a）所示。

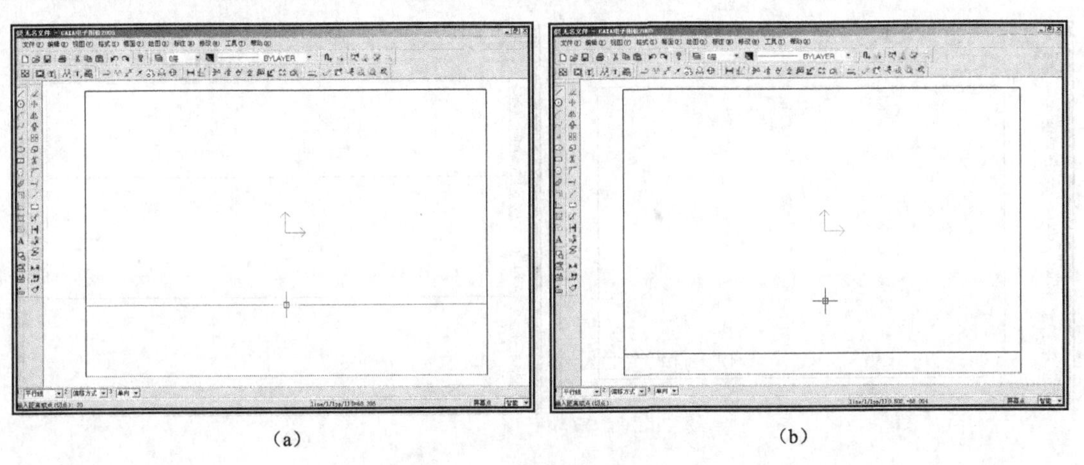

（a）　　　　　　　　　　　　（b）

图 2-66　绘制标题栏（一）

③ 点击右键（或按Enter键），在该线上方20 mm处，绘制出一条与之平行的线段，如图2-66（b）所示。绘制出平行线后，系统仍提示“输入距离或点：”，表明本操作可重复进行，点击右键（或按Enter键）终止本操作。

④ 点击右键重复上一命令，按操作提示拾取边框最右边的直线，将光标移动到该线的左方，用键盘输入平行线的距离75，点击右键（或按Enter键），绘制出距该线75 mm的平行线，如图2-67（a）所示。

⑤ 单击编辑工具栏中的“裁剪”图标（或单击主菜单中的【修改】→【裁剪】命令），用“快速裁剪”方法，裁剪掉多余的直线，如图2-67（b）所示。

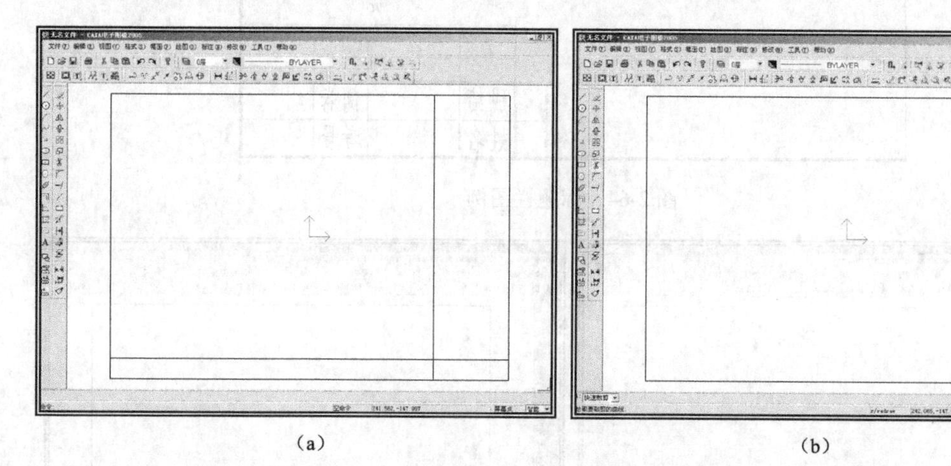

（a）　（b）

图2-67　绘制标题栏（二）

⑥ 为便于绘制标题栏内的其他内容，可将标题栏放大显示。单击常用工具栏中的“显示窗口”图标（或单击主菜单中的【视图】→【显示窗口】命令），操作提示“显示窗口第一角点：”。在标题栏的左上方输入一点后，操作提示改变为“显示窗口第二角点：”。此时移动鼠标，出现一个由方框表示的窗口，如图2-68（a）所示。

注意：窗口大小随鼠标移动而改变，窗口确定的区域就是即将被放大的部分，窗口中心将成为新的屏幕显示中心。按操作提示输入显示窗口的第二角点后，系统将窗口范围内的图形按尽可能大的原则充满屏幕，重新显示出来。系统继续提示“显示窗口第一角点：”，可再次选择窗口将图形再次放大，点击右键（或按Esc键）退出。

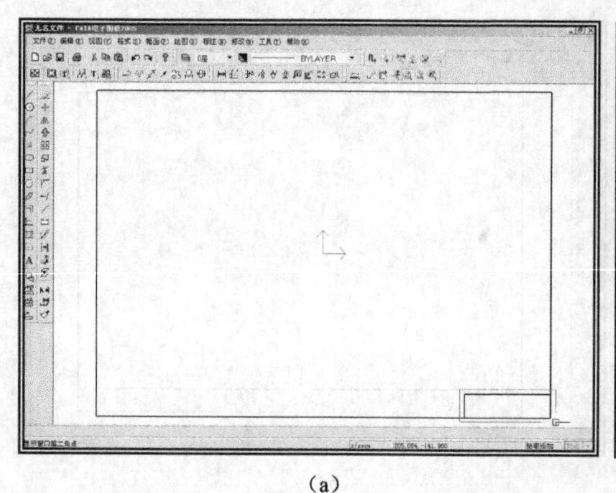

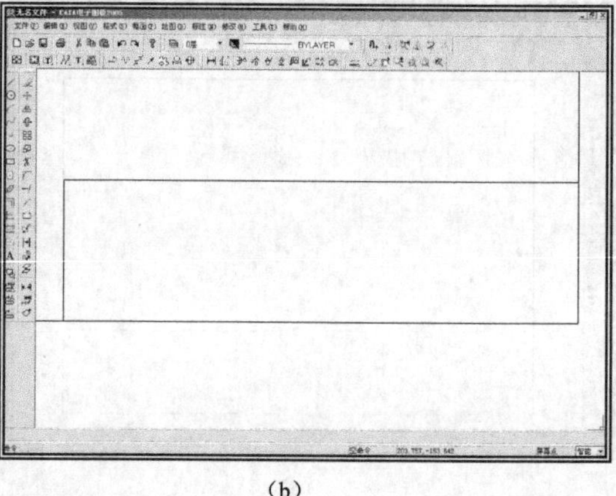

（a）　（b）

图2-68　绘制标题栏（三）

⑦ 用“显示窗口”命令放大的标题栏，如图 2-68（b）所示。

⑧ 单击属性工具栏中的“当前层选择”下拉列表框右侧的下拉箭头▼，在弹出的图层列表中，选择“细实线层”。

⑨ 重复前面使用的绘制“平行线”命令，拾取标题栏上边的直线后，将光标下移，键入平行线距离 10，在所选直线下方，绘制出细实线的平行线，如图 2-69（a）所示。点击右键（或按 Enter 键）结束操作。

⑩ 重复绘制“平行线”命令，拾取标题栏左边的直线后，将光标右移，键入平行线距离 15、40、55，在所选直线右方，绘制出三条细实线的平行线，如图 2-69（b）所示。

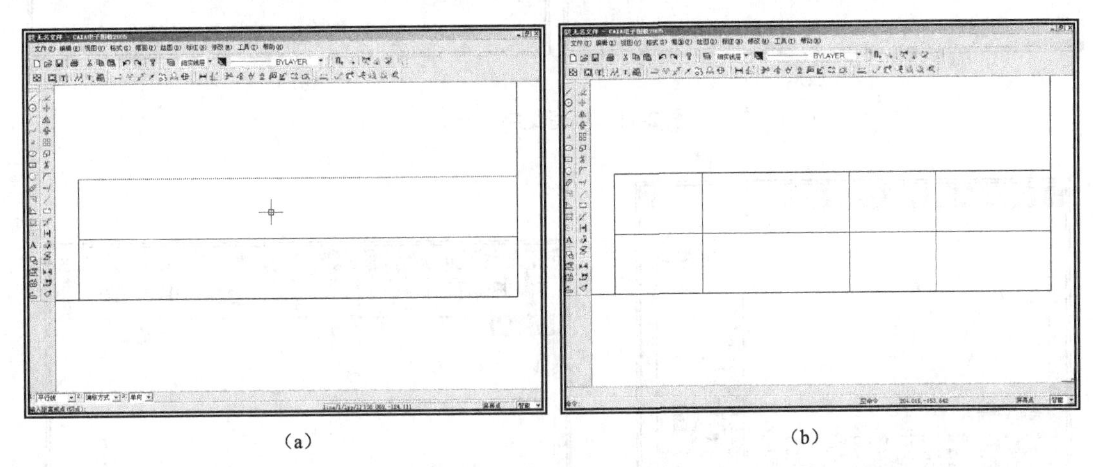

（a）　　　　　　　　　　（b）

图 2-69　绘制标题栏（四）

3. 填写文字

① 单击绘图工具栏中的“文字”图标 A（或单击主菜单中的【绘图】→【文字】命令），弹出立即菜单和操作提示，如图 2-70（a）所示。单击立即菜单“1:”，可将“指定两点”方式切换为“搜索边界”方式，如图 2-70（b）所示。

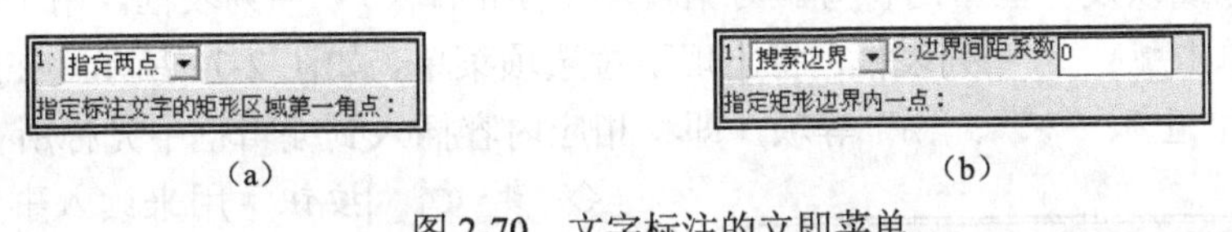

（a）　　　　　　　　　　（b）

图 2-70　文字标注的立即菜单

• 指定两点　根据操作提示用鼠标指定矩形区域的第一角点和第二角点，从而确定要标注文字的区域。

• 搜索边界　采用此方式时，绘图区应该已有待填入文字的矩形（例如在填表的情况下），单击矩形内一点，确定要标注文字的区域为该矩形。

② 将立即菜单设置为“搜索边界”方式，按操作提示用鼠标指定矩形边界内一点，如图 2-71（a）所示。

③ 指定了标注文字的区域后，系统弹出“文字标注与编辑”对话框，如图 2-71（b）所示。

“文字标注与编辑”对话框由文字编辑框、“插入”列表框及其下方的四个按钮组成。

◇ 文字编辑框　位于对话框上部的文字编辑框用于输入文字，编辑框下面显示出当前的文字参数设置。

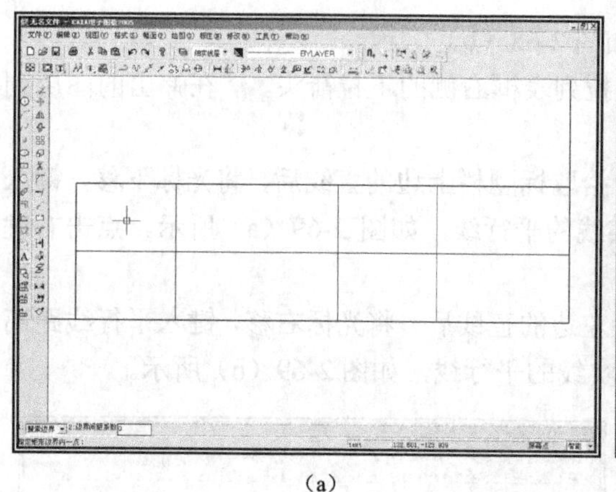

(a)

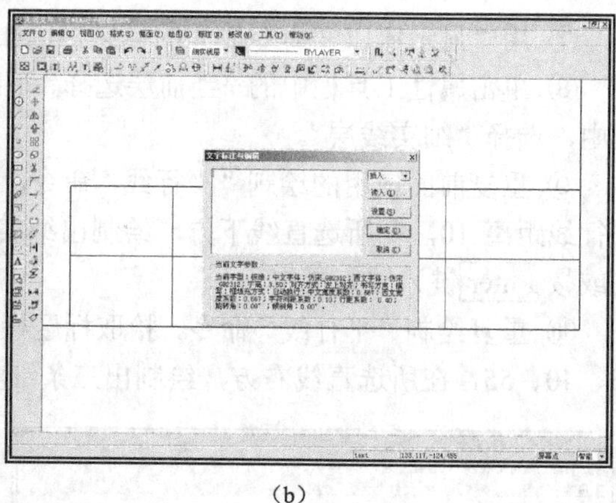

(b)

图 2-71　填写文字（一）

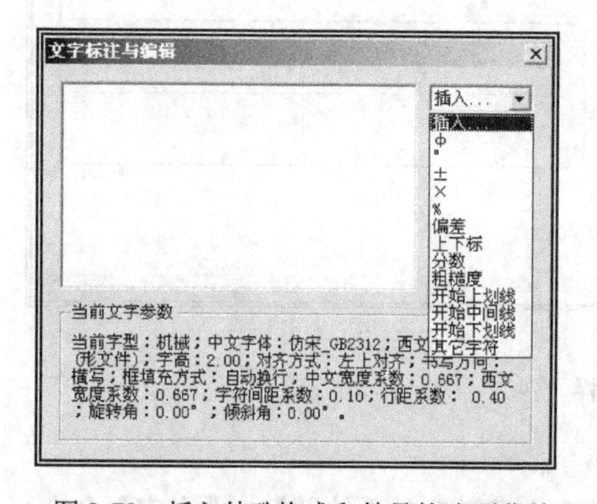

图 2-72　插入特殊格式和符号的选项菜单

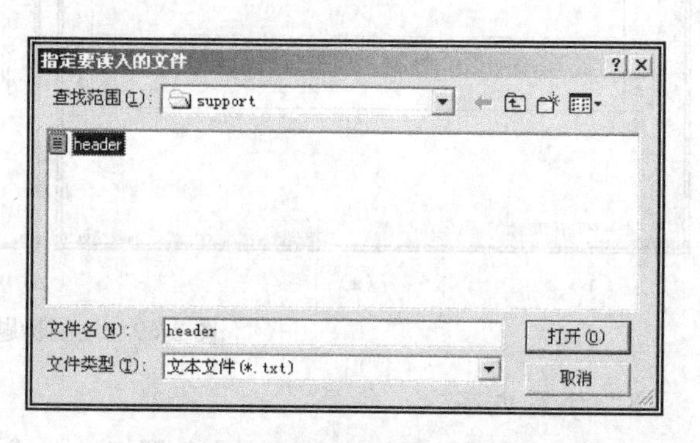

图 2-73　指定要读入的文件对话框

◇ 插入... 列表框　在标注横写文字时，文字中可以包含偏差、上下标、分数、上划线、中间线、下划线以及一些常用符号。对话框右上角的插入... 列表框，用于输入这些特殊符号和格式。单击插入... 列表框，将出现下拉选项菜单，如图 2-72 所示。在选项菜单中选择"φ"、"°"、"±"、"×"、"%"等项，即将相应内容插入到编辑框中光标所在位置。

◇ 读入(I)... 按钮　用来读入事先已写好的要标注文字的文件。单击读入(I)... 按钮，弹出"指定要读入的文件"对话框，如图 2-73 所示。在对话框中指定事先已写好的要标注文字的文件，再单击打开(O) 按钮，该文件的内容被读入到编辑框中。

◇ 设置(S)... 按钮　用来修改文字参数。单击设置(S)... 按钮，弹出"文字标注参数设置"对话框，如图 2-74 所示。对话框中各参数的含义如下：

图 2-74　文字标注参数设置对话框

• 字高　指文字中正常字符（除上下偏差、上下标、分子、分母外的字符）的高度，单位为毫米。单击该窗口，可从下拉选项菜单中选择标准字高，也可以直接输入任何字高。字高的缺省设置为“3.5”。

● *对齐方式*　指生成的文字占据指定区域的相对位置关系。单击该窗口，可从下拉选项菜单中选择“左上对齐”、“中上对齐”、“右上对齐”、“左中对齐”、“中间对齐”、“右中对齐”、“左下对齐”、“中下对齐”、“右下对齐”中的任何一种。例如：“左上对齐”指文字实际占据区域的左上角，与指定区域的左上角重合。“中间对齐”指文字实际占据区域的中心，与指定区域的中心重合，其余依此类推。对齐方式的缺省设置为“左上对齐”。

● *书写方向*　单击该窗口可选择“横写”或“竖写”。“横写”是指从文字的观察方向看，文字是从左向右书写。“竖写”是指从文字的观察方向看，文字是从上向下书写的。书写方向的缺省设置为“横写”。

● *框填充方式*　单击该窗口可选择“自动换行”、“压缩文字”或“手动换行”三种方式。“自动换行”是指文字到达指定区域的右边界（横写时）或下边界（竖写时），自动以汉字、单词、数字或标点符号为单位换行。“压缩文字”是指当指定的字型参数会导致文字超出指定区域时，系统自动修改文字的高度、中西文宽度系数和字符间距系数，以保证文字完全在指定的区域内。“手动换行”是指在输入标注文字时，只要按回车键，就能完成文字换行。框填充方式的缺省设置为“自动换行”。

● *旋转角*　横写时为一行文字的延伸方向，与坐标系的 X 轴正方向按逆时针测量的夹角。竖写时为一列文字的延伸方向，与坐标系的 Y 轴负方向按逆时针测量的夹角。旋转角的缺省设置为“0”。

④ 选择任意一种中文输入方式，输入“成绩”二字，单击 确定(O) 按钮，系统将按缺省设置生成相应的文字并插入到指定的矩形区域，如图 2-75（a）所示。

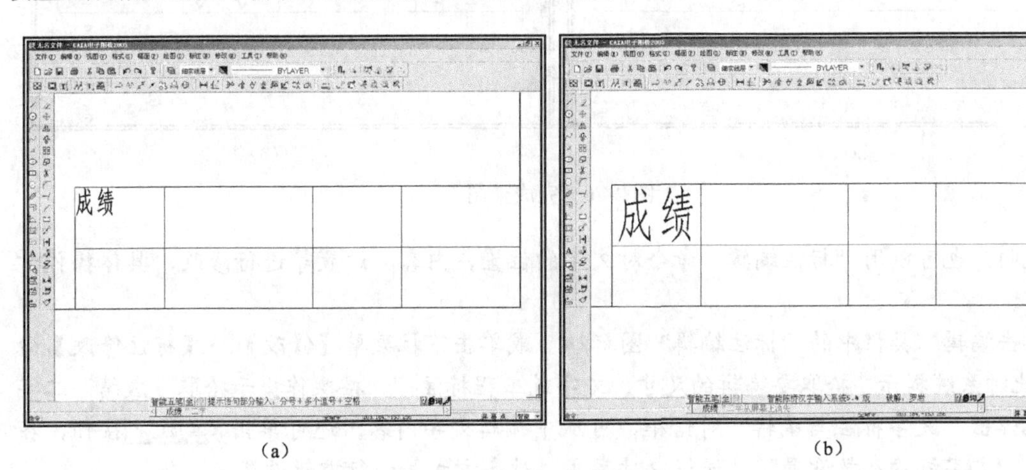

（a）　　（b）

图 2-75　填写文字（二）

从图中可以看出，生成的文字不符合图例要求。此时可单击编辑工具栏中的“删除”图标，按操作提示拾取文字后，点击右键将文字清除。也可以单击标准工具栏中的“取消操作”图标，则生成文字的操作被取消，“成绩”二字从屏幕上消失。

说明：取消操作用于取消最近一次发生的误操作。取消操作命令具有多级回退功能，可以回退至最近一次存储时的状态。与取消操作相对应的是重复操作，用来撤销最近一次的取消操作，即把取消操作恢复。

单击标准工具栏中的“重复操作”图标，即可执行重复操作命令。重复操作也具有多级重复功能，能够退回（恢复）到任一次取消操作的状态。取消操作与重复操作是相互关联的一对命令。重复操作是取消操作的逆过程，只有与取消操作配合使用才有效。

⑤ 单击绘图工具栏中的“文字”图标A，按操作提示指定矩形边界内一点，在弹出的“文字标注与编辑”对话框中单击设置(S)...按钮，弹出“文字标注参数设置”对话框。

⑥ 在“文字标注参数设置”对话框中，按图例要求将“字高”设置为7、“对齐方式”设置为中间对齐。单击确定(O)按钮，返回到“文字标注与编辑”对话框。

⑦ 重新输入“成绩”二字，单击确定(O)按钮，按新设置的文字参数生成文字，如图2-75（b）所示。

⑧ 重复“文字”命令，指定相应的矩形边界，依次输入“姓名”、“阅卷”、“考号”等文字，如图2-76（a）所示。

⑨ 单击编辑工具栏中的“格式刷”图标，操作提示为“拾取源对象:”，拾取“成绩”二字后，操作提示变为“拾取目标对象:”，再连续拾取目标对象“姓名”、“阅卷”、“考号”，目标对象即按源对象的属性进行了变化，如图2-76（b）所示。点击右键退出命令。

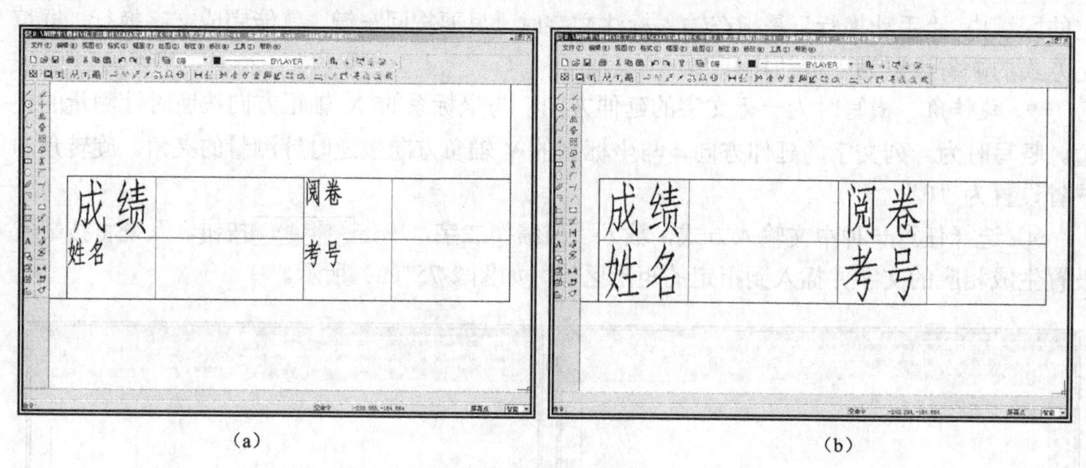

（a）　　　　　　　　（b）

图2-76　完成全图

说明：也可以用“标注编辑”命令对文字的位置、内容、设置等进行修改，具体操作方法如下。

单击编辑工具栏中的“标注编辑”图标（或单击下拉菜单【修改】→【标注修改】命令），此时系统提示“拾取要编辑的尺寸、文字或工程标注:”。按操作提示拾取“成绩”二字后，也弹出“文字标注与编辑”对话框，可从中编辑文字内容。还可单击设置(S)...按钮，在弹出的“文字标注参数设置”对话框中对字高、对齐方式等进行重新设置。

4. 存储文件

① 检查全图，确认无误后，单击常用工具栏中的“显示全部”图标，使所绘图形充满屏幕。

② 单击“存储文件”图标，在“另存文件”对话框中的文件名输入框内输入文件名，单击保存(S)按钮。

练习题（二）

① 绘制题图2-1中的图形，不标注尺寸。

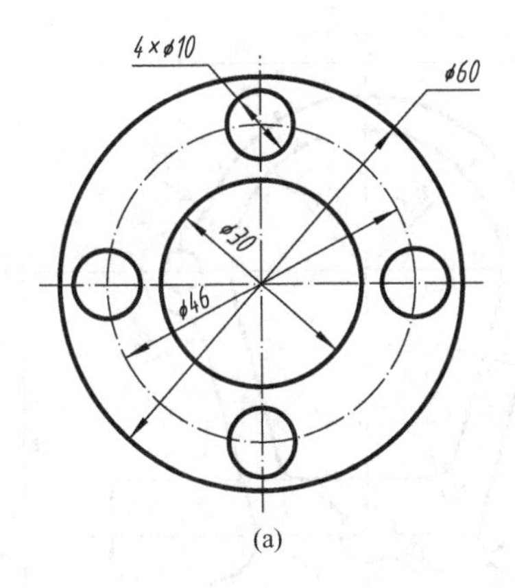

(a)

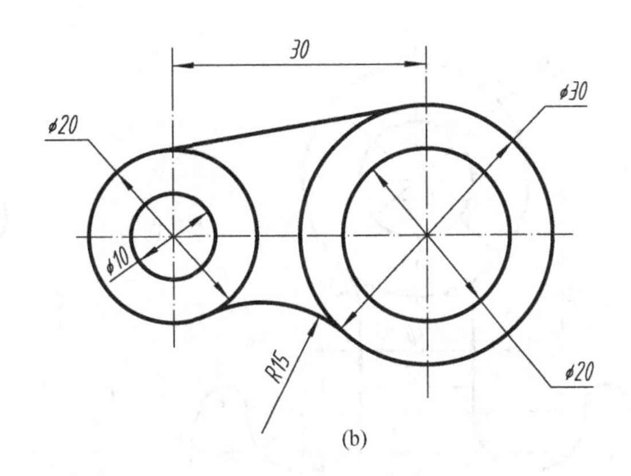

(b)

题图 2-1

② 绘制题图 2-2 中的图形，不标注尺寸。

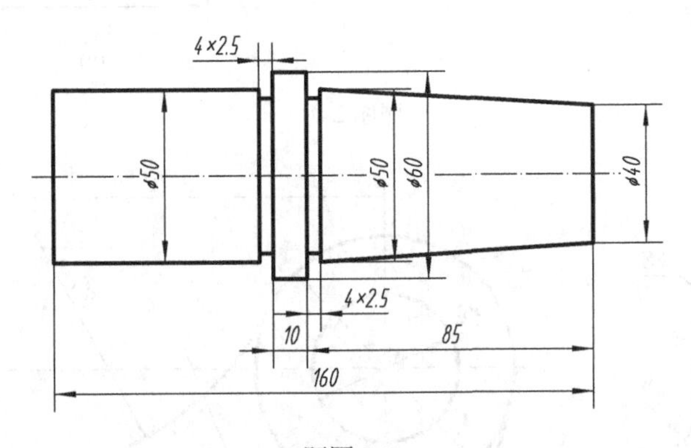

题图 2-2

③ 绘制题图 2-3 中的图形，不标注尺寸。

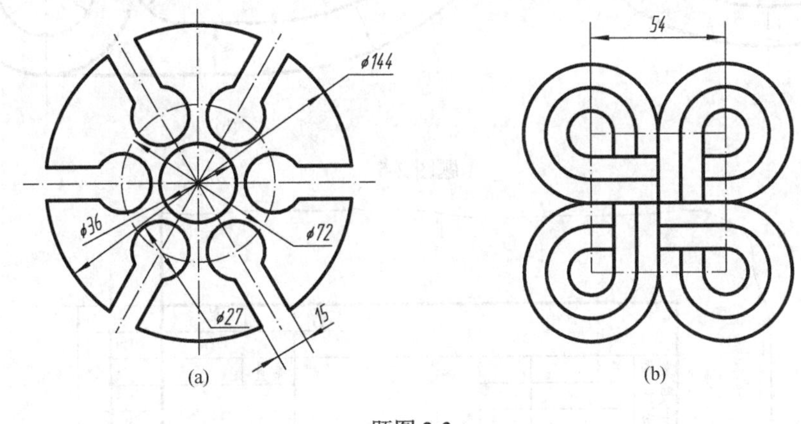

(a) (b)

题图 2-3

④ 绘制题图 2-4 中的图形，并标注尺寸。

⑤ 绘制题图 2-5 中的图形，并标注尺寸。

⑥ 用粗实线画出边框（190×277），按题图 2-6 中的线型及尺寸在右下角绘制标题栏，并填写字体，字高 5 mm。

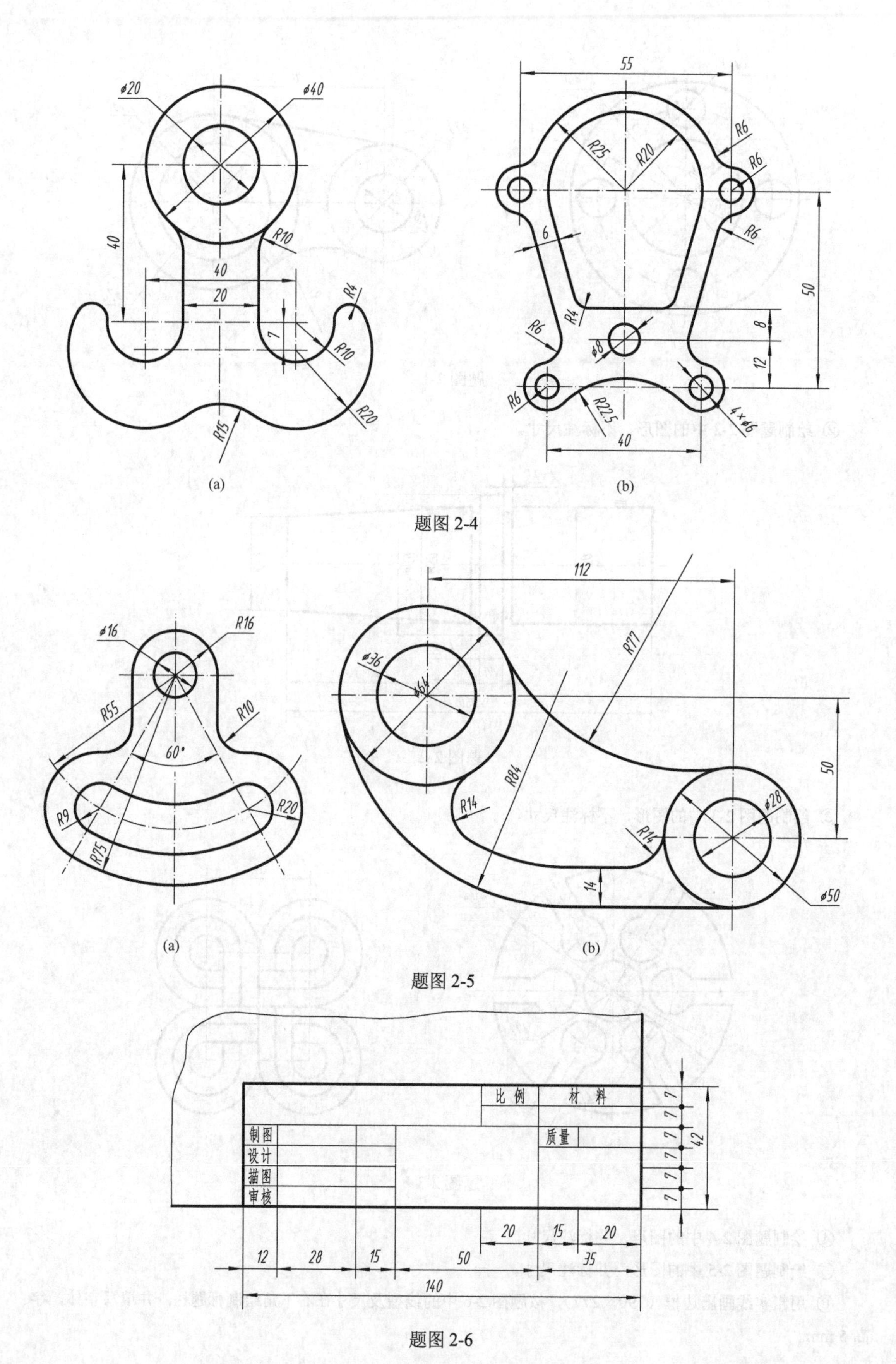

题图 2-4

题图 2-5

题图 2-6

第三章　三视图的画法

本章通过绘图实例介绍 CAXA 电子图板系统的导航功能；主、俯、左三视图的绘制方法；定义绘图环境的方法；图层、线型、颜色的设置；剖面线的绘制等，使读者掌握利用 CAXA 电子图板绘制三视图的基本方法。

实例六　三视图的绘制

本例要点　掌握导航功能的起动方法；利用导航功能绘制三视图的方法；进一步熟悉 CAXA 电子图板的绘图功能和编辑功能。

题目　按 1∶1 的比例，抄画图 3-1 所示的两视图，并补画出左视图。要求：三视图符合投影关系，不标注尺寸。

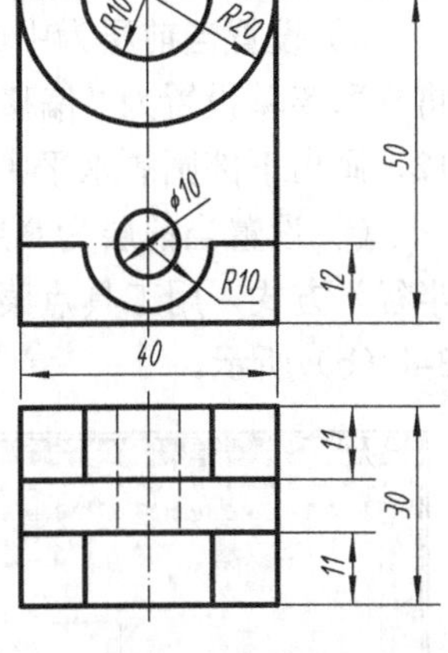

图 3-1　图例

1. 绘制主视图

① 设置当前层为 0 层。单击绘图工具栏中的“矩形”图标，在弹出的立即菜单中选择“长度和宽度”方式，并将长度修改为“40”、宽度修改为“50”，移动光标到适当位置确定矩形的定位点，画出矩形，如图 3-2（a）所示。

为使图形清晰，便于绘图，可单击常用工具栏中的“显示窗口”图标，用“显示窗口”命令将图形放大，如图 3-2（b）所示。

② 单击绘图工具栏中的“中心线”图标，操作提示为“拾取圆或第一条直线：”，拾取矩形的一条边后，该线变为红色点线，操作提示变为“拾取另一条直线：”。拾取与第一条边平行的另一条边后，操作提示变为“左

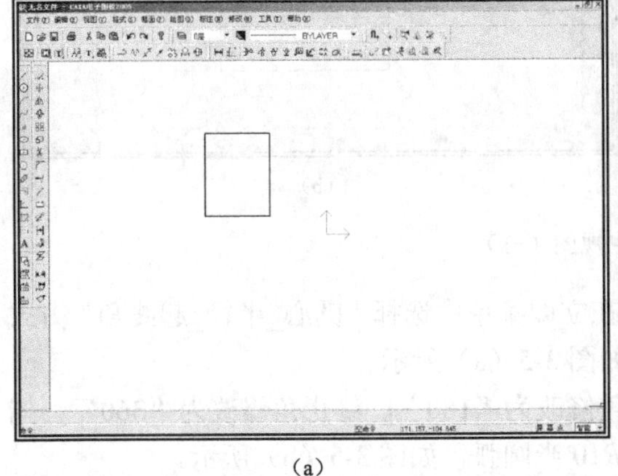
(a)

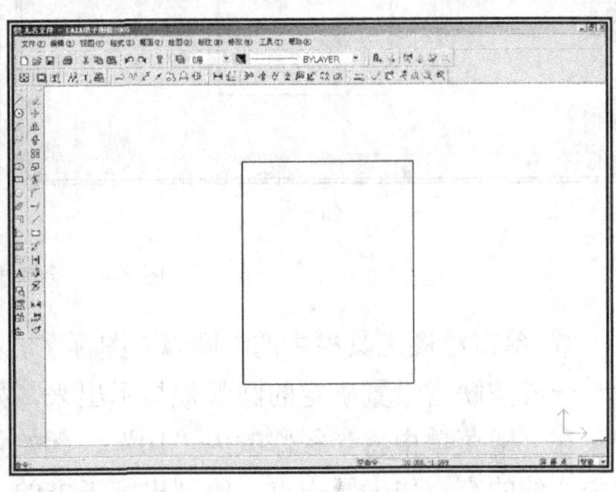
(b)

图 3-2　绘制主视图（一）

键切换，右键确认：”，同时一条对称线被显示出来，如图 3-3（a）所示。点击右键，即在显示位置绘制出对称线。

注意：此时如果单击左键，对称线由竖直变为水平，如图 3-3（b）所示。可见，单击左键，可切换对称线的方向。

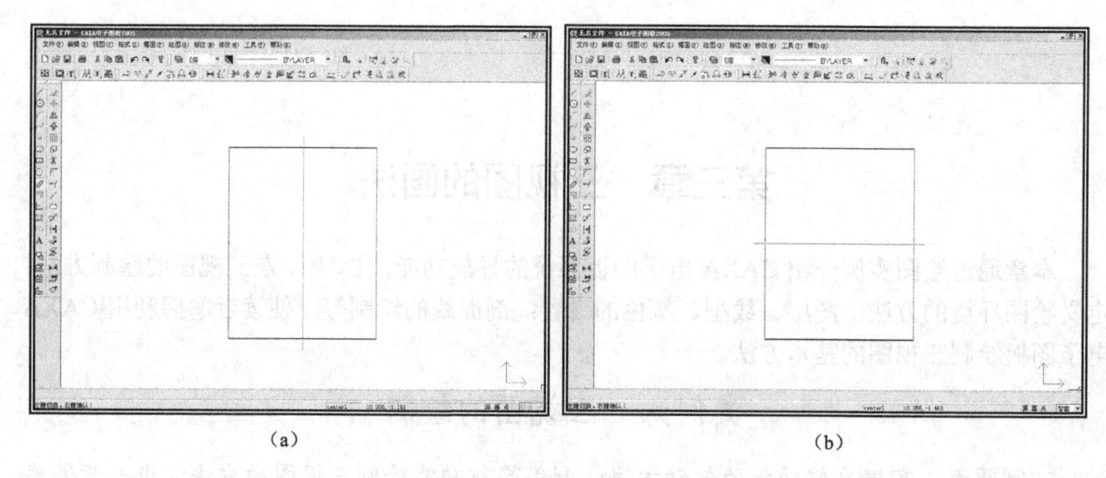
（a）（b）

图 3-3　绘制主视图（二）

③ 设置当前层为中心线层。单击绘图工具栏中的“直线”图标，选择“平行线”方式，将立即菜单设置为“偏移方式”、“单向”，拾取矩形底边并将光标放置在底边之上，键入距离12，画出下部圆的水平中心线，如图 3-4（a）所示。

④ 设置当前层为 0 层。单击绘图工具栏中的“圆”图标，在立即菜单中选择“圆心_半径”方式，用工具点菜单捕捉中心线的交点作为圆心，在主视图下方画出 $\phi10$ 的圆。如图 3-4（b）所示。

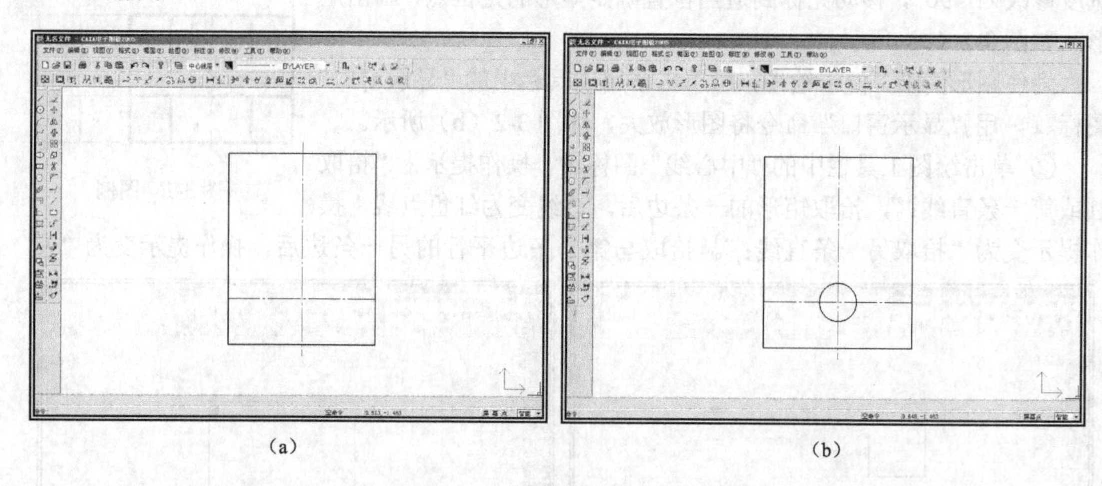
（a）（b）

图 3-4　绘制主视图（三）

⑤ 单击绘图工具栏中的“圆弧”图标，在立即菜单中选择“圆心_半径_起终角”方式后，一段按缺省设置确定的圆弧被显示出来，如图 3-5（a）所示。

在立即菜单中将半径修改为“10”、起始角修改为“180”、终止角修改为“360”，捕捉中心线的交点作为圆心点，绘制出圆下方的 $R10$ 半圆弧，如图 3-5（b）所示。

⑥ 重复绘制圆弧的操作，只需修改一次立即菜单中的半径值，捕捉圆心，绘制出主视图上方 $R10$ 和 $R20$ 的两个半圆弧，如图 3-6（a）所示。

⑦ 单击编辑工具栏中的“裁剪”图标，用“快速裁剪”方式剪掉多余直线，裁剪后的主视图，如图 3-6（b）所示。

⑧ 单击绘图工具栏中的“直线”图标，在立即菜单中选择“两点线”、“单个”、“正

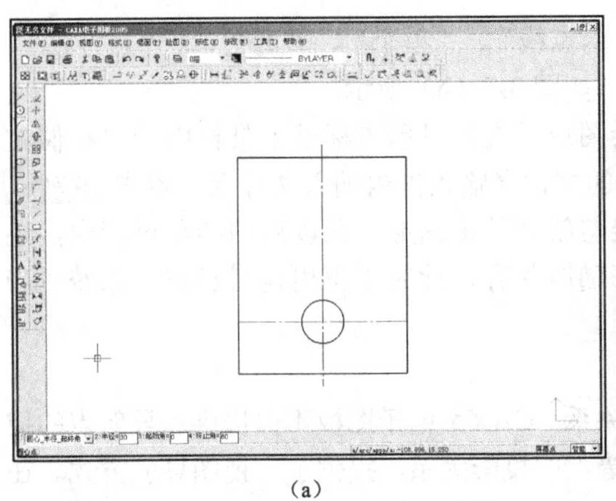

（a）

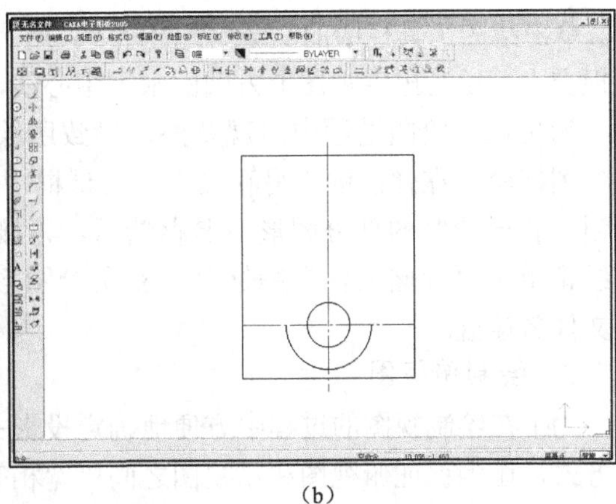

（b）

图 3-5　绘制主视图（四）

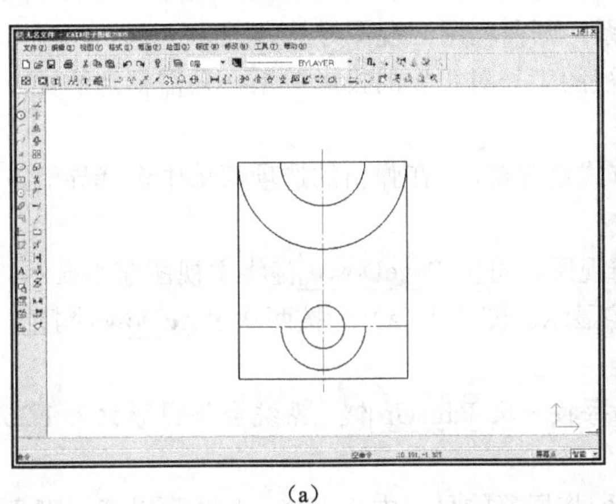

（a）

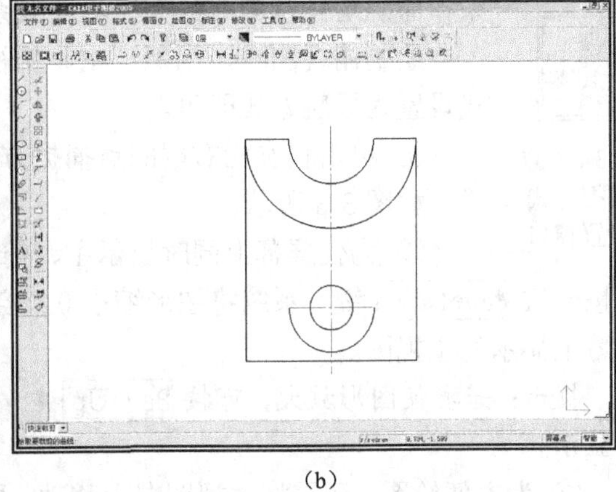

（b）

图 3-6　绘制主视图（五）

交”、“长度方式”，并将长度值修改为“10”，从主视图下方半圆的右端点开始，向右绘制出长 10 mm 的粗实线，如图 3-7（a）所示。

⑨ 单击编辑工具栏中的“镜像”图标，拾取新绘制的粗实线，点击右键确认拾取，按操作提示拾取竖直对称线为轴线，在主视图左侧绘制出对称的粗实线。设置当前层为中心线

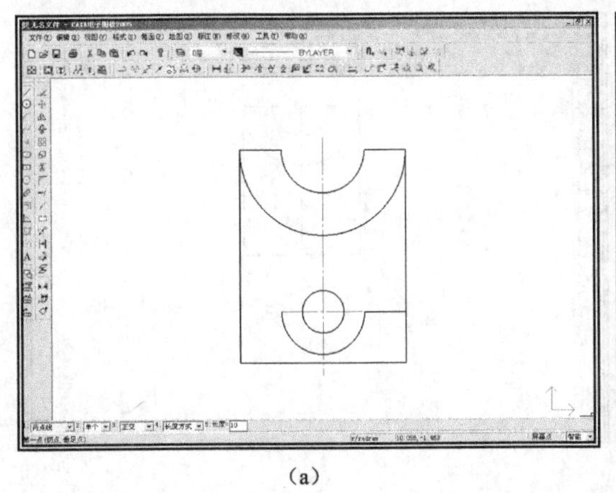

（a）

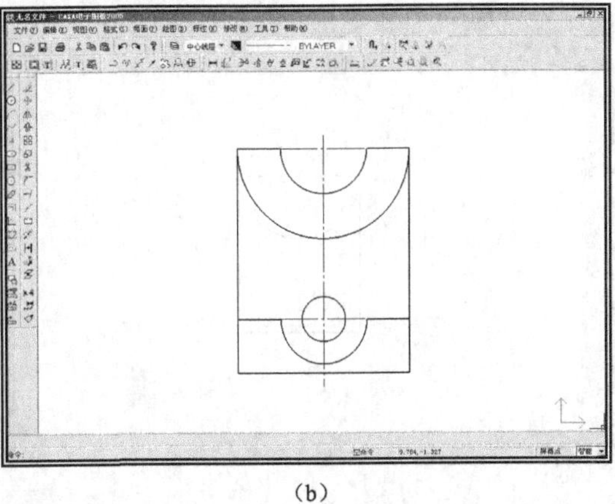

（b）

图 3-7　绘制主视图（六）

层。单击绘图工具栏中的“直线”图标，用“两点线”、“单个”、“正交”、“点方式”，捕捉交点，绘制出主视图上方圆的水平中心线，如图3-7（b）所示。

为防止在绘图过程中出现意外，导致所绘图形丢失，可单击标准工具栏中的“存储文件”图标，在弹出的“另存文件”对话框中的文件名输入框内输入文件名，单击保存(S)按钮，将已绘制的部分图形命名存储后，再接着绘制其余图形。在以后的绘图过程中，还要经常单击“存储文件”图标，将所绘图形随时保存。此时不再出现对话框，系统以当前文件名存盘。

2. 绘制俯视图

为了在绘制视图的过程中方便地确定投影关系，CAXA电子图板不但提供了导航点的捕捉方式，还为保证俯视图和左视图之间“宽相等”的投影关系，提供了三视图导航方式。在导航方式下，当鼠标的十字光标经过一些特征点时，特征点除被加亮显示外，十字光标与特征点之间自动呈现出相连的虚线。利用导航方式，可以方便、快捷地确定两视图间的投影关系；而确定三视图间的“三等”关系，则需利用三视图导航方式。

绘制俯视图时，为保证主、俯视图“长对正”的投影关系，只需将点捕捉方式设置为导航方式即可。

自由
智能
栅格
导航
导航

图3-8 点捕捉方式设置窗口

① 单击状态栏右端的点捕捉方式设置窗口，在弹出的选项菜单中选择导航方式，如图3-8所示。

② 为使屏幕上同时显示主、俯视图，可按PageDown键将主视图缩小显示。每按一次PageDown键，系统将图形缩小0.8倍显示。图3-9（a）为按两次PageDown键后，屏幕上显示的主视图。

提示：若要使图形放大，可按PageUp键。每按一次PageUp键，系统会将图形放大1.25倍显示。

③ 为方便绘图，还需将主视图向上移动，即将屏幕的显示中心下移。此时可以使用键盘上的↓方向键实现平移。图3-9（b）为按一次↓方向键后，屏幕上显示的主视图。

提示：①按↑、←、→方向键，可以将屏幕的显示中心上移、左移和右移。②单击常用工具栏中的“动态显示平移”图标，按住鼠标左键拖动可使整个图形跟随鼠标动态平移，点击右键或按Esc键结束动态平移操作。③按住Shift键的同时，按住鼠标左键拖动鼠标，也可以实现动态平移，而且这种方法更加方便、快捷。

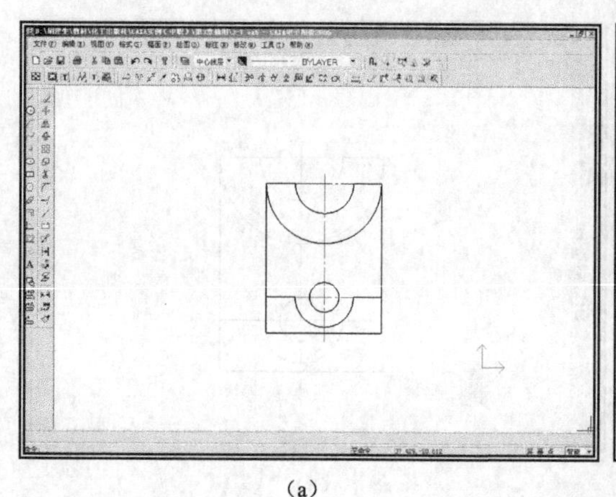
（a）

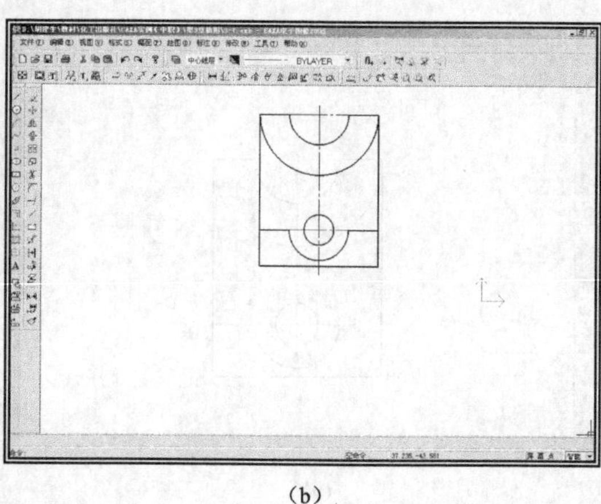
（b）

图3-9 绘制俯视图（一）

④ 单击绘图工具Ⅱ工具栏中的“孔/轴”图标，将立即菜单设置为“轴”、“直接给出角度”方式，并将中心线角度改为“90”。移动光标，当十字光标与主视图上对称线之间自动呈现出相连的虚线且有特征点被加亮显示时，单击鼠标左键确定轴的插入点，如图3-10（a）所示。将当前层设置为0层，轴的起始直径调整为“40”，向下拖动鼠标，用键盘输入轴的长度30，点击右键（或按 Enter 键）画出图3-10（b）所示图形。此时系统仍处于绘制轴状态，再一次点击右键（或按 Enter 键）结束命令，绘制出俯视图外框。

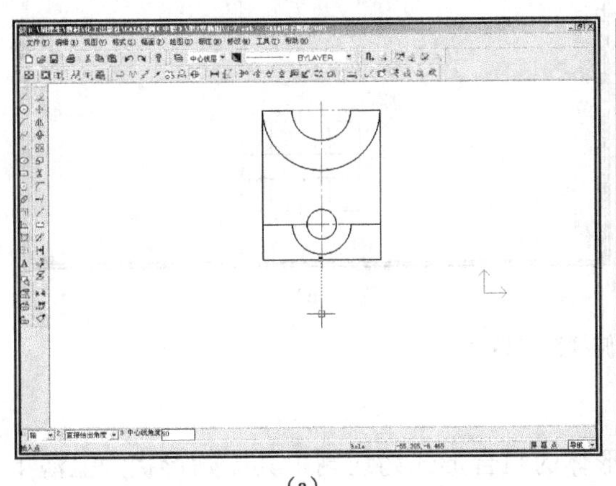

（a）

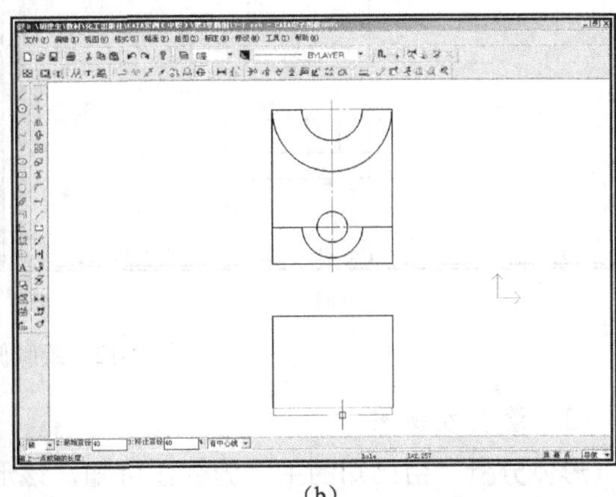

（b）

图3-10　绘制俯视图（二）

⑤ 单击绘图工具栏中的“直线”图标，在立即菜单中选择“平行线”、“偏移方式”、“单向”，拾取俯视图上部的水平线后，将光标移至该线下方，键入平行线距离 11，点击右键（或按 Enter 键），绘制与其相距 11 的平行线；再键入 19，点击右键（或按 Enter 键），绘制与其相距 19 的平行线，如图3-11（a）所示。

⑥ 将画线方式改为“两点线”，立即菜单设置为“单个”、“正交”、“点方式”，按投影关系，分别在0层和虚线层绘制对称线左侧的粗实线和虚线，如图3-11（b）所示。

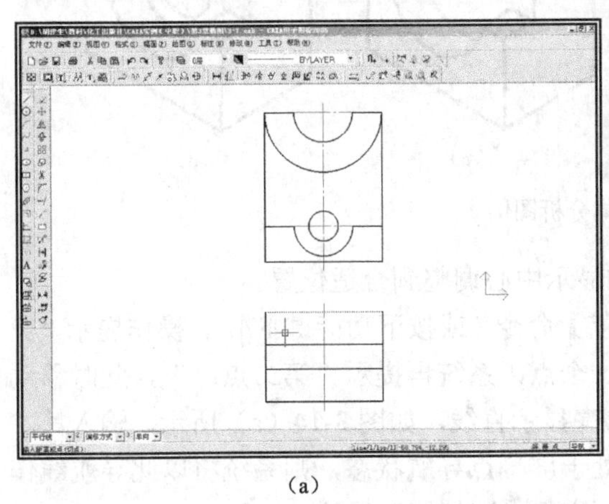

（a）

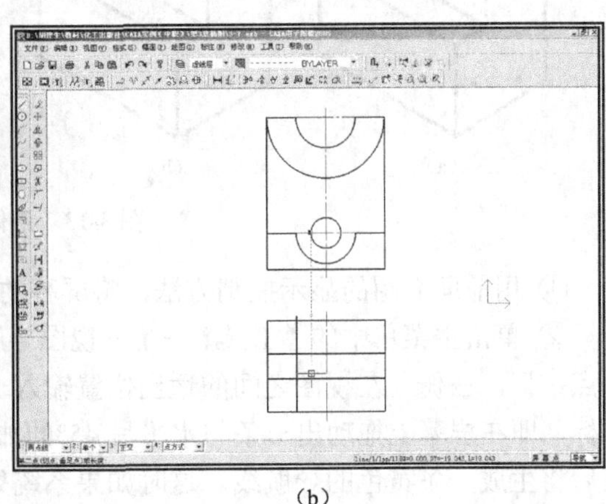

（b）

图3-11　绘制俯视图（三）

⑦ 单击编辑工具栏中的“裁剪”图标，用“快速裁剪”方式，按操作提示用鼠标逐一“拾取要裁剪的曲线：”，修改对称线左侧的粗实线和虚线，如图3-12（a）所示。

⑧ 单击编辑工具栏中的“镜像”图标，将立即菜单设置为“选择轴线”、“拷贝”，拾

取对称左侧的两条粗实线和一条虚线，点击右键确认拾取，按操作提示拾取竖直对称线为轴线，在右侧对称画出各条直线，完成的主、俯视图如图3-12（b）所示。

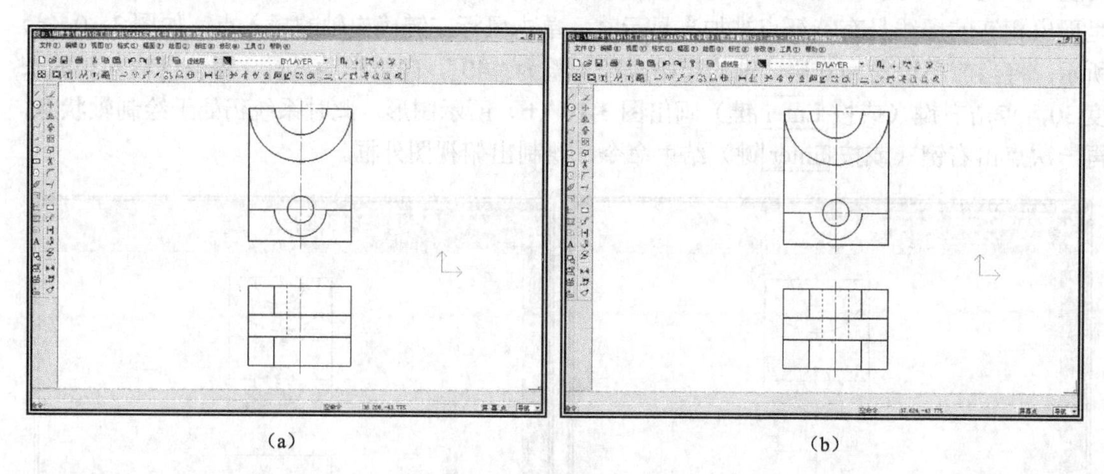

（a）　　（b）

图3-12　绘制俯视图（四）

3. 绘制左视图

形体分析　由已知的主、俯视图可知，该形体的组合形式为切割，其原始形状为上薄下厚的长方体，如图3-13（a）所示。在长方体的上部切制出半径为10和20的两个同轴半圆形槽，如图3-13（b）所示。在长方体的下部切制出半径为10、深度为11的半圆形槽，如图3-13（c）所示。最后在下部再切制出直径为10的通孔，如图3-13（d）所示。

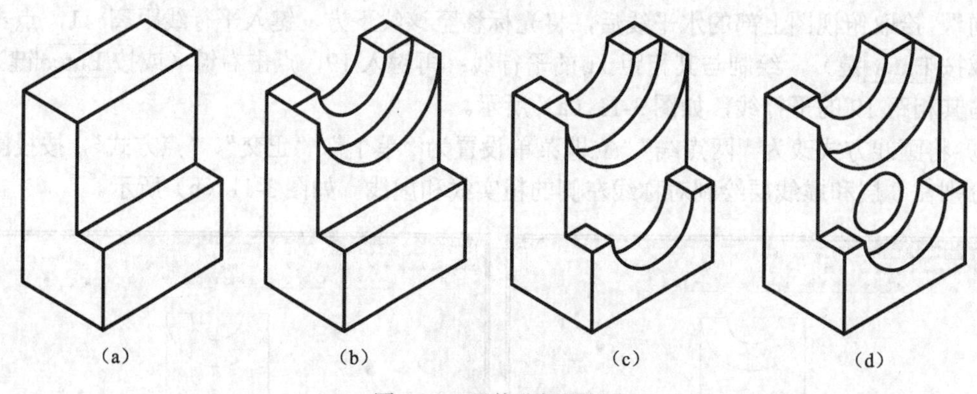

（a）　（b）　（c）　（d）

图3-13　形体分析图例

① 用前面介绍的显示控制方法，将屏幕的显示中心调整到合适位置。

② 单击主菜单中的【工具】→【三视图导航】命令（或按下功能键F7），操作提示“第一点：”，在俯、左视图之间的适当位置输入一个点，系统再提示“第二点：”，此时移动光标，即在屏幕上拖动出一条与水平呈45°的加亮显示直线，如图3-14（a）所示。输入第二点后将生成一条黄色的导航线。这时如果系统处于屏幕点导航状态，则系统将以此导航线作为俯、左视图的转折线，自动捕捉导航点，从而实现“宽相等”导航。

导航线是一条仅在屏幕上显示，输出图形时并不打印出来的辅助线。【三视图导航】命令即可以用来生成导航线，又可用作“显示/隐藏”导航线的切换开关。如果当前已生成并显示出导航线，单击主菜单中的【工具】→【三视图导航】命令，或按下功能键F7，即隐藏导航线并取消三视图导航操作。

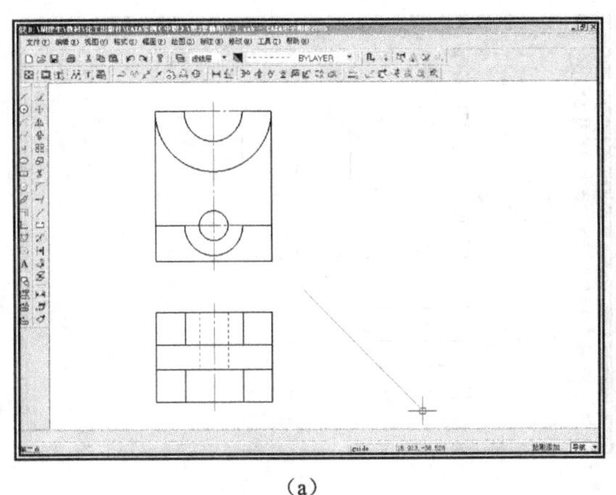
(a)

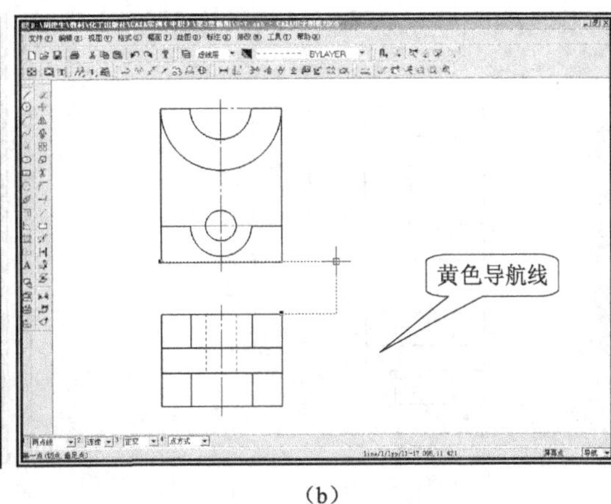

(b)

图 3-14　绘制左视图（一）

下次再单击主菜单中的【工具】→【三视图导航】命令，或按下功能键F7，系统将提示“第一点<右键恢复上一次导航线>：”，此时点击右键，将恢复上一次导航线；也可输入两点，重新生成一条新的导航线。

③ 单击绘图工具栏中的“直线”图标，将立即菜单设置为“两点线”、“连续”、“正交”方式。移动光标，当十字光标与主视图的底边之间呈现出相连虚线，且在俯、左视图之间又出现以导航线为转折点的虚线时，即可确定左视图外形的第一点，如图 3-14（b）所示。

④ 利用屏幕点捕捉及三视图导航，在 0 层绘制出左视图的外形，如图 3-15（a）所示。

⑤ 将当前层设置为虚线层。单击“直线”图标，用“两点线”方式，利用三视图导航，绘制左视图中的各条虚线，如图 3-15（b）所示。

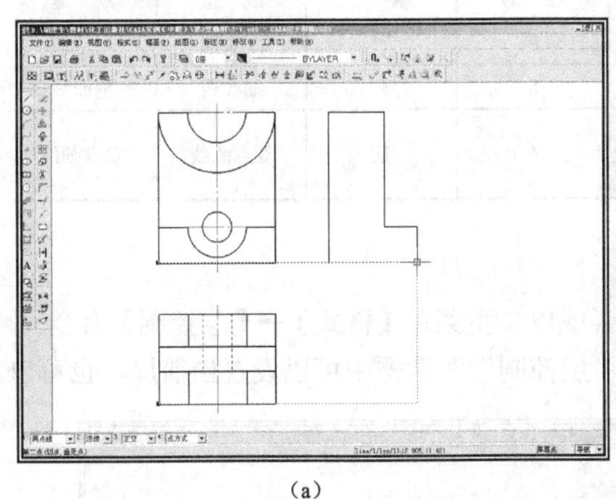
(a)

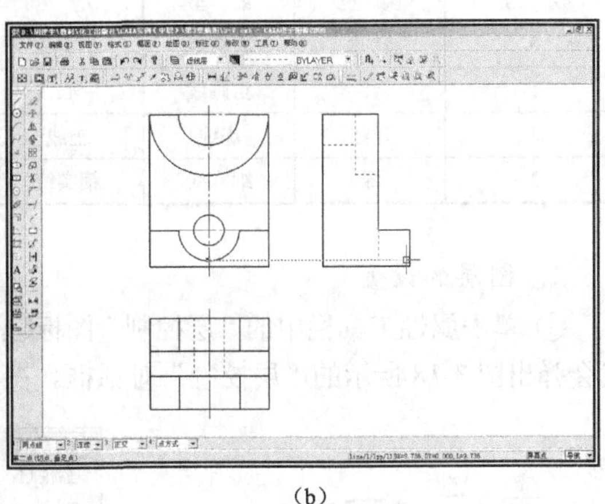
(b)

图 3-15　绘制左视图（二）

⑥ 单击“孔/轴”图标，将立即菜单设置为“孔”、“直接给出角度”、“中心线角度”为“0”，用导航的方法，在左视图上确定孔的插入点，如图 3-16（a）所示。将孔的起始直径调整为“10”，向左拖动鼠标，用键盘输入孔的长度 19，或直接用鼠标确定孔的终止点。完成的三视图如图 3-16（b）所示。

4. 编辑修改

单击主菜单中的【工具】→【三视图导航】命令（或按下功能键F7），结束三视图导航命令。对全图进行检查修改，确认无误后，单击“存储文件”图标。

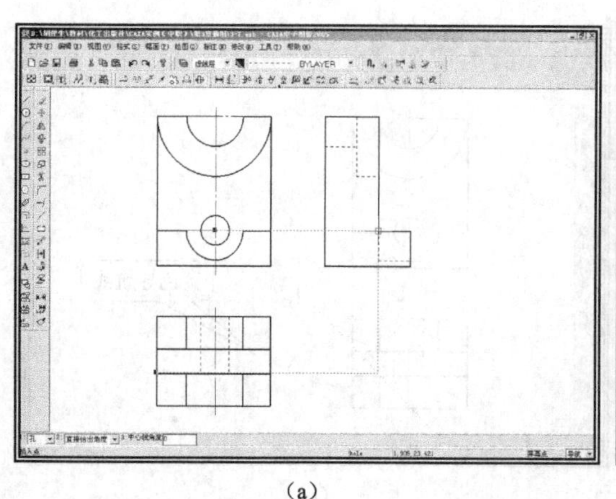

(a)

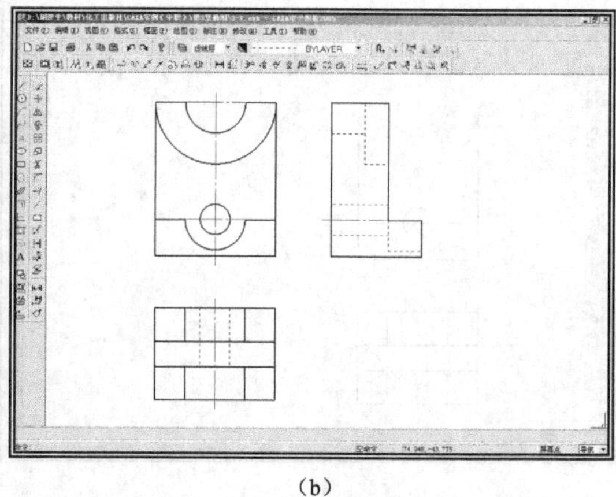

(b)

图 3-16　绘制左视图（三）

实例七　图层、线型、颜色的设置与修改

本例要点　掌握图层、线型、颜色的设置；灵活运用属性修改来修改实体的图层、线型和颜色等常用属性。

题目　①按表 3-1 设置图层、颜色及线型。②按 1∶1 的比例，抄画图 3-17 所示图形，并标注尺寸。③按要求修改抄画的图形：将四个小圆和点画线圆改为双点画线；将细实线圆的颜色改为黑色（图层、线型不变）。

表 3-1　图层、颜色及线型

层　名	颜　色	线　型	用　途	层　名	颜　色	线　型	用　途
0	黑/白	粗实线	粗实线	4	黄	细实线	尺寸线
1	红	点画线	中心线	5	灰	细实线	剖面线
2	洋红	虚线	虚线	6	紫	双点画线	双点画线
3	绿	细实线	细实线				

1. 图层的设置

① 单击属性工具栏中的“层控制”图标（或单击主菜单【格式】→【层控制】命令），就会弹出图 3-18 所示的“层控制”对话框。在“层控制”对话框中可以设置当前层，也可以

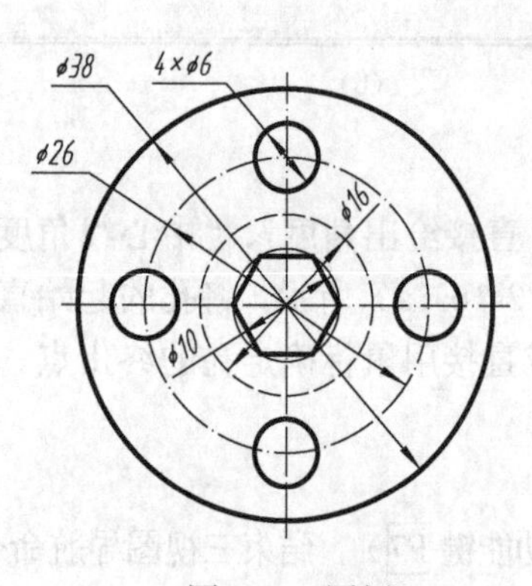

图 3-17　图例

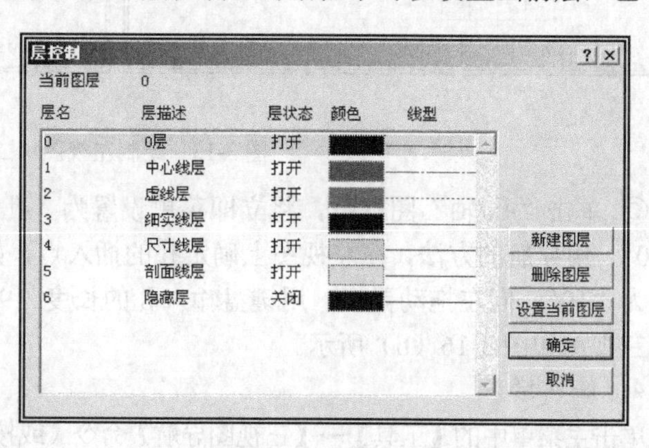

图 3-18　“层控制”对话框

改变层名、层描述、层状态以及颜色和线型，还可以创建新的图层以及删除图层。

由对话框中可以看出，0 层、1 层、2 层、5 层的颜色与线型与系统的缺省设置相同，故只需将 3、4、6 层进行设置即可。

② 双击“层控制”对话框中与图层 3 对应的颜色框，弹出“颜色设置”对话框，如图 3-19（a）所示。对话框中包含 48 种基本颜色和 16 种自定义颜色，用鼠标选择基本颜色中的绿色后，在该颜色框外出现一个虚线框，且右下方的颜色显示框中显示出所选颜色，相应的色调、饱和度、亮度等显示框中的数据也发生变化，如图 3-19（b）所示。

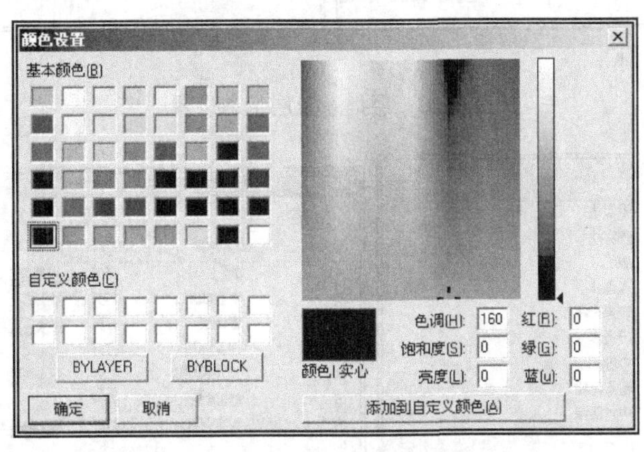

（a）

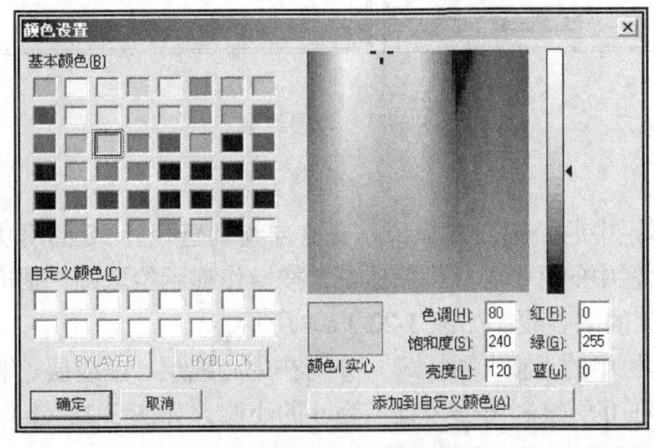

（b）

图 3-19　图层的颜色设置

③ 单击 确定(O) 按钮，返回到“层控制”对话框，可见图层 3 的颜色框已变为所选颜色。

④ 对图层 4 的颜色设置与图层 3 相同，这里不再赘述。

⑤ 双击“层控制”对话框中与图层 6 对应的层描述，在出现的编辑框中输入“双点画线层”，如图 3-20（a）所示。双击图层 6“层状态”下边的“关闭”，将处于关闭状态下的该图层切换为打开，如图 3-20（b）所示。

⑥ 双击“层控制”对话框中与图层 6 对应的线型，弹出“设置线型”对话框，如图 3-21（a）所示。在对话框中选择双点画线后，单击 确定(O) 按钮，返回到“层控制”对话框，可见图层 63 的线型已变为双点画线，如图 3-21（b）所示。

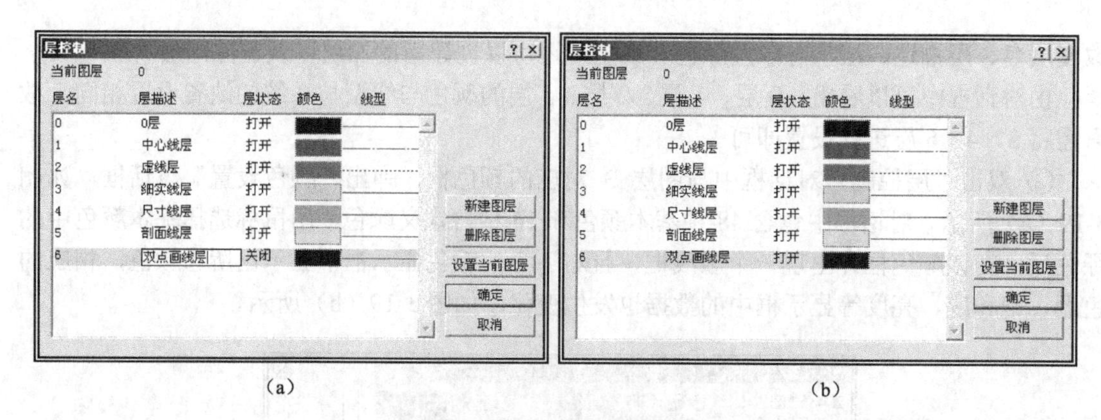

(a) (b)

图 3-20 层描述及层状态设置

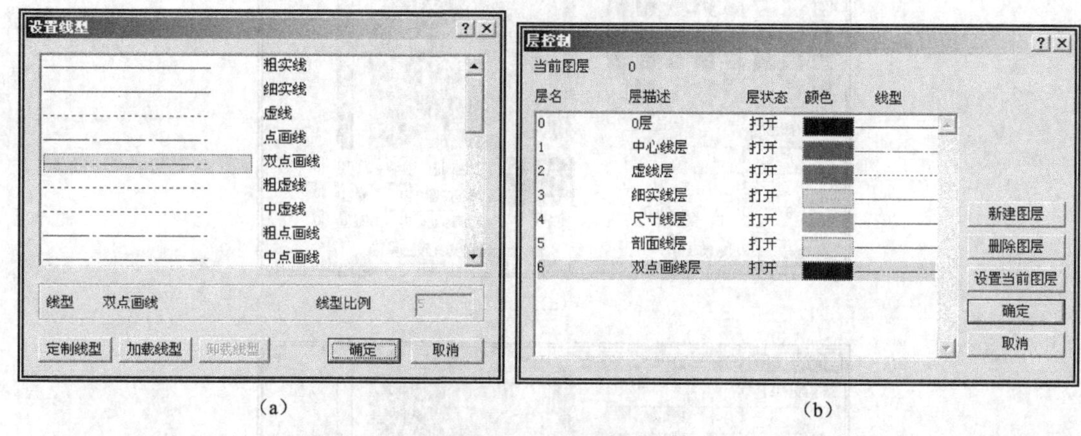

(a) (b)

图 3-21 设置线型

2. 抄画图形

① 单击绘图工具栏中的“圆”图标，在 0 层绘制直径为 38 的粗实线圆。

② 单击绘图工具栏中的“中心线”图标，按操作提示拾取圆，画出一对相互垂直且超出圆轮廓线为延伸长度的中心线，如图 3-22（a）所示。

③ 单击绘图工具栏中的“圆”图标，分别在中心线层、虚线层、细实线层绘制直径为 26、16、10 的圆，并在 0 层绘制出一个直径为 6 的小圆，如图 3-22（b）所示。

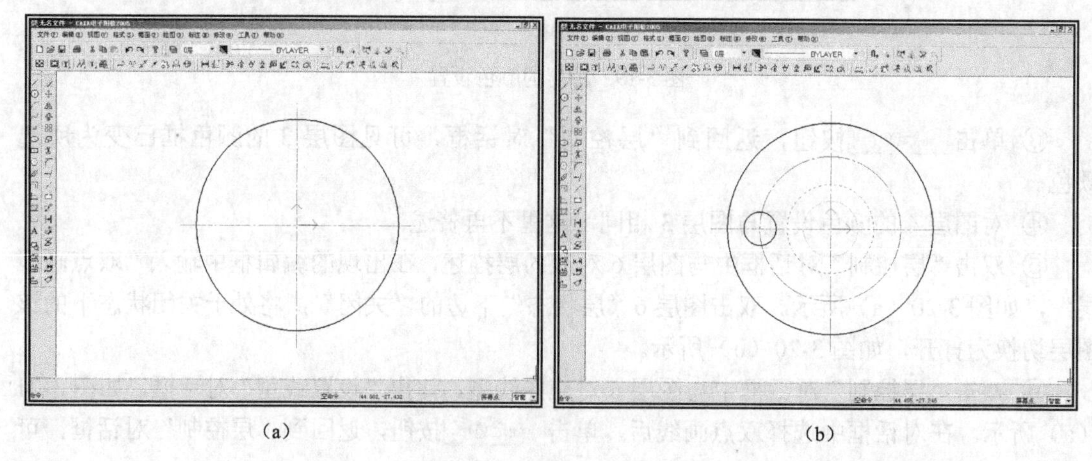

(a) (b)

图 3-22 抄画图形（一）

④ 单击编辑工具栏中的“阵列”图标，将立即菜单设置为“圆形阵列”、“旋转”、“均布”，并将份数设置为“4”，按操作提示拾取要阵列的小圆，点击右键确认，操作提示变为“中心点：”。指定圆心为中心点后，被拾取到的小圆以中心点为圆心，呈 4 份份均匀分布在圆周上，如图 3-23（a）所示。

⑤ 单击绘图工具栏中的“正多边形”图标，将立即菜单设置为“中心定位”、“给定半径”、“内接”，并将边数设置为“6”，旋转角用缺省值（0）。按操作提示，用工具点菜单捕捉圆心作为定位点，拖动出一个正六边形，如图 3-23（b）所示。

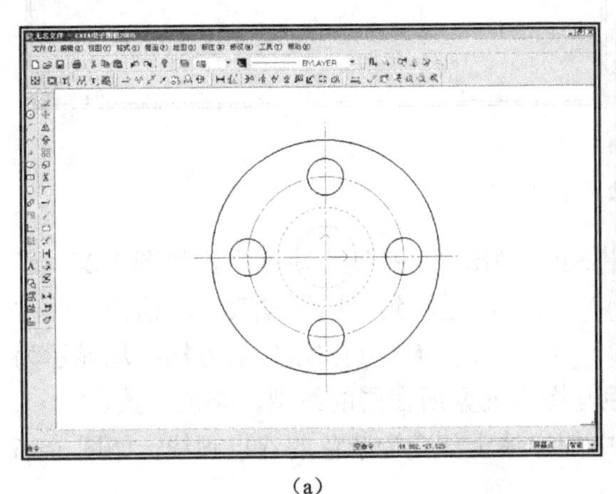

（a）

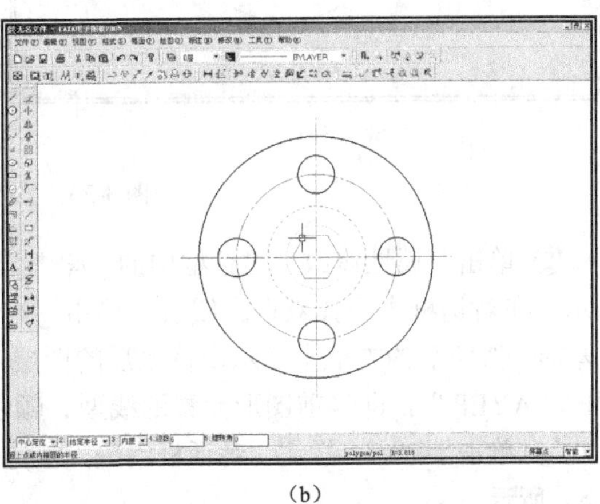

（b）

图 3-23　抄画图形（二）

⑥ 用工具点菜单捕捉细实线圆与水平中心线的交点，作为正六边形与之内接的圆上点，准确地绘制出正六边形，如图 3-24（a）所示。

⑦ 单击标注工具栏中的“尺寸标注”图标，依次注出图形上的尺寸，如图 3-24（b）所示。

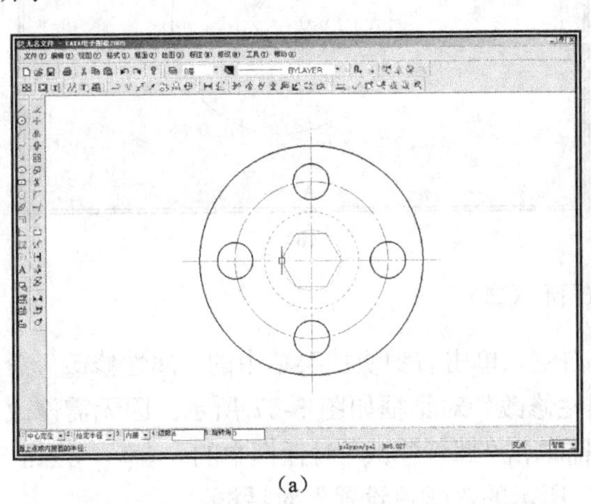

（a）

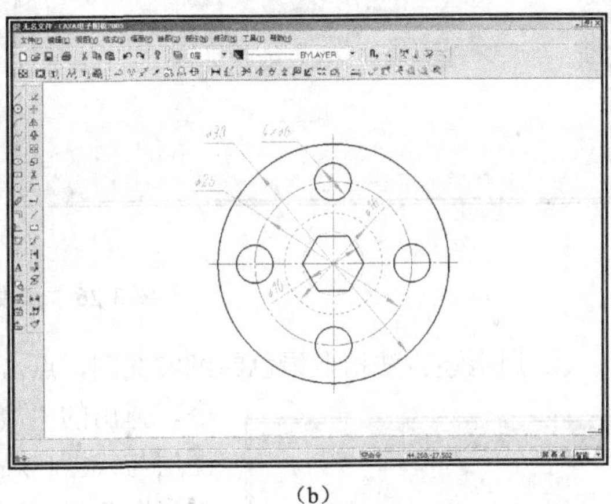

（b）

图 3-24　抄画图形（三）

3. 修改图形

① 拾取图中的 4 个小圆和点画线圆后点击右键，弹出右键快捷菜单，如图 3-25（a）所示。在右键快捷菜单中单击“属性修改”命令，弹出“属性修改”对话框，如图 3-25（b）所示。

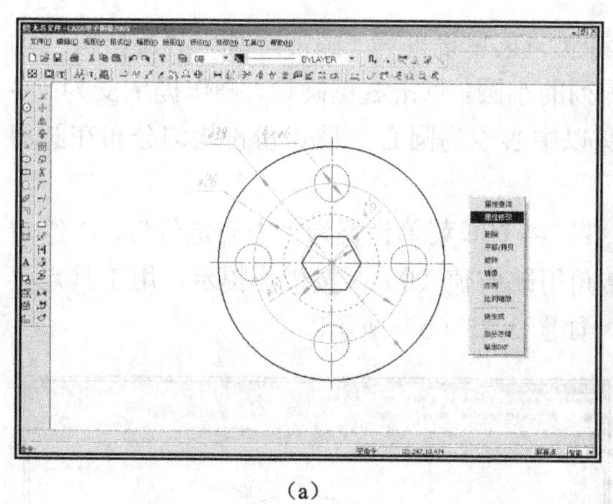

(a)

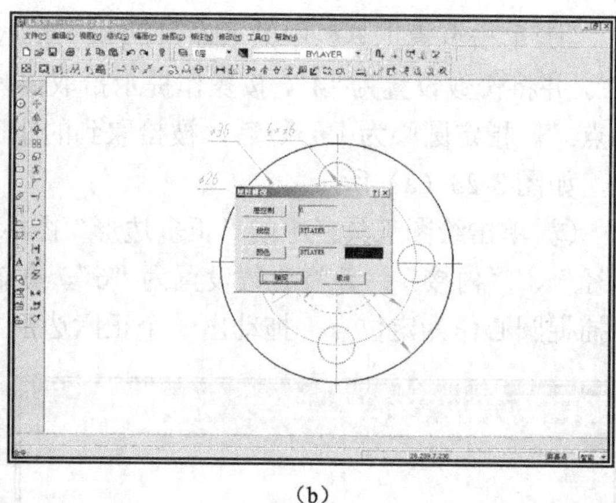

(b)

图 3-25　修改图形（一）

② 单击“属性修改”对话框中的 层控制 按钮，弹出“层控制”对话框，如图 3-26（a）所示，在对话框中选择双点画线层，单击 确定(O) 按钮，返回到“属性修改”对话框。此时 层控制 按钮后的方框中显示出修改后的图层， 线型 、 颜色 按钮后的方框中均显示为“BYLAYER”，即当前图形元素的线型、颜色与图形元素所在层的线型、颜色一致。

③ 单击 确定(O) 按钮，对话框消失，被选中的实体全部变为紫色的双点画线，如图 3-26（b）所示。

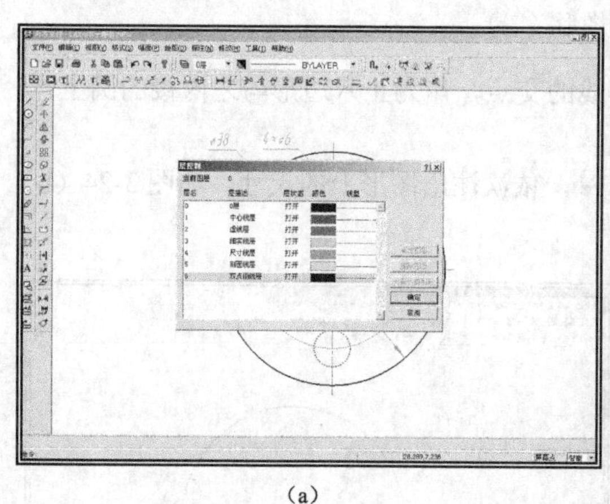

(a)

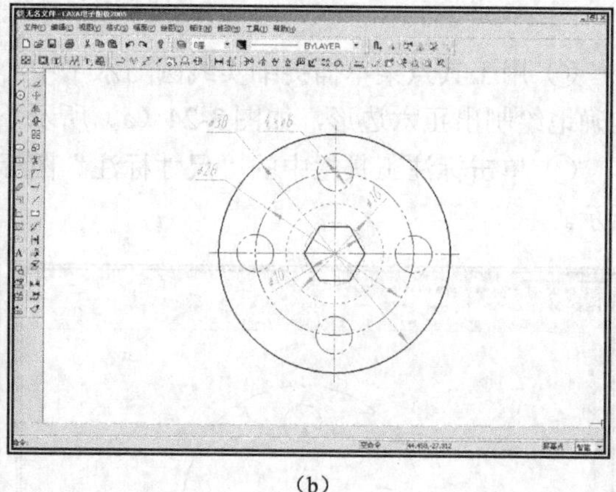

(b)

图 3-26　修改图形（二）

④ 用上述方法拾取绿色的细实线圆，点击右键，单击右键快捷菜单中的“属性修改”命令，弹出的“属性修改”对话框如图 3-27 所示。因无需修改图层与线型，只需单击“属性修改”对话框中的 颜色 按钮，弹出图 3-19（b）所示的“颜色设置”对话框。

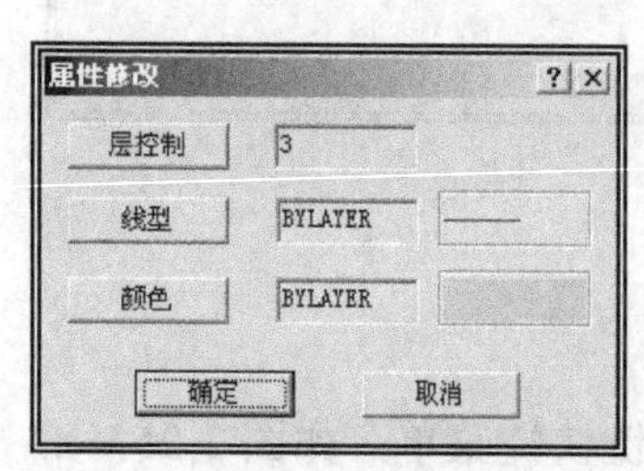

图 3-27　选择细实线圆后的属性修改对话框

⑤ 在“颜色设置”对话框中选择黑色，单击 确定(O) 按钮，“属性修改”对话框中 颜色 按钮后的方框变为空白，其后的显示框中原有的绿色变为黑色，如图 3-28（a）所示。

⑥ 单击 确定(O) 按钮，所选细实线圆的颜色变为黑色，如图 3-28（b）所示。

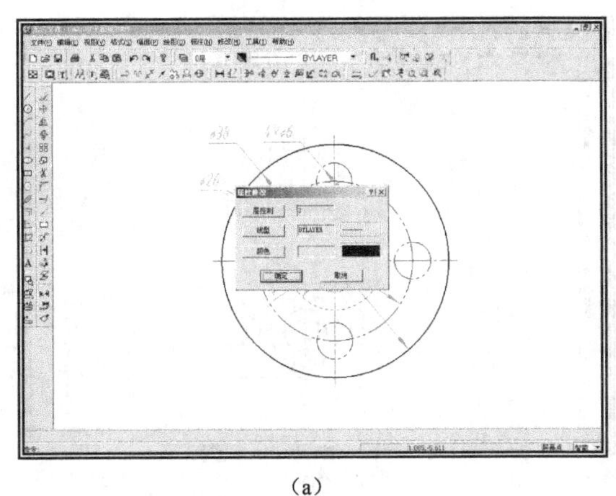
(a)

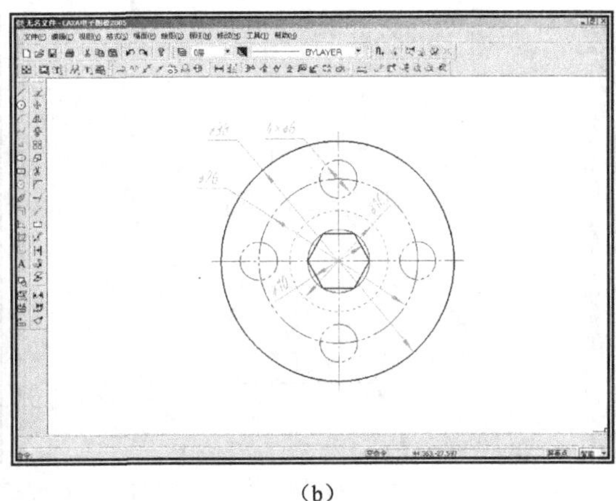
(b)

图 3-28　修改图形（三）

4. 存储文件

单击“存储文件”图标，将所绘图形赋名存盘。

实例八　剖视图的绘制

本例要点　掌握剖面线的绘制方法；进一步熟悉屏幕点导航和三视图导航的设置方法，并能熟练应用导航方法绘制组合体的三视图；熟练应用实体的修改方法。

题目　将图 3-29 所示机件的主视图改画成半剖视，补画出全剖视的左视图，并重新标注出该机件的尺寸。

1. 将主视图改画成半剖视

① 单击编辑工具栏中的裁剪图标，用“快速裁剪”方式裁剪主视图右侧移去部分的外台阶线、前面槽的轮廓线，如图 3-30（a）所示。

② 用鼠标逐一拾取主视图左侧的全部虚线、拾取位于主视图右侧的底板交线，被拾取的线呈加亮显示，按 Delete 键，删除上述所选直线，如图 3-30（b）所示。

③ 拾取主视图右侧的全部虚线，点击右键，弹出右键快捷菜单。

④ 单击右键快捷菜单中的属性修改命令，在弹出的“属性修改”对话框中单击 层控制 按钮，弹出“层控制”对话框。

⑤ 在“层控制”对话框中选择 0 层，单击 确定(O) 按钮，返回到“属性修改”对话框。此时 层控制 按钮后的方框中显示为 0 层， 线型 按钮后的方框中显示“原始线型， 颜色 按钮后的方框中显示“原始颜色”，如图 3-31（a）所示。此时单击 确定(O) 按钮，所选虚线可变为粗实线，

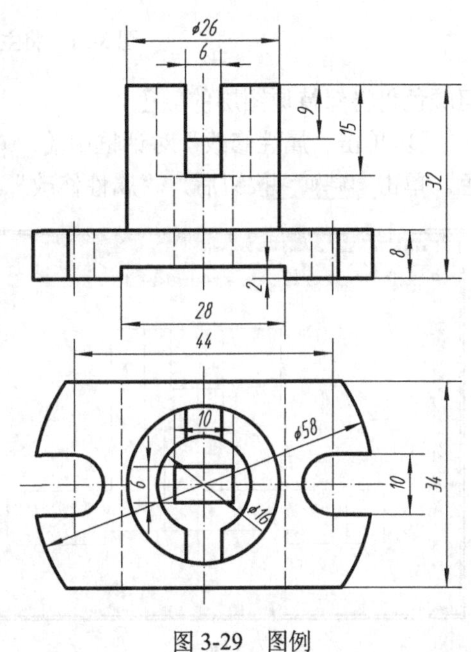

图 3-29　图例

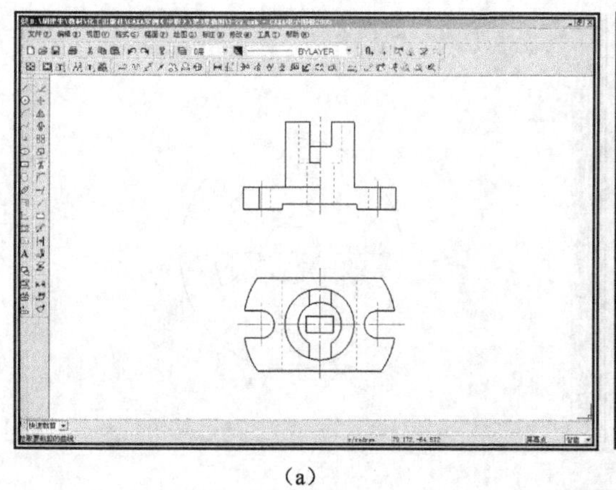

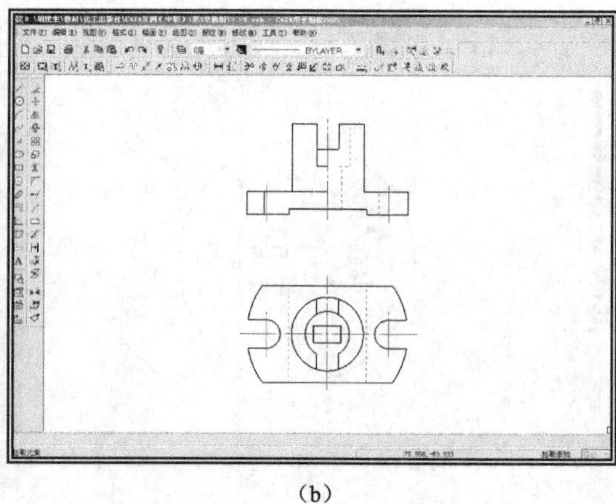

（a）　　　　　　　　　　　　　　　　　　（b）

图 3-30　将主视图改画成半剖视（一）

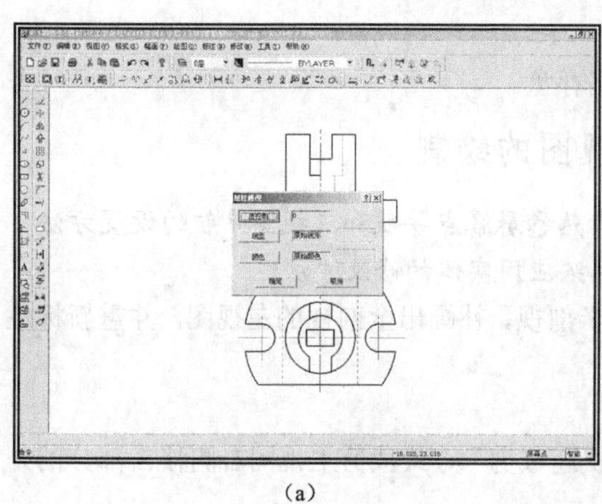

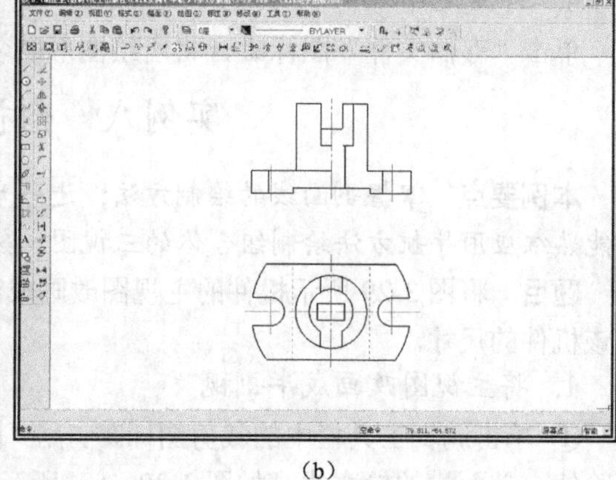

（a）　　　　　　　　　　　　　　　　　　（b）

图 3-31　将主视图改画成半剖视（二）

但颜色仍将保持原图层的颜色。

⑥ 单击“属性修改”对话框中的 颜色 按钮，在弹出的“颜色设置”对话框中选择黑色。单击 确定(O) 按钮后，“属性修改”对话框中 颜色 按钮后的方框内为空白，在其后

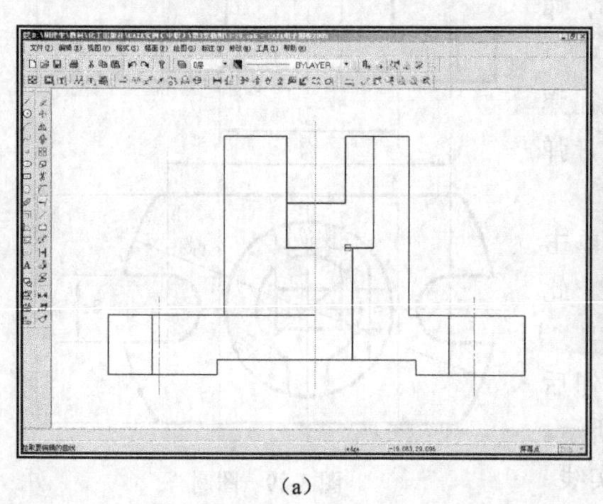

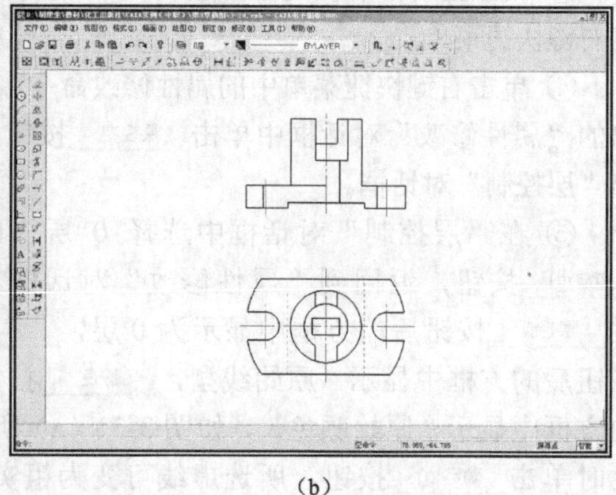

（a）　　　　　　　　　　　　　　　　　　（b）

图 3-32　将主视图改画成半剖视（三）

的显示框中则显示出所选黑色。单击 确定(O) 按钮，可见所选洋红色的虚线改变为黑色的粗实线，如图 3-31（b）所示。

⑦ 单击常用工具栏中的“显示窗口”图标，用“显示窗口”命令将主视图放大。单击编辑工具栏中的“齐边”图标，操作提示“拾取剪刀线:”。拾取对称线作为剪刀线，提示变为“拾取要编辑的曲线:”，如图 3-32（a）所示，拾取内孔的阶梯面将其补齐。

⑧ 单击常用工具栏中的“显示回溯”图标（或单击主菜单中的【视图】→【显示回溯】命令），系统立即将图形按上一次的显示状态显示出来，如图 3-32（b）所示。

⑨ 单击绘图工具栏中的“剖面线”图标（或单击主菜单中的【绘图】→【剖面线】命令），出现画剖面线的立即菜单，如图 3-33 所示，操作提示为“拾取环内点：”。此时在待画剖面线的封闭环内拾取一个点，系统将根据拾取点的位置，从右向左搜索最小内环，根据环生成剖面线。

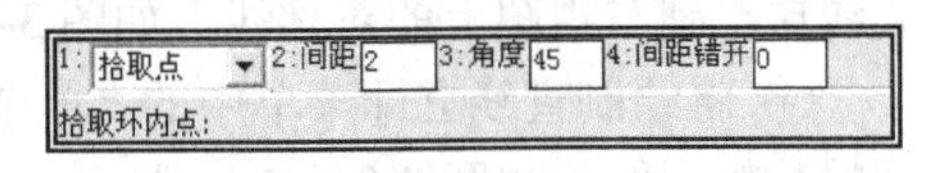

图 3-33 绘制剖面线的立即菜单

注意：在绘制剖面线时所指定的绘图区域必须是封闭的，否则操作无效。在立即菜单中可以改变剖面线的间距和角度。

⑩ 按操作提示拾取待画剖面线的封闭环，被搜索到的环变成红色，如图 3-34（a）所示。点击右键确认后即可在拾取的封闭环内画出剖面线，如图 3-34（b）所示。

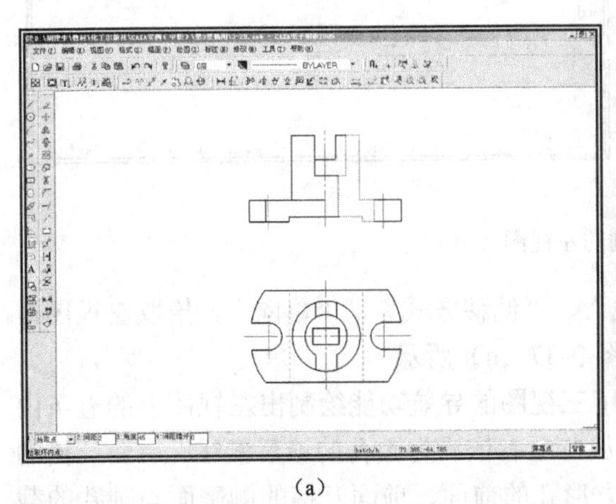

(a)

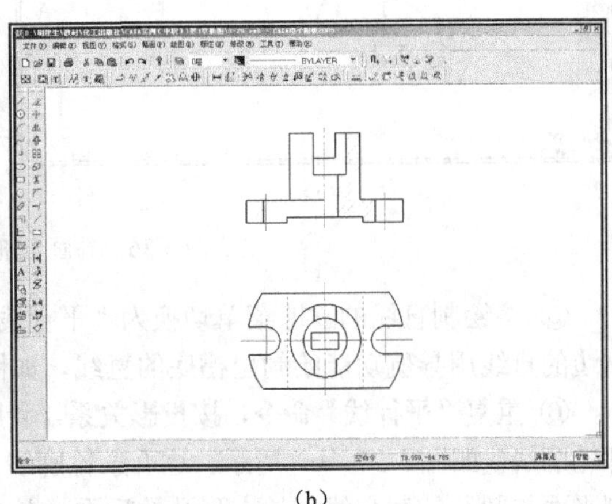

(b)

图 3-34 将主视图改画成半剖视（四）

2. 补画全剖的左视图

形体分析 由已知的主、俯视图可知，该形体的主体由底板和圆筒叠加而成。底板的原始形状为圆形，用截平面在其前后各切去一块，如图 3-35（a）所示；在底板的上面叠加一个

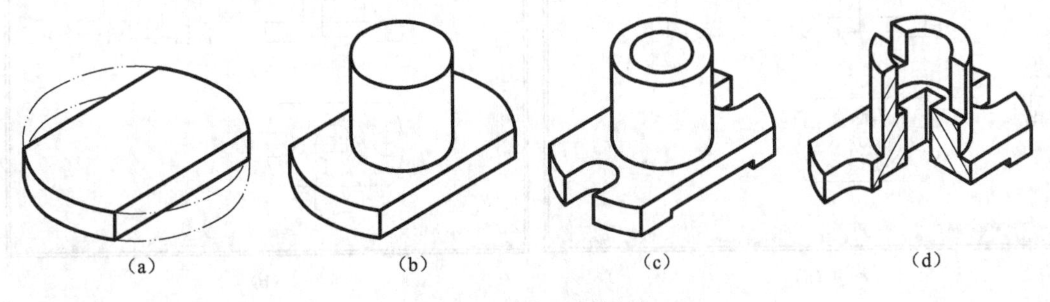

(a) (b) (c) (d)

图 3-35 形体分析图例

圆柱，如图 3-35（b）所示；底板的左右各切出一个 U 形槽，下部切制出长方形通槽，如图 3-35（c）所示；在圆柱上加工出上部圆形、下部长方形的通孔，圆筒的顶部前后开槽，且前面槽的深度刚好与大孔的深度相同，如图 3-35（d）所示。

① 用前面介绍的显示控制方法，将屏幕的显示中心调整到合适位置。

② 单击主菜单中的【工具】→【三视图导航】命令（或按下功能键 F7），生成黄色的导航线。单击状态栏右端的点捕捉方式设置窗口，在弹出的选项菜单中选择导航方式。

③ 单击绘图工具栏中的“直线”按钮，用“两点线”、“单个”、“正交”方式在中心线层绘制左视图上的对称线，如图 3-36（a）所示。

④ 将绘制直线立即菜单中的“单个”切换为“连续”，将当前层设置为 0 层，画出左视图的外轮廓线，如图 3-36（b）所示。

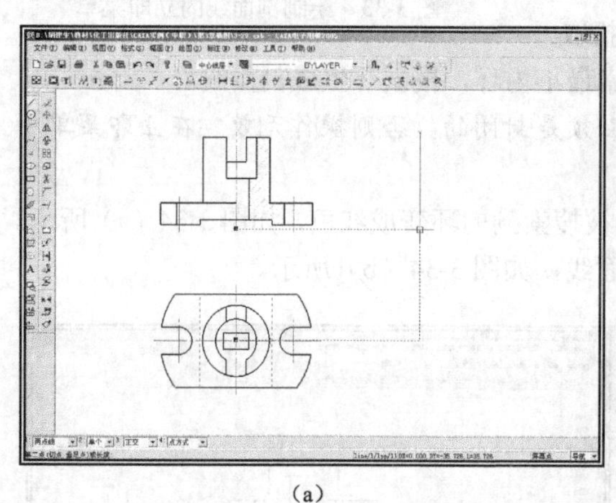

（a）

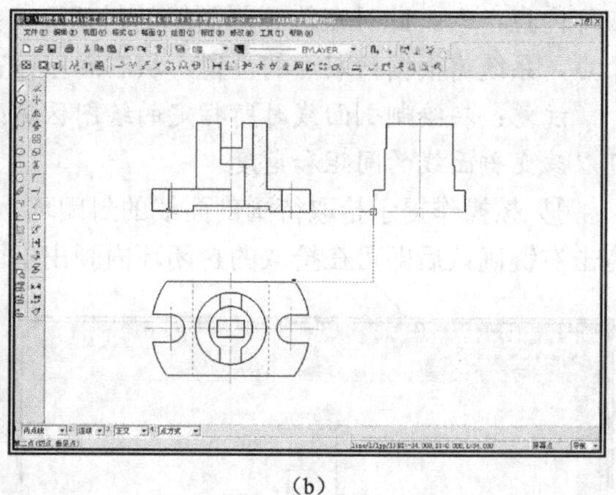

（b）

图 3-36　补画全剖的左视图（一）

⑤ 将绘制直线的立即菜单切换为“平行线”、“偏移方式”、“单向”，拾取左视图最下边的直线用导航功能绘制出槽底的直线，如图 3-37（a）所示。

⑥ 重复“平行线”命令，按投影关系，利用三视图的导航功能绘制出左视图上的五条内部轮廓线，如图 3-37（b）所示。这五条轮廓线从左至右依次为圆孔的最后素线、后面开槽的侧平面与圆孔的截交线、长方形孔的后面、长方形孔的前面、前面开槽的侧平面与圆孔的截交线。

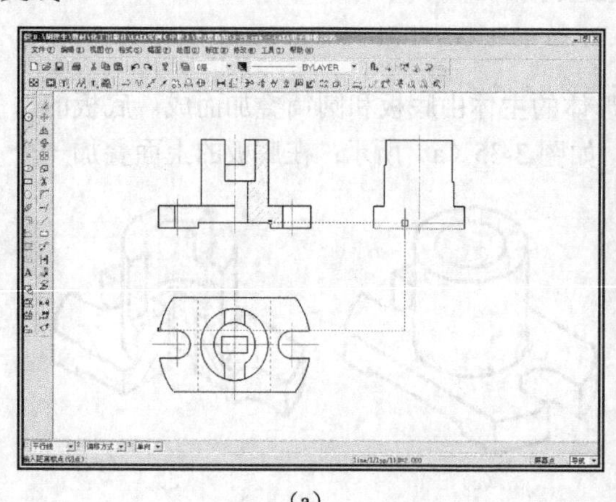

（a）

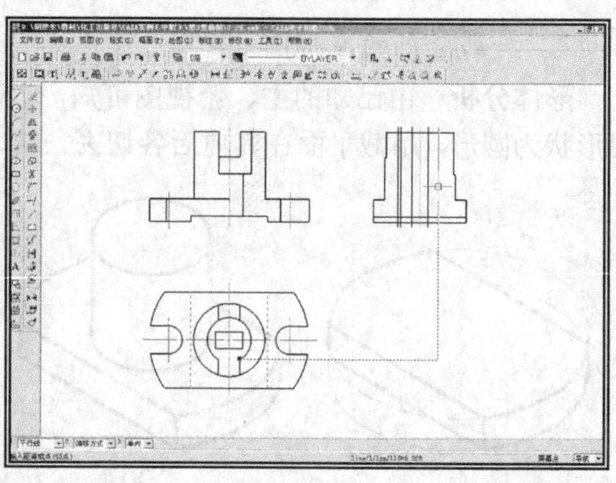

（b）

图 3-37　补画全剖的左视图（二）

⑦ 单击编辑工具栏中的“过渡”图标，在立即菜单中选择“尖角”方式，用“显示窗口”命令将左视图放大，拾取后部槽底和后面开槽在孔上产生的截交线，使其相交，如图 3-38（a）所示。

⑧ 重复“过渡”命令，拾取前部槽底和圆孔的最后素线，使其相交，如图 3-38（b）所示。

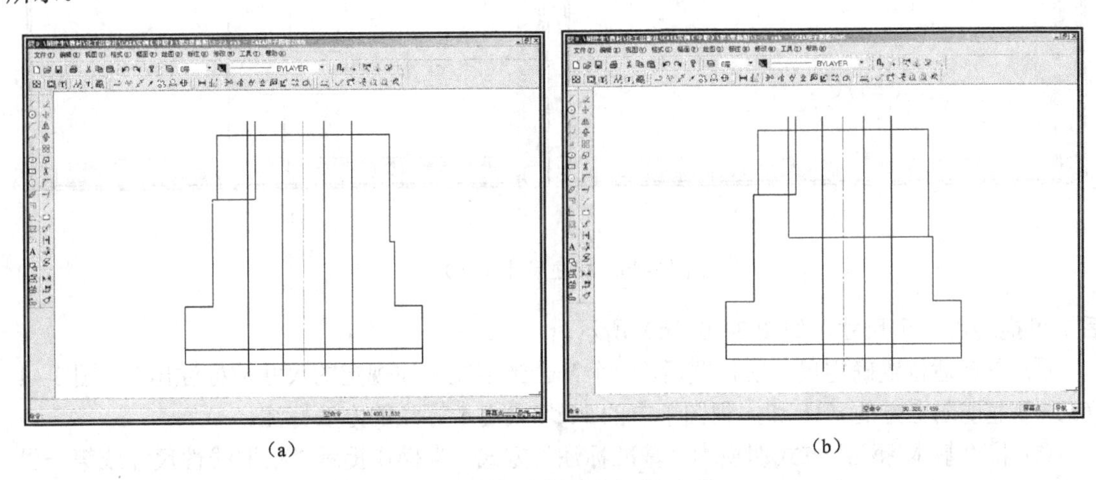
（a） （b）

图 3-38 补画全剖的左视图（三）

⑨ 使用“齐边”命令或“裁剪”命令，去掉其他多余图线，如图 3-39（a）所示。

⑩ 单击绘图工具栏中的“剖面线”图标，按操作提示在两个待画剖面线的封闭环内拾取点，点击右键确认，画出左视图中的剖面线，如图 3-39（b）所示。

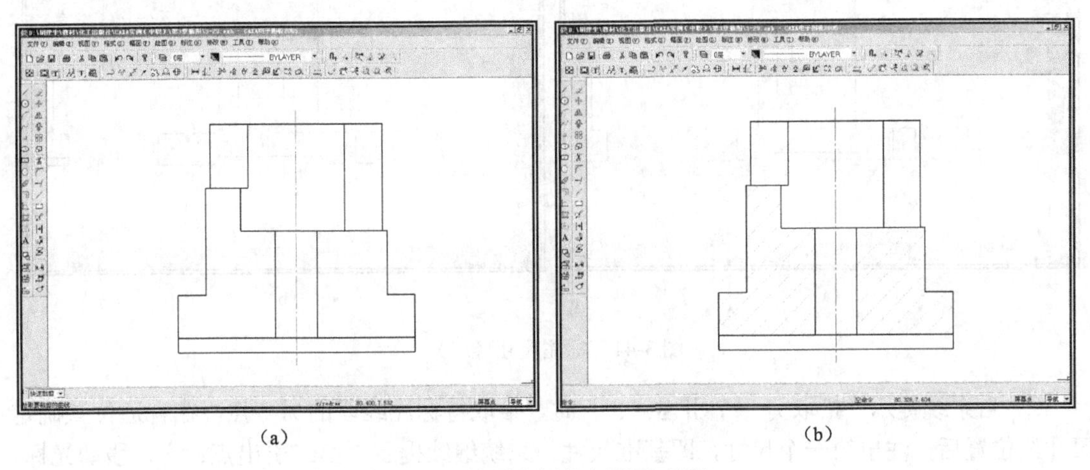
（a） （b）

图 3-39 补画全剖的左视图（四）

3. 标注尺寸

① 单击主菜单中的【工具】→【三视图导航】命令（或按下功能键 F7），结束三视图导航命令。单击常用工具栏中的“显示全部”图标，使所绘图形充满屏幕。

② 单击标注工具栏中的“尺寸标注”图标，用“基本标注”方式标注尺寸，标注图 3-40（a）所示的尺寸。

③ 将“基本标注”方式切换为“半标注”方式，在系统提示“拾取直线或第一点：”时，拾取对称线，此时操作提示变为“拾取与第一条直线平行的直线或第二点：”。拾取另一直线

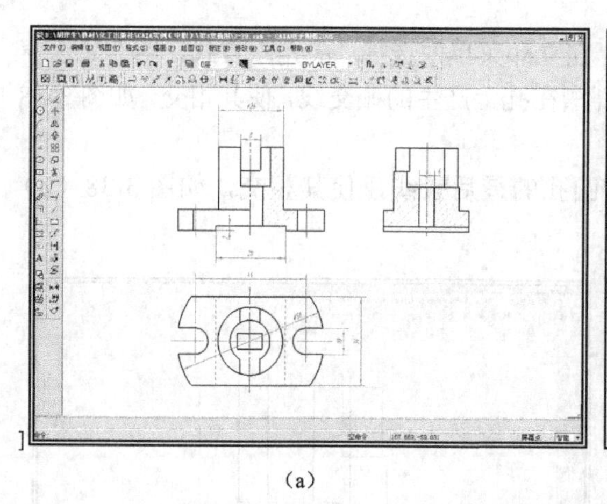
(a)

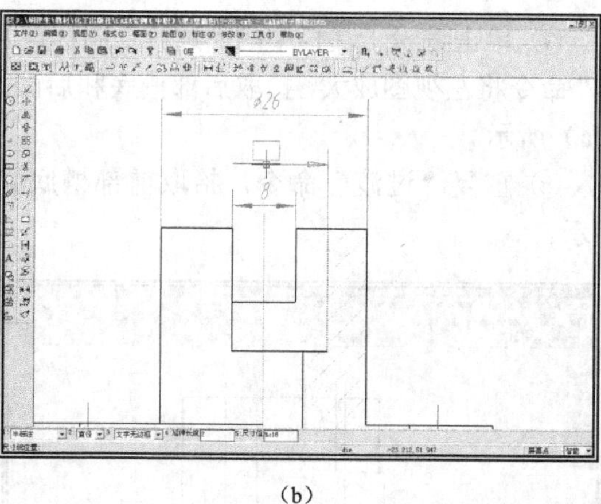
(b)

图 3-40　标注尺寸（一）

后，可拖动出一个尺寸，如图 3-40（b）所示。

④ 在合适位置确定尺寸线位置后，一个符合半剖视标注规定的尺寸被标注出来。图 3-41（a）中主视图上方的 ϕ16 和主视图下方的 10 均采用半标注的方法标注。

⑤ 将“基本标注”方式切换为“基准标注”方式，当操作提示“拾取线性尺寸或第一引出点：”时，拾取图 3-41（b）所示的角点。

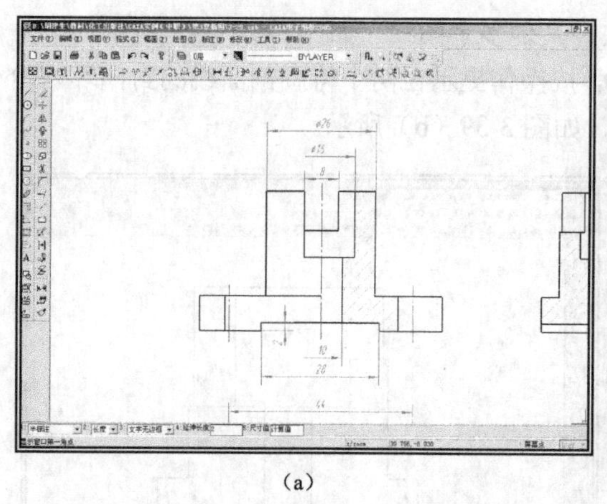
(a)

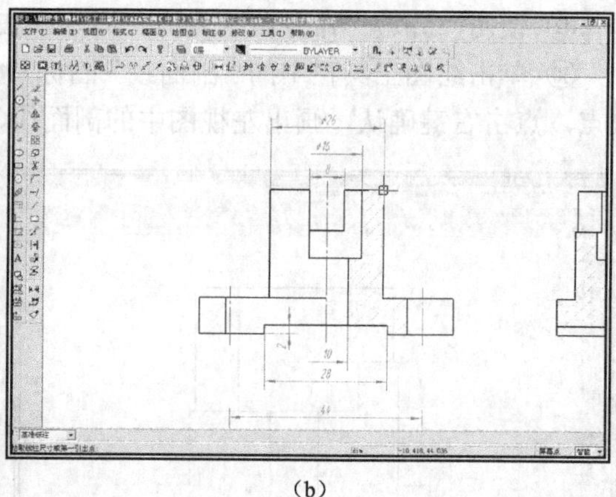
(b)

图 3-41　标注尺寸（二）

⑥ 当系统提示“拾取另一个引出点：”时，拾取待标注线段的另一点，在合适位置确定尺寸线位置后，注出第一个尺寸，即基准尺寸。系统继续提示“第二引出点：”，移动光标，可动态地显示新生成的尺寸。新生成尺寸的第一引出点，为基准尺寸的第一引出点，立即菜单中增加了“尺寸线偏移”，即尺寸线间距，如图 3-42（a）所示。

⑦ 根据图形大小修改“尺寸线偏移”后，按操作提示给出第二引出点，生成第二个尺寸。系统重复提示“第二引出点：”，并动态显示新生成的尺寸，如图 3-42（b）所示。如此循环，直到按 Esc 键结束。

⑧ 点击右键，重复“基准标注”命令，拾取主视图右下角点作为第一引出点，如图 3-43（a）所示。

⑨ 重复上述方法注出其余尺寸。

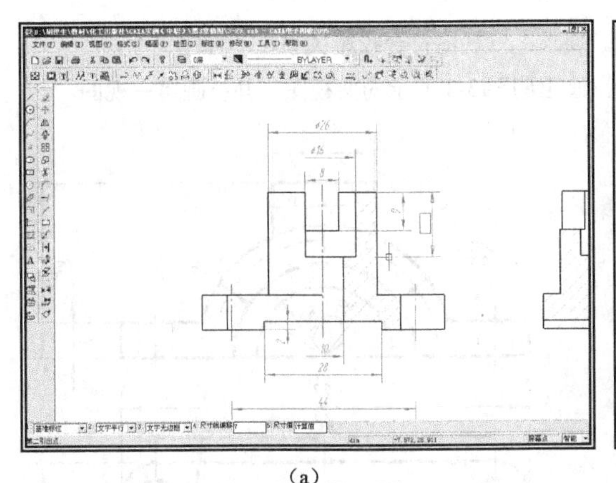

(a)

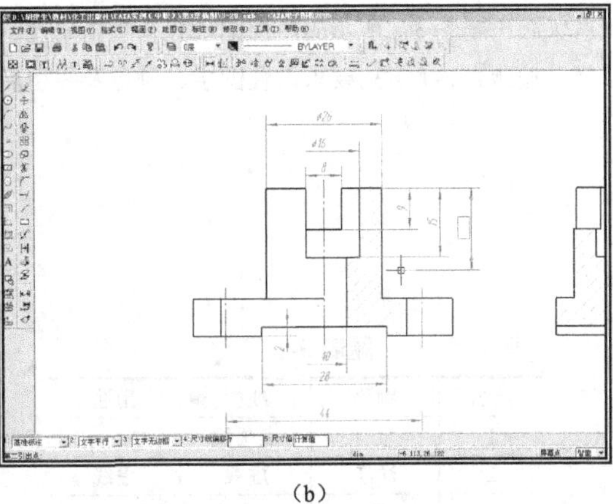

(b)

图 3-42　标注尺寸（三）

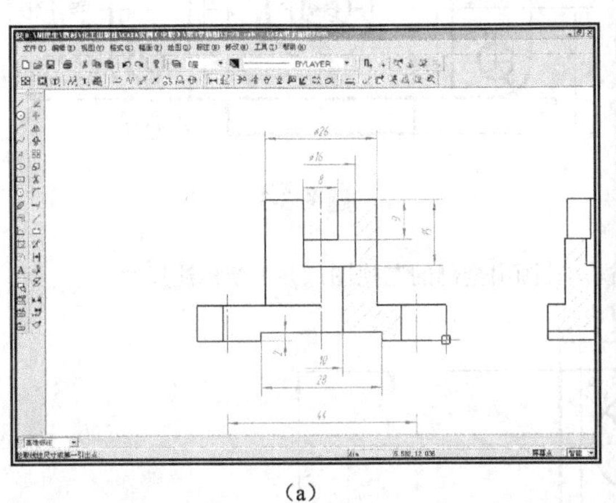

(a)

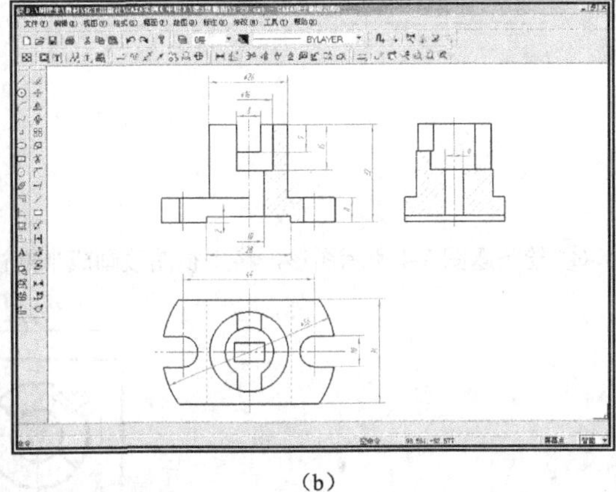

(b)

图 3-43　标注尺寸（四）

⑩ 单击常用工具栏中的“显示全部”图标，使所绘图形充满屏幕，如图 3-43（b）所示。

4. 编辑修改

对全图进行检查修改，确认无误后，单击“存储文件”图标。

练习题（三）

① 画出题图 3-1 所示的两视图，并补画出左视图。要求：三视图符合投影关系，不标注尺寸。

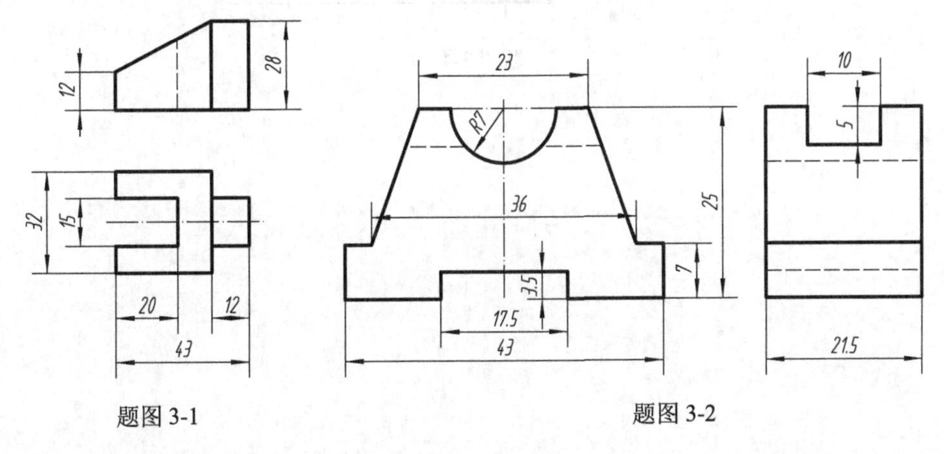

题图 3-1　　　　题图 3-2

② 画出题图 3-2 所示的两视图，并补画出俯视图。要求：三视图符合投影关系，不标注尺寸。

③ 按题表 3-1 下列要求设置图层、颜色及线型后，画出题图 3-3 所示的两视图，并补画第三视图。

题表 3-1

层名	颜色	线型	用途
1	红	点画线	中心线
2	洋红	虚线	虚线
3	黄	细实线	细实线
4	灰	细实线	尺寸线
5	绿	细实线	剖面线

题图 3-3

④ 绘制题图 3-4 所示图形，将主视图改画成半剖视，补画出全剖的左视图，并重新标注尺寸。

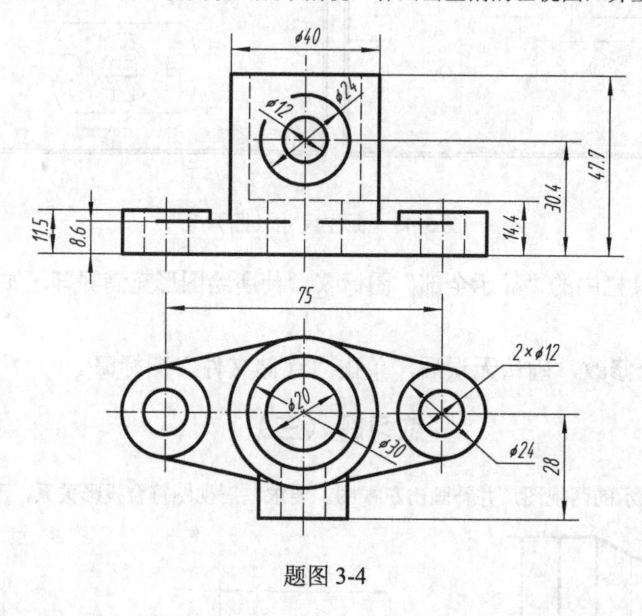

题图 3-4

第四章　典型零件图的画法

本章通过轴套类、盘盖类、支架类、箱体类等典型零件的绘图实例，介绍设置图幅、调入图框、调入标题栏的方法；样条曲线的绘制方法；图样中表面粗糙度、尺寸公差、形位公差等技术要求的标注方法；剖视图的标注方法等，使读者掌握利用CAXA电子图板绘制零件图的方法和步骤。

一、绘制零件图要注意的几个问题

（1）将不同的线型分层绘制　用CAXA电子图板绘制图形时，绝大多数情况下是绘制在当前层上，因此要注意根据所绘线型的不同，及时变换当前层。此外利用层的“关闭”和“打开”，也有助于提高绘图效率和图形管理。

（2）灵活运用显示控制功能　在画图与编辑过程中，为看得清楚、定位准确，应随时对屏幕显示进行缩放、平移。

（3）灵活运用“捕捉”功能　注意利用“捕捉”功能来保证作图的准确性，利用“导航”功能保证视图间的“三等”关系。但当不需要捕捉、导航时，应及时关闭。

（4）经常对所绘图形进行存储　新建一个“无名文件”后，应及时赋名存盘。在操作过程中，要养成经常存盘的习惯，以防意外原因造成所画图形的丢失。如果未存盘而意外地退出了系统，从EBCAXA/temp目录下打开临时文件temp0000.exb，可以减少一些损失。

二、绘制零件图的一般步骤

① 绘图前，首先要看懂并分析所绘图样的内容。比如，根据视图数量和尺寸大小，选择图幅和比例。根据图形特点，分析应如何绘制，有无其他更简捷的方法等。

② 启动CAXA电子图板系统后，首先应对CAXA电子图板进行系统设置。这些设置包括层、线型、颜色的设置；文本风格、标注风格的设置；屏幕点和拾取设置等。如无特殊要求，可采用系统的默认设置。

③ 设置图幅、确定比例，调入图框、标题栏。

④ 逐一绘制各视图，并及时编辑修改。

⑤ 标注尺寸和技术要求。

⑥ 填写标题栏。

⑦ 检查、修改后存盘。

实例九　轴类零件的绘制

本例要点　学会设置图幅、调入图框、调入标题栏的方法；学会倒角的标注方法和表面粗糙度的标注方法，掌握标题栏的填写方法。

题目　抄画图4-1所示轴的零件图。要求：用横A3图幅，国标标题栏，采用系统的默认设置，绘图比例1∶1。

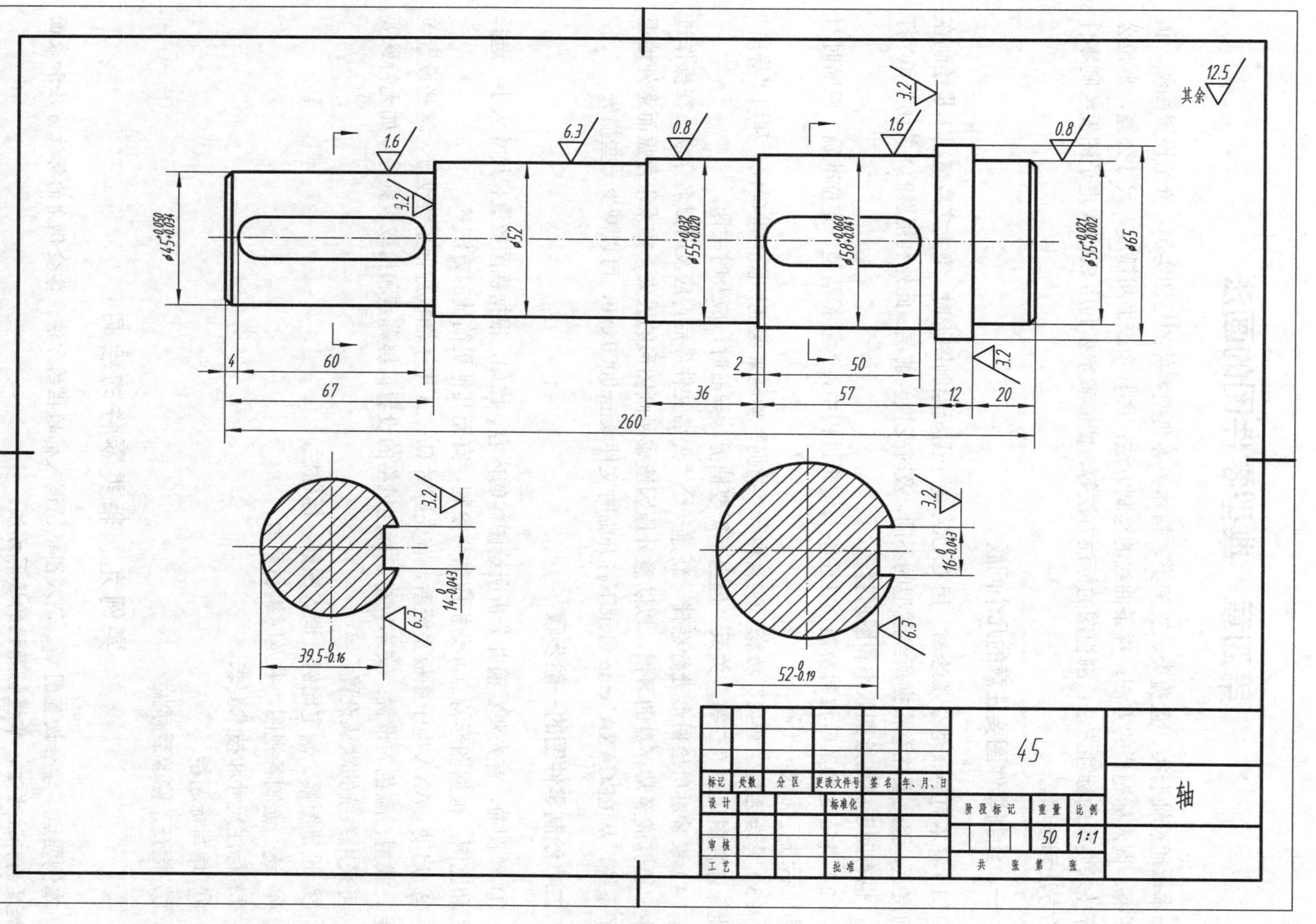

12.5
其余
1.6
6.3
0.8
1.6
3.2
0.8
3.2
⌀45+0.050 +0.034
⌀52
⌀55+0.032 +0.020
⌀58+0.060 +0.041
⌀55+0.021 +0.002
⌀65
3.2
4
60
67
2
50
36
57
12
20
260
3.2
14-0.043
6.3
39.5-0.16
3.2
16-0.043
6.3
52-0.19
标记
处数
分区
更改文件号
签名
年、月、日
设计
标准化
审核
工艺
批准
45
阶段标记
重量
比例
50
1:1
共 张 第 张
轴

图 4-1 轴零件图

1. 读图并分析

轴套类零件一般由若干段直径不同的圆柱体组成，这种由同轴回转体组合而成的零件，通常称为阶梯轴。为了联结齿轮、带轮等零件，在轴上常有键槽、销孔和固定螺钉的凹坑等结构。考虑零件的加工位置，轴套类零件的主视图常将轴线水平放置。画图时可充分利用“轴/孔”命令，以提高画图速度。

图 4-1 所示阶梯轴的零件图由三个图形构成，分别为主视图和两个断面图。通过分析可知，该轴由直径不同的六段同轴圆柱体组成，其中 $\phi45$ 和 $\phi58$ 的轴段上有键槽结构，轴的两端加工出倒角。

2. 设置幅面，调入图框、标题栏后存盘

① 单击图幅操作工具栏中的“图纸幅面”图标，弹出“幅面设置”对话框，如图 4-2 所示。

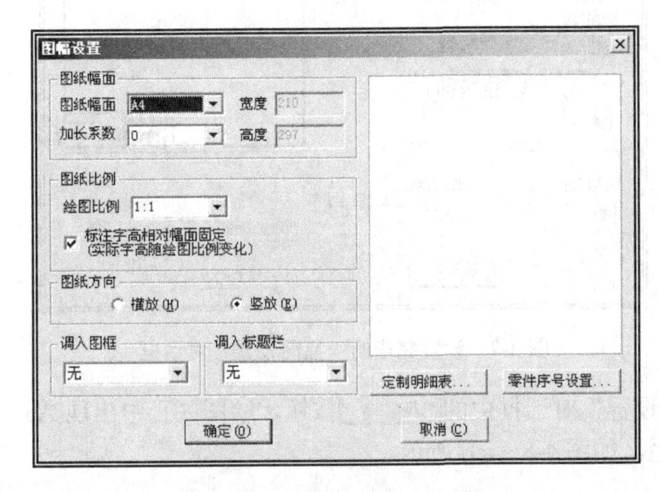

图 4-2 “幅面设置”对话框

② 单击图纸幅面项右边的下拉按钮，弹出图纸幅面下拉列表框，如图 4-3 所示。在图纸幅面列表框中选择 A3 图幅。

说明：列表框中有 A0 ~ A4 标准图纸幅面和用户定义选项可供选择。当所选择的幅面为标准幅面时，在“宽度”和“高度”编辑框中，显示该图纸幅面的宽度值和高度值，不能修改；当选择用户定义时，可在“宽度”和“高度”编辑框中输入图纸幅面的宽度值和高度值。

③ 在图纸比例列表框中选择绘图比例 1∶1。

说明：绘图比例的缺省值为 1∶1，并直接显示在“幅面设置”对话框的绘图比例栏中。如果希望改变绘图比例，可单击绘图比例右方的下拉按钮，弹出绘图比例列表框，如图 4-4 所示。列表框中的值为国标规定的系列值。选中某种比例后，所选的值在绘图比例栏中显示。

图 4-3 图纸幅面列表框

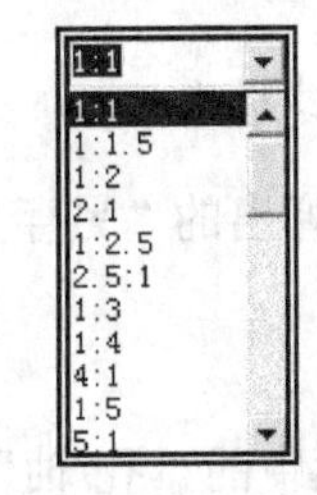

图 4-4 绘图比例列表框

图 4-5 图框列表框

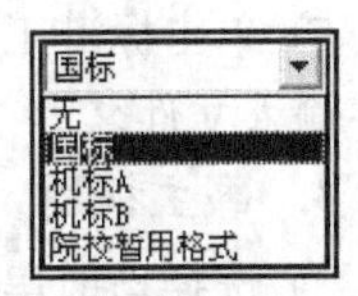

图 4-6 标题栏列表框

也可以激活编辑框，由键盘直接输入新的比例数值。

④ 图纸放置方向有“横放”或“竖放”两种，选择图纸方向横放，则横放前的圆形选择框内呈黑点显示状态。

⑤ 单击调入图框右下方的下拉按钮▼，弹出图框列表框，如图 4-5 所示。从中选择横A3。单击调入标题栏右下方的下拉按钮▼，弹出标题栏列表框，如图 4-6 所示。从中选择国标，即国家标准规定的标题栏样式。所选图框和标题栏自动显示在“幅面设置”对话框右侧的预显框中，如图 4-7 所示。

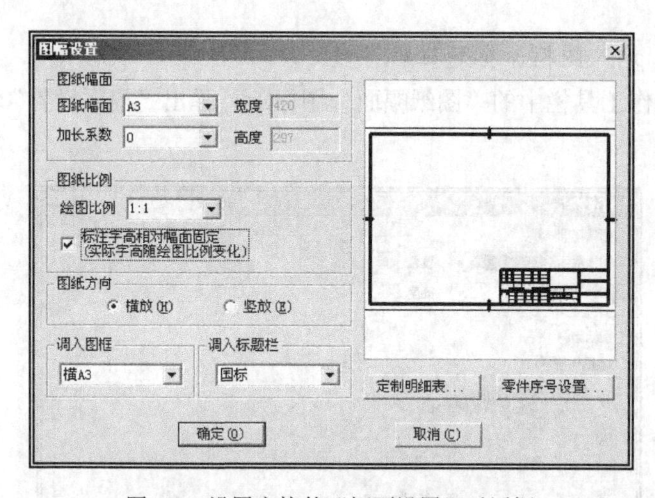

图 4-7　设置完毕的“幅面设置”对话框

⑥ 单击“幅面设置”对话框中的 确定(O) 按钮，绘图区正中出现 A3 不带装订边的图框及符合国标的标题栏，如图 4-8（a）所示。

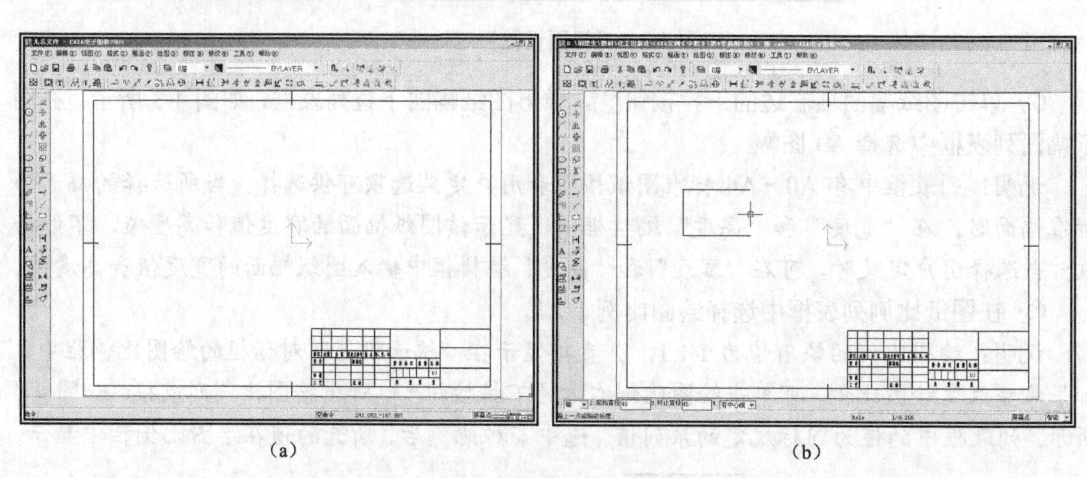

（a）　（b）

图 4-8　轴零件图的画图步骤（一）

⑦ 单击标准工具栏的“存储文件”图标，在弹出的“另存文件”对话框中确定存盘地址并输入文件名。

3. 画主视图

① 选择当前层为 0 层，单击绘图工具Ⅱ工具栏中的“孔/轴”图标，选择绘制“轴”命令、“直接给出角度”方式，并采用系统默认的中心线角度“0”。用鼠标在绘图区左上部适

当位置输入插入点，从左向右绘制轴。输入插入点后，系统新弹出立即菜单，在其中设置轴的“起始直径”为45（终止直径自动变为45），并用键盘输入轴的长度67，点击右键（或按Enter键），画出第一段轴，如图4-8（b）所示。

在立即菜单中将“起始直径”修改为下一段轴的直径52（终止直径自动变为52），键盘输入第二段轴的长度68（该尺寸由计算得来），点击右键（或按Enter键）画出第二段轴。

按图4-1所示尺寸，连续更改“起始直径”，并依次键入各轴段长度，从左向右绘制出各段轴，点击右键（或按Enter键）结束命令。

各段轴的直径和长度如下：

第一段轴　起始（终止）直径45，轴的长度67；

第二段轴　起始（终止）直径52，轴的长度260-67-36-57-12-20；

第三段轴　起始（终止）直径55，轴的长度36；

第四段轴　起始（终止）直径58，轴的长度57；

第五段轴　起始（终止）直径65，轴的长度12；

第六段轴　起始（终止）直径55，轴的长度20。

因在立即菜单“4：”中选择了“有中心线”方式，系统自动为轴加上轴线，所绘图形如图4-9（a）所示。

② 单击编辑工具栏中的“过渡”图标，在立即菜单“1:”中选取“外倒角”，因轴端倒角尺寸均为$C2$，与系统默认的倒角尺寸相同，故不需修改立即菜单“2:”和“3:”中倒角的“轴向长度”和“角度”，如图4-9（b）所示。按操作提示连续拾取轴端三条直线（三条直线有两条相互平行，另一条与前两条垂直，三条直线的拾取顺序不分先后），画出轴端的倒角。

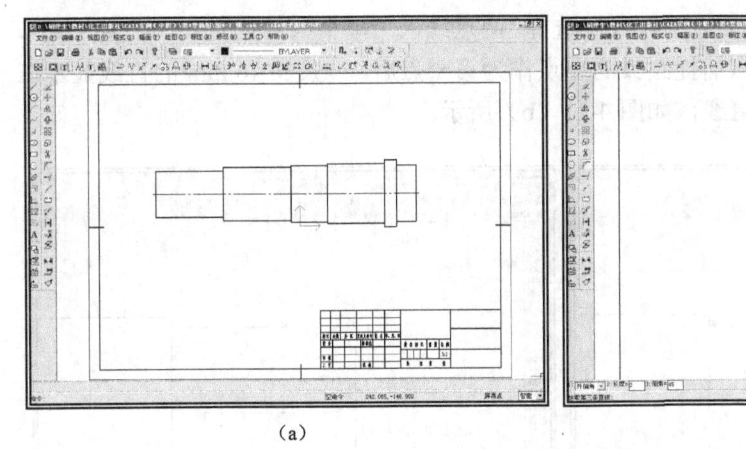

(a)

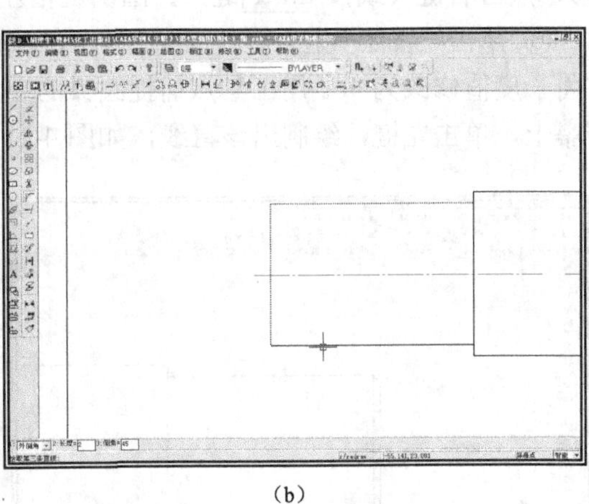

(b)

图4-9　轴零件图的画图步骤（二）

③ 为了准确地绘制键槽，先用显示“显示窗口”命令将轴的左端放大。为方便绘图，可将轴线与左端面的交点设为用户坐标系的原点。设置方法如下：

单击主菜单中的【工具】→【用户坐标系】→【设置】命令，操作提示“请指定用户坐标系原点：”。输入新坐标系的原点（轴线与左端面的交点）后回车，操作提示改变为“请输入旋转角度：”。输入旋转角后点击右键或按Enter键（如果不需旋转，可直接点击右键或按Enter键），新坐标系设置完成，原坐标系失效，系统将新坐标系作为当前坐标系（默认为紫色），如图 4-10（a）所示。

④ 单击绘图工具栏中的"圆弧"图标，并在立即菜单"1:"中选择"起点_半径_起终角"方式，单击立即菜单中的"2：半径"，"3：起始角"、"4：终止角"，均出现数据编辑框。在相应的数据编辑框中将圆弧半径修改为 7（键槽宽度的一半），起始角修改为 180，终止角修改为 270（由起始角到终止角为逆时针绘制圆弧时转过的角度），此时按立即菜单的设置所绘制的圆弧在光标所在点被加亮显示，操作提示"起点："，如图 4-10（b）所示。

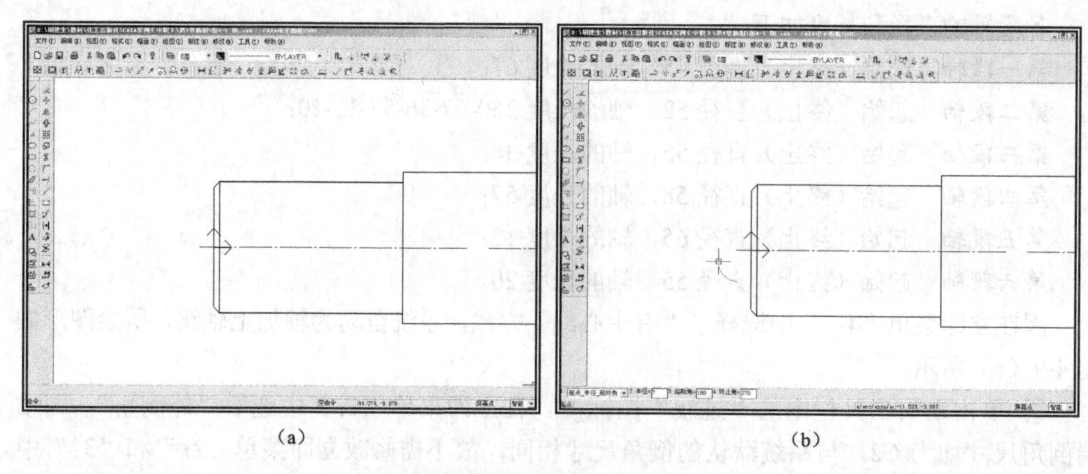

（a）　　　　　　　　　　　　　　　　（b）

图 4-10　轴零件图的画图步骤（三）

⑤ 键盘输入圆弧起点相对于当前坐标系原点的绝对坐标"4，0"（Y 坐标为 0 时可以省略），点击右键（或按 Enter 键），画出键槽左下段圆弧，如图 4-11（a）所示。

⑥ 单击绘图工具栏中的"直线"图标，选择"两点线"、"单个"、"正交"、"长度方式"，并将长度值修改为 46。用工具点捕捉圆弧的端点作为第一点后，一条长 46 mm 的直线显示在屏幕上，单击左键，绘制出该直线，如图 4-11（b）所示。

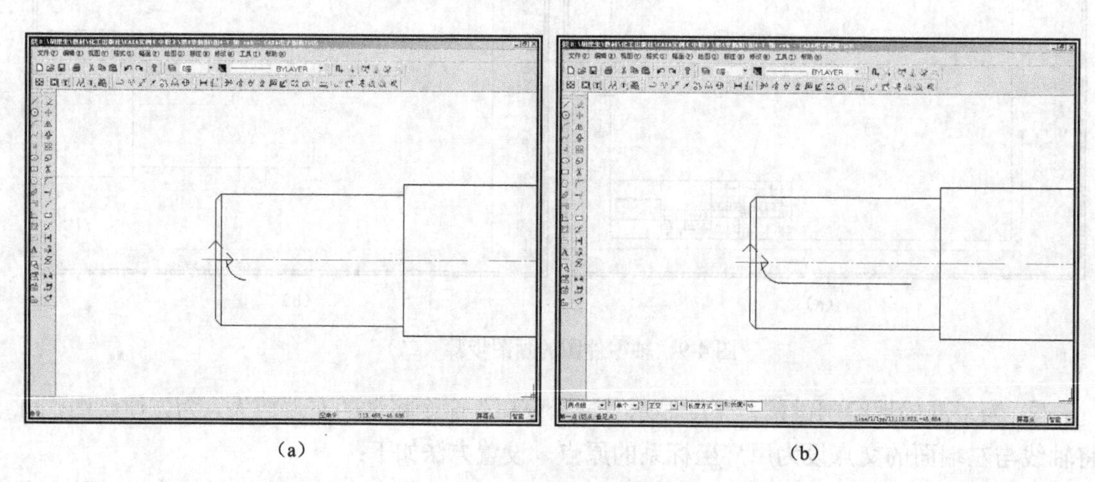

（a）　　　　　　　　　　　　　　　　（b）

图 4-11　轴零件图的画图步骤（四）

⑦ 重复绘制圆弧的操作，但需将起始角修改为 270，终止角修改为 360，用工具点捕捉直线的端点作为起点，绘制出键槽的右下段圆弧，如图 4-12（a）所示。

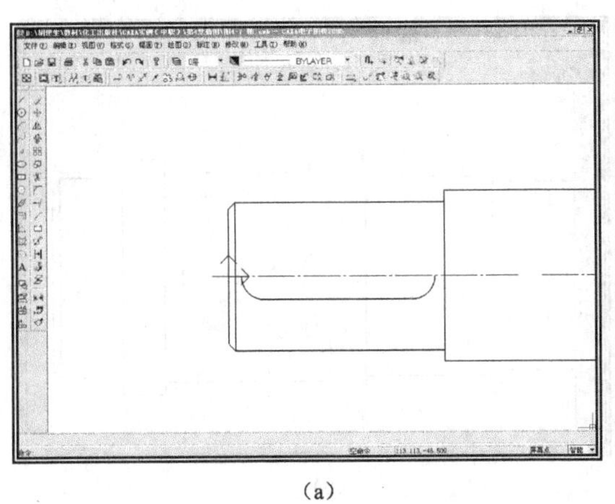

（a）

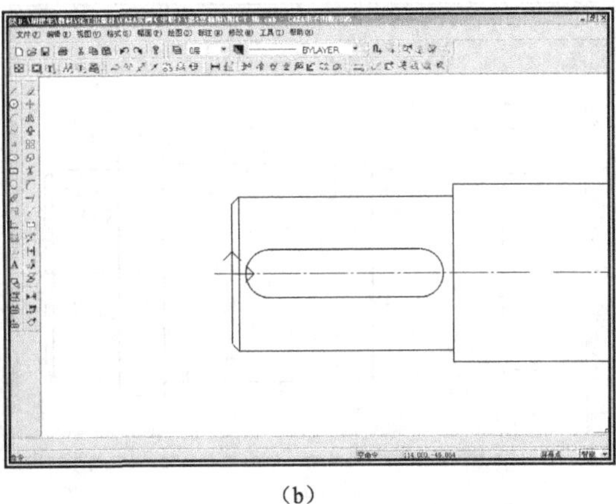

（b）

图 4-12　轴零件图的画图步骤（五）

⑧ 单击编辑工具栏中的“镜像”图标，拾取键槽的圆弧和直线，点击右键确认拾取，拾取轴线，完成上半部分键槽的绘制，如图 4-12（b）所示。

⑨ 单击主菜单中的【工具】→【用户坐标系】→【删除】命令，系统弹出警告提示框，如图 4-13（a）所示。单击 确定(O) 按钮后，当前用户坐标系即被删除。

⑩ 轴右侧的键槽，可采用上述方法绘制，也可以用如下方法绘制。将当前层设置为中心线层，单击绘图工具栏中的“直线”图标，将立即菜单设置为“平行线”、“偏移方式”、“单向”，如图 4-13（b）所示拾取直线，键入平行线距离 10，按 Enter 键，键入 44，按 Enter 键，画出两条点画线，如图 4-14（a）所示。

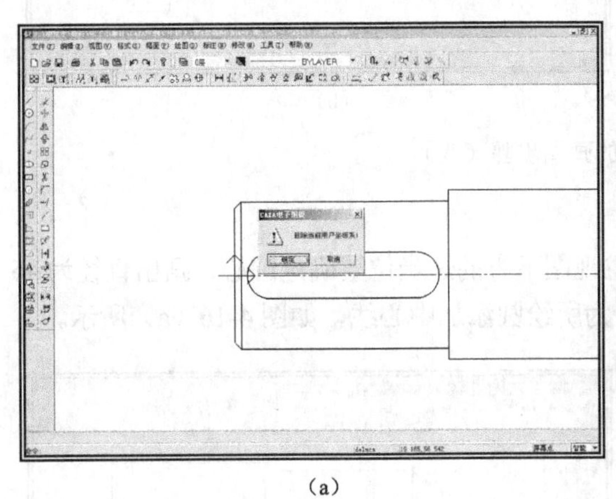

（a）

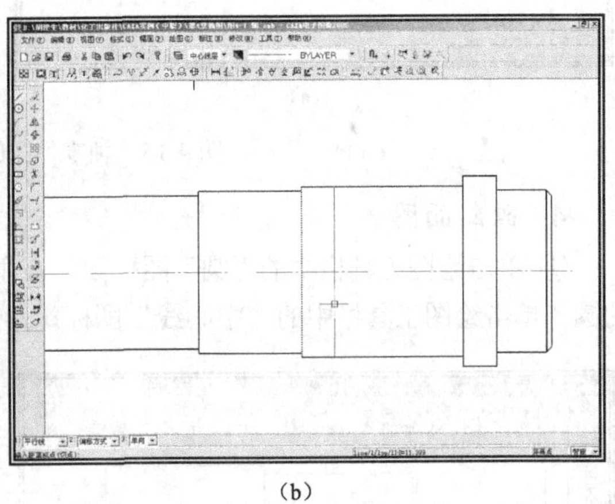

（b）

图 4-13　轴零件图的画图步骤（六）

⑪ 将当前层设置为 0 层，单击绘图工具栏中的“圆”图标，捕捉中心线交点，用“圆心_半径”方式，绘制出两个半径为 8 的小圆，如图 4-14（b）所示。

⑫ 单击绘图工具栏中的“直线”图标，用“单个”、“正交”、“两点线”，捕捉圆的象限点，绘制出键槽的上下两直线，如图 4-15（a）所示。

⑬ 单击编辑工具栏中的“裁剪”图标，用“快速裁剪”方式剪掉多余圆弧。单击编辑工具栏中的“删除”图标，如图 4-15（b）所示，拾取两条竖直点画线后点击右键，将两条线删除。

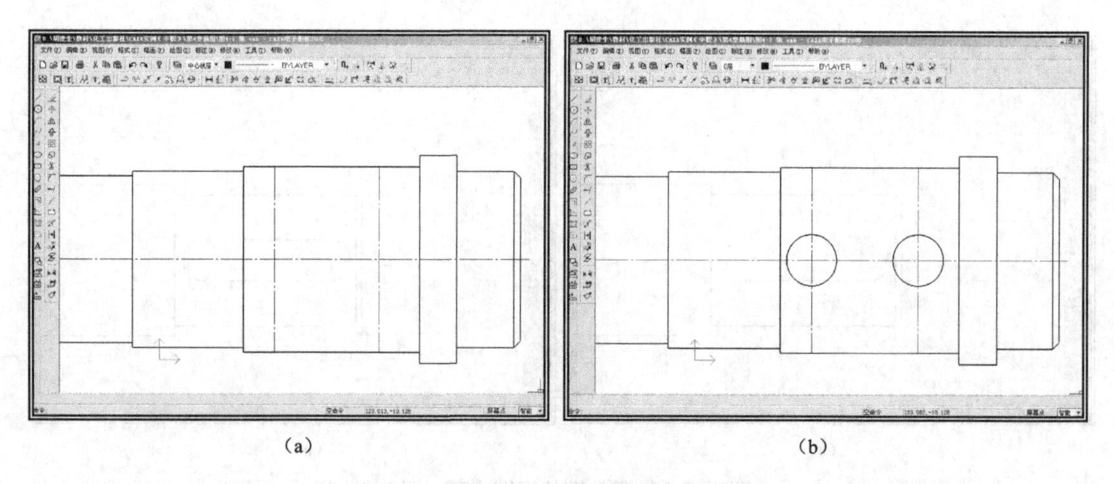

(a)　　　　　　　　　　　　　　　　(b)

图 4-14　轴零件图的画图步骤（七）

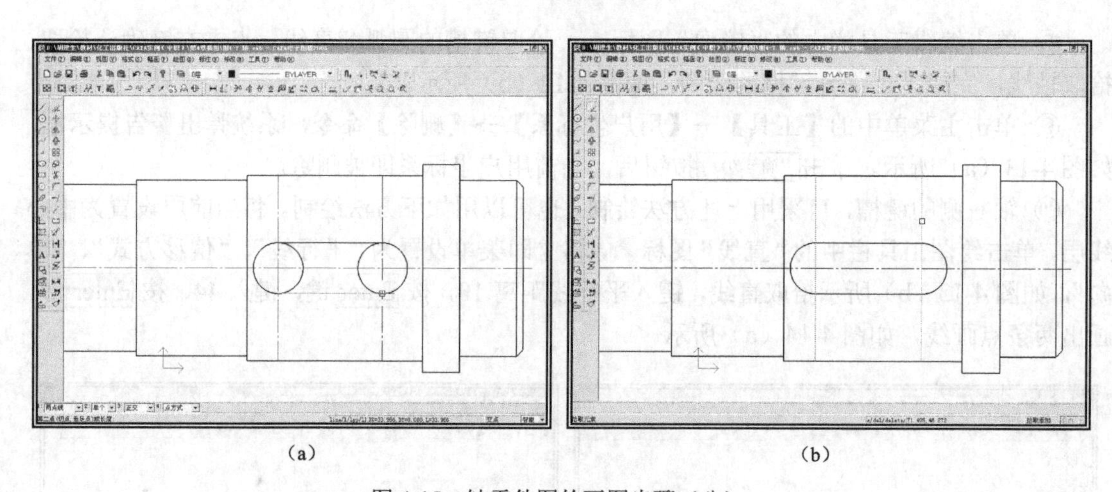

(a)　　　　　　　　　　　　　　　　(b)

图 4-15　轴零件图的画图步骤（八）

4. 画断面图

① 单击绘图工具栏中的“圆”图标，在主视图下方的适当位置确定圆心，画出直径为 45 的圆。单击绘图工具栏中的“中心线”图标，为所绘圆添加中心线，如图 4-16（a）所示。

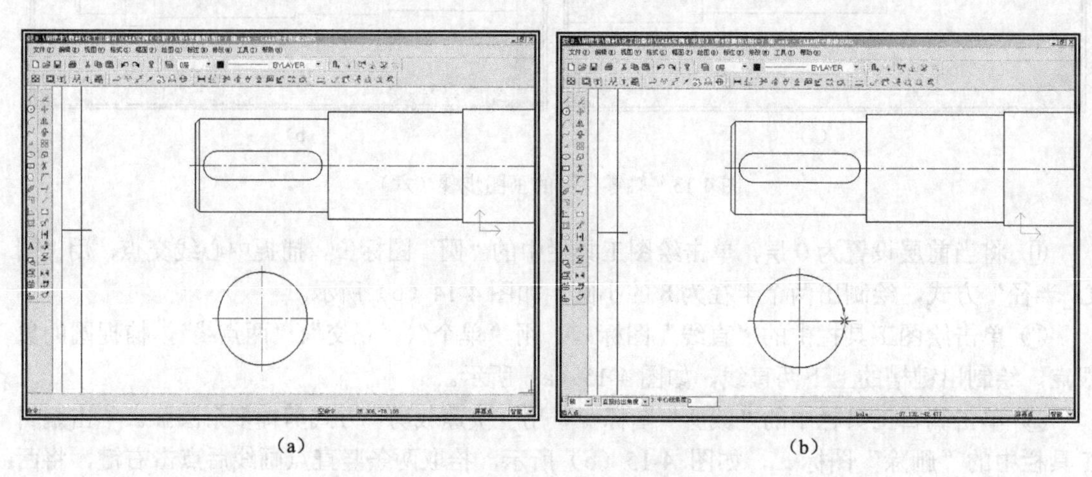

(a)　　　　　　　　　　　　　　　　(b)

图 4-16　轴零件图的画图步骤（九）

② 单击绘图工具Ⅱ中的“孔/轴”图标，采用系统默认的画“轴”方式，捕捉水平中心线与圆的右交点为插入点，如图4-16（b）所示。

③ 修改轴的起始直径为键槽的宽度14，左移光标后键入键槽深度5.5，按两次Enter键，所绘图形如图4-17（a）所示。

④ 单击编辑工具栏中的“裁剪”图标，用“快速裁剪”方式剪掉多余线段。单击编辑工具栏中的“删除”图标，将多余直线删除，如图4-17（b）所示。

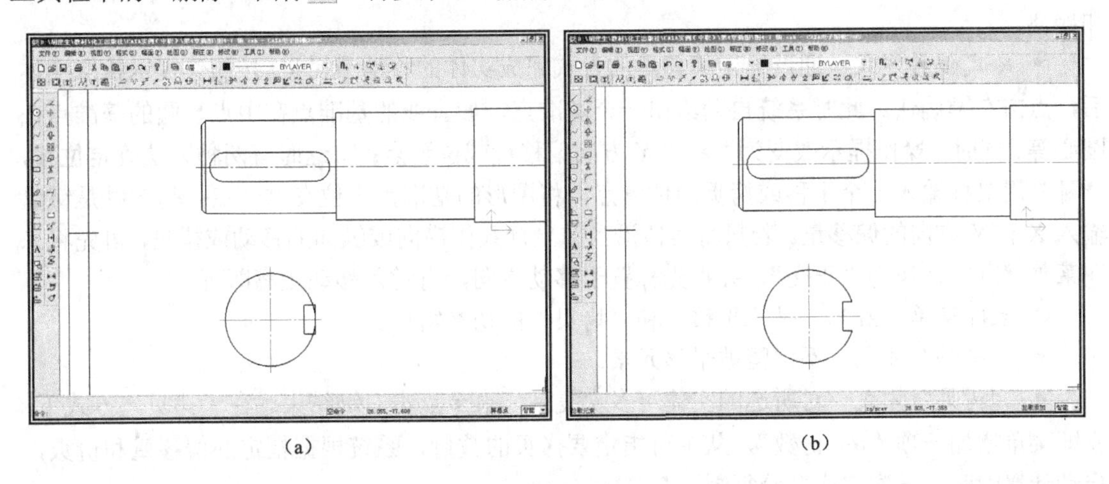

（a）（b）

图4-17 轴零件图的画图步骤（十）

⑤ 单击绘图工具栏中的“剖面线”图标，用“拾取边界“方式，拾取断面图的轮廓线。如图4-18（a）所示，待整个轮廓均被拾取变为红色点线时，点击右键，绘制出断面图的剖面线。

⑥ 重复上述操作，绘制出右侧的断面图，如图4-18（b）所示。

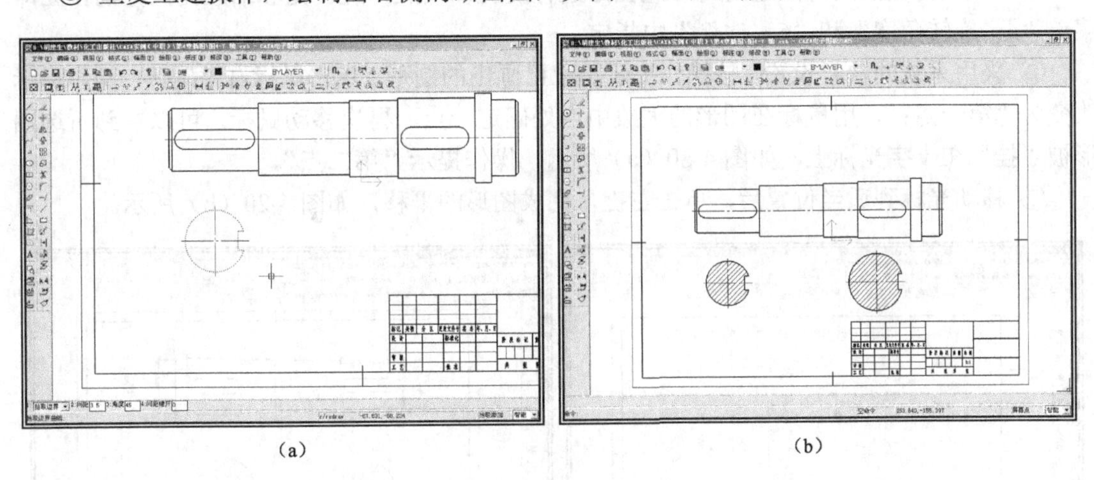

（a）（b）

图4-18 轴零件图的画图步骤（十一）

5. 标注剖切符号

为了便于标注，应先将所绘图形重新布置，留下标注剖切符号及标注尺寸的位置。重新布图可通过“平移/拷贝”命令来实现。

① 单击编辑工具栏中的“平移/拷贝”图标，弹出如图4-19所示的立即菜单和操作

图 4-19 平移的立即菜单

提示。

◇ 立即菜单“1:” 是“给定两点”方式和“给定偏移”方式的切换窗口。

• 给定两点方式 通过两点的定位方式完成实体的移动或拷贝。“给定两点”方式是系统的缺省设置。在该方式下拾取元素后，系统先后提示“第一点:”、“第二点:”，输入两点后，即确定了实体移动的方向和距离。

• 给定偏移方式 通过给定偏移量的方式完成实体的移动或拷贝。按操作提示拾取实体后，点击右键确认。此时系统自动给出一个基准点，如直线的基准点在中点、圆的基准点在圆心等。同时，操作提示改变为“X 和 Y 方向偏移量或位置点:”。这时有两种方法确定位移，一种是用鼠标输入一个平移或拷贝的位置点，将图形的基准点定位在这一点；另一种是键盘输入 X 和 Y 方向的偏移量。若只将实体沿当前坐标系作横向或纵向的移动或拷贝，可先将立即菜单“3:”切换为“正交”，并将光标置于移动方向，再键入移动距离即可。

◇ 立即菜单“2:” 是“平移”和“拷贝”的切换窗口。

• “平移”方式 不保留被平移元素。

• “拷贝”方式 对所选的实体可多次复制，直至点击右键结束。在“拷贝”方式下，立即菜单增加一项“6: 份数”，从中可指定要拷贝的数量，系统根据指定的偏移量和份数，自动计算间距，一次完成多份复制。

◇ 立即菜单“3:” 是“正交”和“非正交”的切换窗口。

• 正交方式 只能沿当前坐标系的横向或纵向移动。

• 非正交方式 不限定平移或拷贝的移动形式，可任意移动。“非正交”方式，是系统的缺省设置。

在平移或拷贝的同时，也可对所选图形进行旋转和缩放，旋转角和缩放比例分别在立即菜单“4: 旋转角度”和“5: 比例”中指定。

② 采用系统的缺省设置，按操作提示拾取已画出的图形，点击鼠标右键确认，操作提示改变为“第一点:”，用鼠标在图形的大致中点处确定一点，再次移动鼠标，可以看到所选图形被“挂”在十字光标上，如图 4-20（a）所示，操作提示“第二点”。

③ 移动光标到适当位置后，单击左键，完成图形的平移，如图 4-20（b）所示。

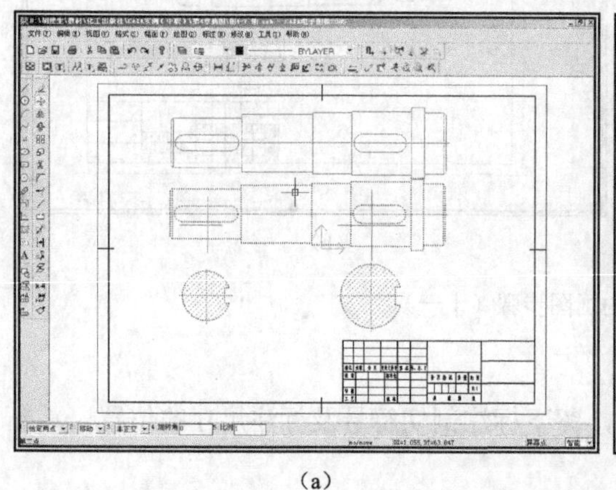

（a）

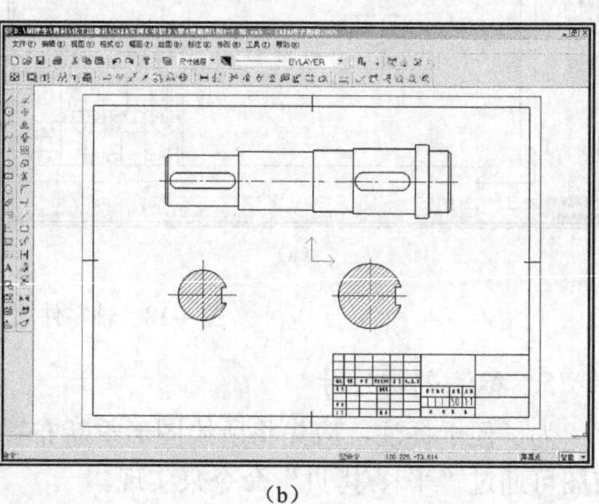

（b）

图 4-20 轴零件图的画图步骤（十二）

④ 单击标注工具栏中的“剖切符号”图标，弹出如图 4-21 所示的立即菜单。

图 4-21 剖切符号立即菜单

◇ 立即菜单“1:” 为剖面名称显示窗口，可单击该窗口，在弹出的编辑框中输入剖视图或断面图的名称。

◇ 立即菜单“2:” 可进行“非正交”与“正交”的切换。

- 非正交方式 可画出任意方向的剖切轨迹线。
- 正交方式 只能画出水平或竖直方向的剖切轨迹线。

⑤ 将屏幕点设置为“导航”方式，沿剖切位置，画出剖切轨迹线，如图 4-22（a）所示。绘制完成后，点击右键结束画线状态。此时，在剖切轨迹线终止点显示出沿最后一段剖切轨迹线法线方向的两个箭头标识，并出现操作提示“请拾取所需的方向:”如图 4-22（b）所示。

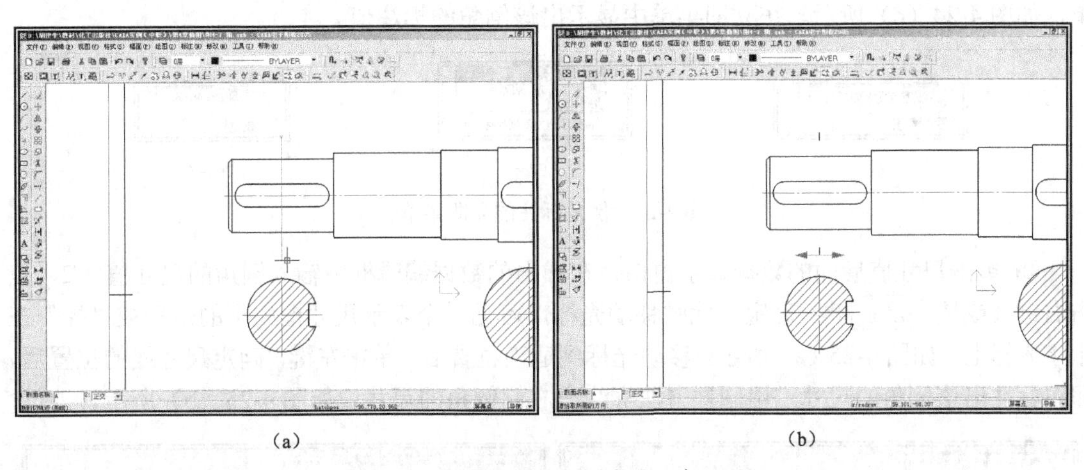

（a） （b）

图 4-22 轴零件图的画图步骤（十三）

⑥ 如果需要标注投射方向，可选中某个箭头后单击左键，则立即在剖切轨迹线的起、止处沿该箭头方向画出两个同向箭头，如图 4-23（a）所示。如果不需标注投射方向，可点击右键取消箭头。此时系统继续提示“指定剖面名称标注点:”，移动光标，可见一个表示文字大小的矩形被“挂”在十字光标上。移动光标到所需标注字母处，单击左键，即在该位置注出

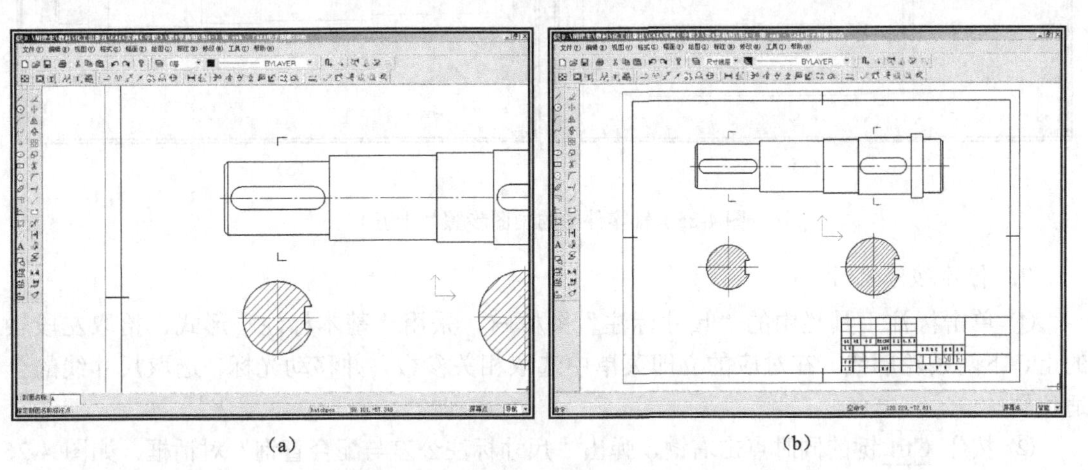

（a） （b）

图 4-23 轴零件图的画图步骤（十四）

一个与剖面名称相同的字母。如果不需标注字母，点击右键可结束标注。

⑦ 重复剖切符号命令，标注出另一个断面图的剖切位置，如图 4-23（b）所示。

6. 标注倒角尺寸

① 单击标注工具栏中的“倒角标注”图标，出现操作提示和立即菜单，如图 4-24（a）所示。

◇ 立即菜单“1:” 为选择轴线方向的选项菜单。单击立即菜单“1:”，可弹出选择轴线方向的选项菜单，如图 4-24（b）所示。可根据倒角轴线方向的不同，选择不同的选项。

- 轴线方向为 X 轴方向 倒角的轴线与 X 轴平行。
- 轴线方向为 Y 轴方向 倒角的轴线与 Y 轴平行。
- 拾取轴线 倒角的轴线与坐标轴不平行。

② 在立即菜单中选择“轴线方向为 X 轴方向”，按操作提示拾取倒角线后，弹出立即菜单，如图 4-24（c）所示。在立即菜单中显示出该倒角的标注值。

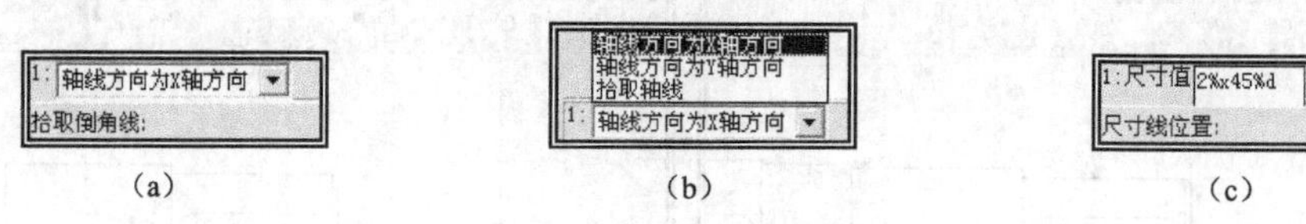

（a） （b） （c）

图 4-24 倒角标注的立即菜单

③ 单击尺寸值后面的数据显示窗口，在弹出的数据编辑框中输入倒角的尺寸值 *C*2，点击右键（或按 Enter 键）确定。此时移动光标，可见一个表示尺寸框大小的矩形被“挂”在十字光标上，如图 4-25（a）所示。移动光标到适当位置后，单击左键，确定尺寸线的位置后，即可标注出该倒角的尺寸。用同样方法标注出右侧倒角的尺寸，如图 4-25（b）所示。

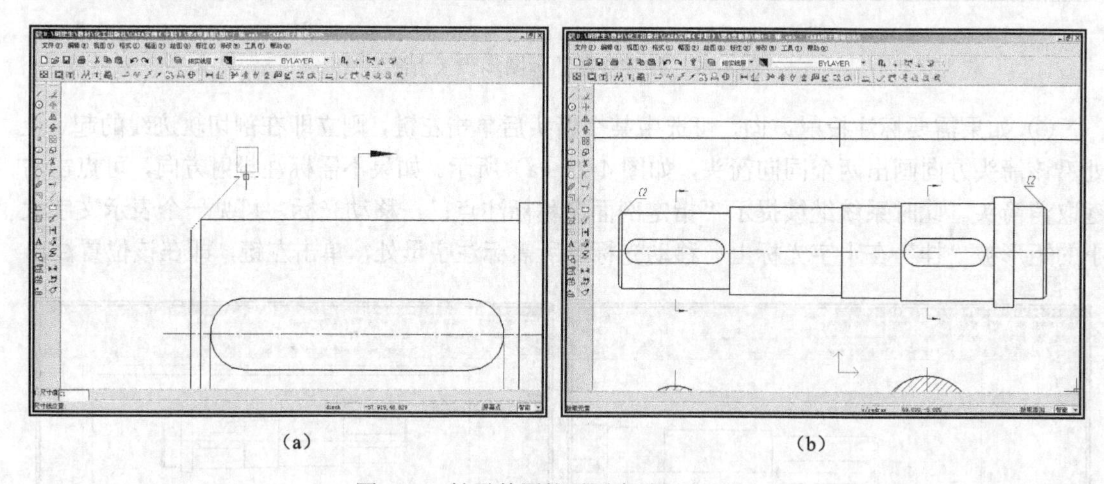

（a） （b）

图 4-25 轴零件图的画图步骤（十五）

7. 标注极限尺寸

① 单击标注工具栏中的“尺寸标注”图标，采用“基本标注”形式，拾取左段轴的上、下两条轮廓线，在对应的立即菜单中选取相关参数，并移动光标，选取尺寸线的合适位置。

② 按住 Ctrl 键的同时点击右键，弹出“尺寸标注公差与配合查询”对话框，如图 4-26 所示。对话框中有许多编辑框和选择框，利用此对话框可以实现极限与配合的标注。

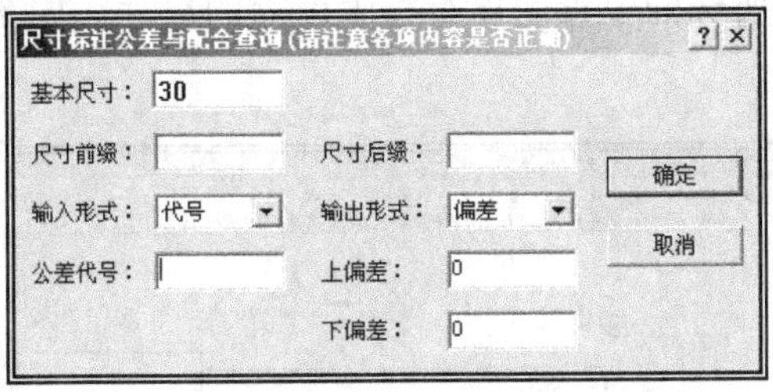

图 4-26　尺寸标注公差与配合查询对话框

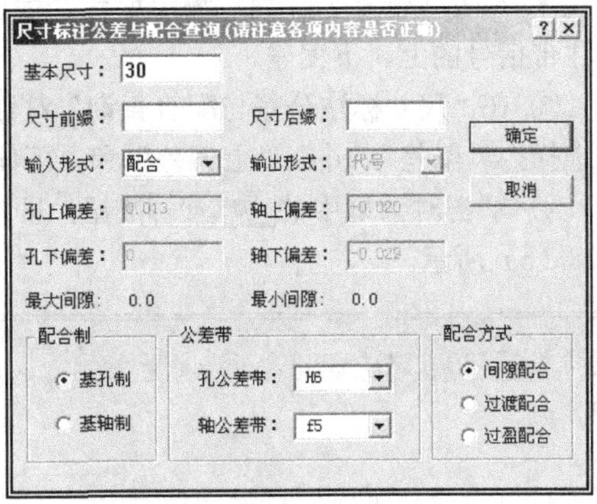

图 4-27　输入形式为配合时的查询对话框

“尺寸标注公差与配合查询”中各编辑框和组合框的含义如下：

◇“基本尺寸”编辑框　缺省为实际测量值，用户可以输入数值。

◇“尺寸前缀”编辑框　输入尺寸数值前的符号。如要标注“2× ϕ20”，在此编辑框中输入字符“2×%c”即可。

◇“尺寸后缀”编辑框　输入尺寸数值后的符号。如要标注“50EQS”（均布），在此编辑框中输入字符“EQS”即可。

◇“公差代号”编辑框　当“输入形式”选项为“代号”时，在此编辑框中输入公差代号名称，如 H7、h6、K6 等，系统将根据基本尺寸和代号名称自动查表，并将查到的上下偏差值显示在“上偏差”和“下偏差”编辑框中。当“输入形式”选项为“配合”时，在此编辑框中输入配合的名称，如 H7/h6、H7/k6、H7/s6 等，系统输出时将按所输入的配合进行标注。

◇“上、下偏差”编辑框　如“输入形式”为“代号”时，在此编辑框中显示系统查询到的上、下偏差值，也可以在此对话框中自己输入上、下偏差值。

◇“输入形式”下拉列表框　该下拉列表框中有三种选项，分别为“代号”、“偏差”和“配合”，用它控制公差的输入方式。

- 代号　当“输入形式”选项为“代号”时，在“公差代号”编辑框中输入公差代号，系统将根据基本尺寸和代号名称自动查表，并将查询结果显示在“上偏差”和“下偏差”编辑框中。
- 偏差　当“输入形式”选项为“偏差”时，由用户自己直接在“上偏差”和“下偏差”编辑框中输入偏差值。
- 配合　当“输入形式”选项为“配合”时，此时“尺寸标注公差与配合查询”对话框的形式如图 4-27 所示。可从中选择配合制度和配合方式，并在“公差带”组合框中分别输入孔、轴的公差带代号，输入后单击  确定(O) 按钮，此时不管“输出形式”是什么，输出均标注配合代号，如 H6/f5 等。

◇“输出形式”下拉列表框　该下拉列表框中有四种选项，分别为“代号”、“偏差”、“(偏差)”和“代号（偏差)”，用它控制公差的输出方式（“输入形式”为“配合”时除外）。

- 代号　当“输出形式”选项为“代号”时，标注公差带代号。
- 偏差　当“输出形式”选项为“偏差”时，标注上、下偏差。
- (偏差)　当“输出形式”选项为“(偏差)”时，标注带括号的上、下偏差。

• 代号（偏差）　当“输出形式”选项为“代号（偏差）”时，既标注公差带代号，也标注带括号的上、下偏差。

③ 在“尺寸标注公差与配合查询”对话框中输入基本尺寸、尺寸前缀，将输入和输出形式选择为“偏差”，并在“上偏差”和“下偏差”编辑框中输入偏差值，如图 4-28（a）所示。

④ 单击对话框中的 确定(O) 按钮，即在前面所选的位置注出有极限偏差的尺寸，如图 4-28（b）所示。

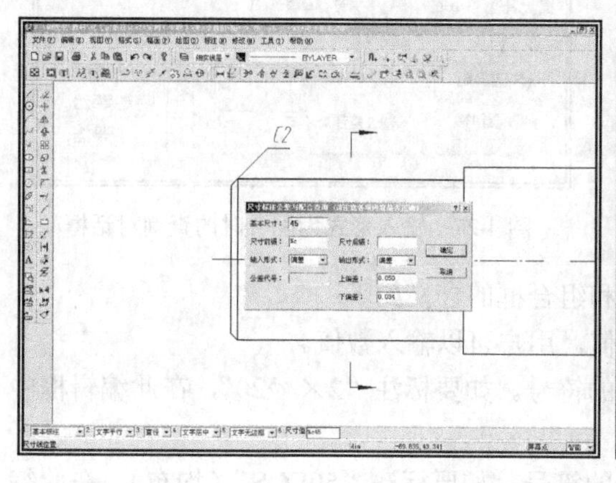

（a）

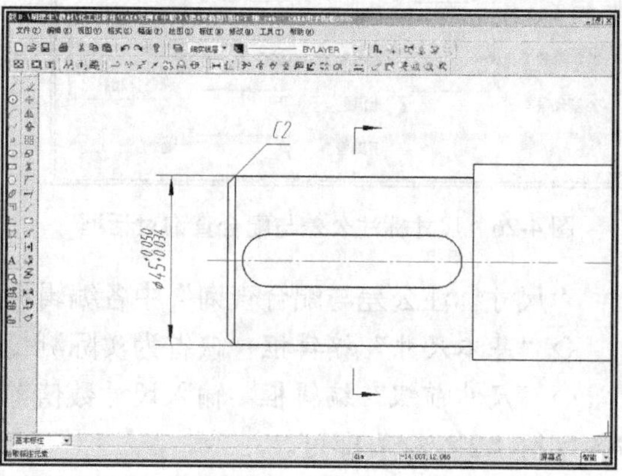

（b）

图 4-28　轴零件图的画图步骤（十六）

⑤ 用上述方法标注其他极限尺寸。

8. 标注其余尺寸

① 单击标注工具栏中的“尺寸标注”图标，将标注形式切换为“连续标注”。操作提示“拾取线性尺寸或第一引出点:”。利用工具点捕捉，拾取轴左端面与轴线的交点为第一引出点，此时系统提示“拾取另一个引出点:”。利用工具点捕捉，拾取键槽与轴线的交点，拖动光标可动态地显示所生成的尺寸，如图 4-29（a）所示。

② 按操作提示确定尺寸线位置后，系统继续提示“第二引出点:”，移动光标，可见新生成尺寸的尺寸线与前一个尺寸的尺寸线在一条直线上，立即菜单“4:”中显示的尺寸值为计算值，如图 4-29（b）所示。

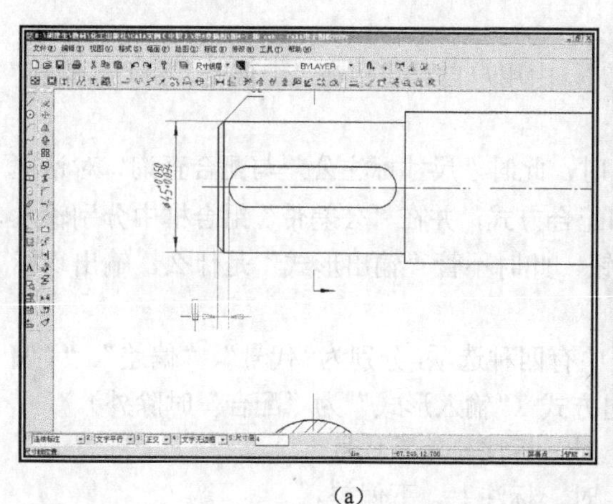

（a）

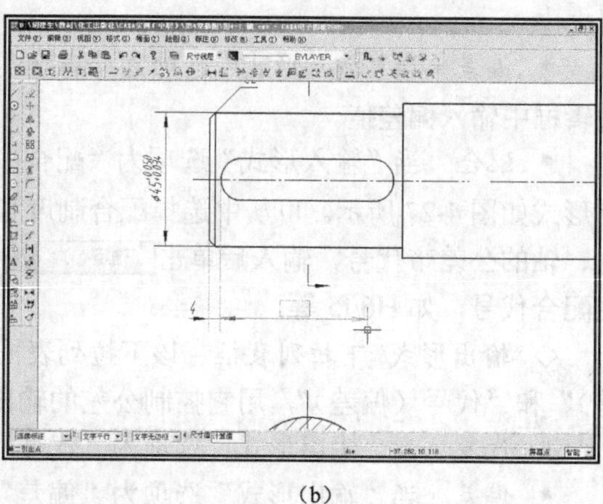

（b）

图 4-29　轴零件图的画图步骤（十七）

③ 输入第二引出点后，系统自动测量第一引出点与第二引出点间的距离，并将该距离作为新生成尺寸的尺寸值，如图 4-30（a）所示。系统继续提示“第二引出点:”，直到按 Esc 键结束。

④ 用前面所学的尺寸标注方法，标注出其余尺寸，如图 4-30（b）所示。

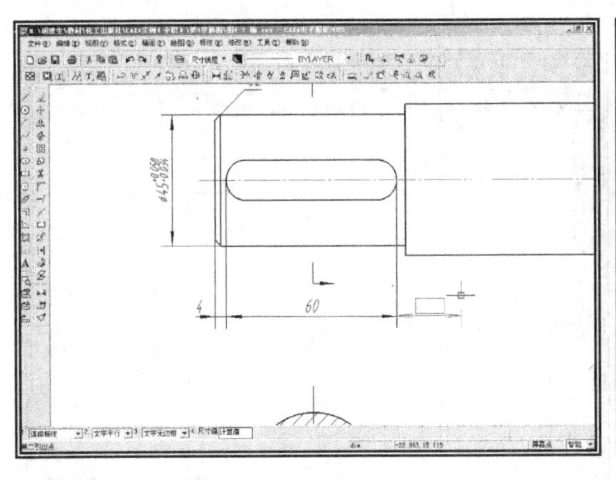

(a)

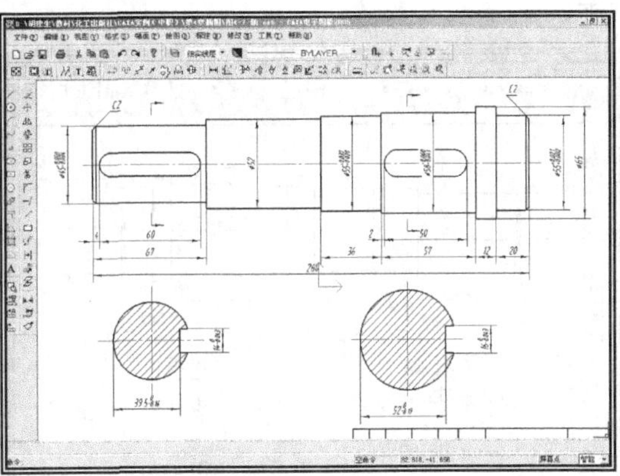

(b)

图 4-30 轴零件图的画图步骤（十八）

9. 标注表面粗糙度

① 单击标注工具栏中的“粗糙度”图标，在屏幕左下角出现操作提示和立即菜单，如图 4-31 所示。

1: 简单标注 2: 默认方式 3: 去除材料 4: 数值: 1.6
拾取定位点或直线或圆弧:

图 4-31 粗糙度立即菜单

◇ 立即菜单“1:” 切换表面粗糙度的“简单标注”方式和“标准标注”方式。

• 简单标注方式 只标注表面处理方法和表面粗糙度参数 R_a 的数值，是系统的缺省设置。

• 标准标注方式 可标注表面粗糙度的各项具体内容。

◇ 立即菜单“2:” 切换“默认方式”或“引出方式”，系统的缺省设置为“默认方式”。

◇ 立即菜单“3:” 用来选择表面粗糙度的符号，即“去除材料”、“不去除材料”和“基本符号”。

◇ 立即菜单“4:” 表面粗糙度参数 R_a 的数值显示窗口，可重新编辑修改。

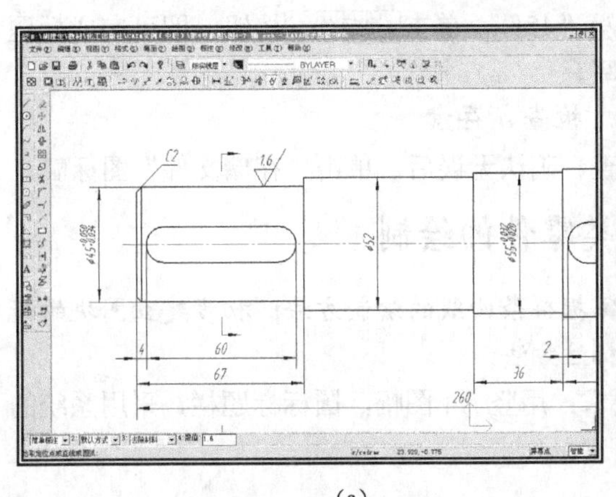

(a)

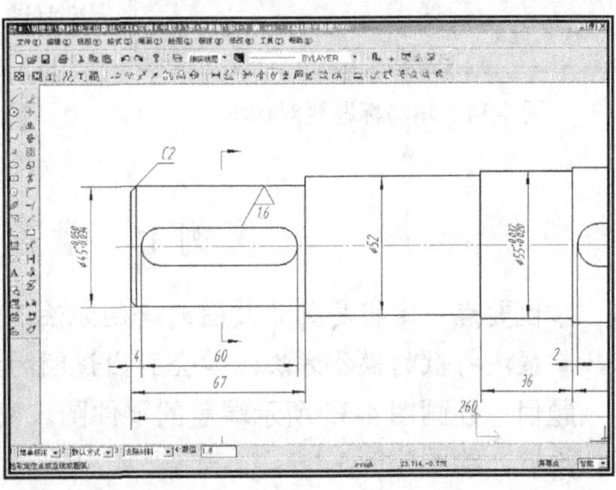

(b)

图 4-32 轴零件图的画图步骤（十九）

② 按操作提示拾取直线后，移动光标可动态显示生成的粗糙度代号，操作提示变为“拖动确定标注位置:”。当光标位于被拾取直线上方时单击左键，标注出的粗糙度代号如图 4-32(a) 所示。当光标位于被拾取直线下方时单击左键，标注出的粗糙度代号如图 4-32(b) 所示。

③ 按国家标准规定的标注方法，正确地标注出各表面的粗糙度代号，如图 4-33（a）所示。

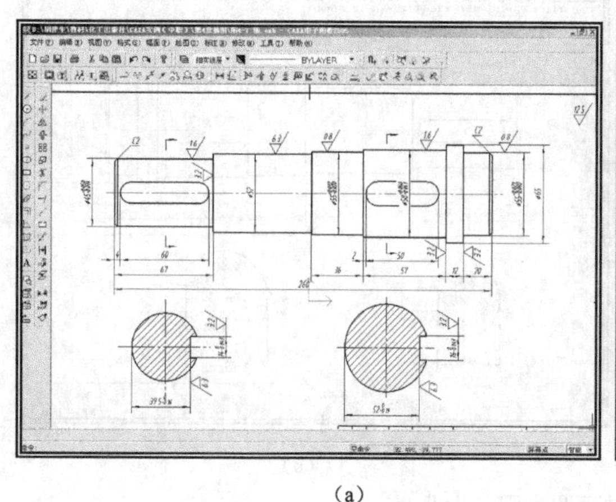

（a）

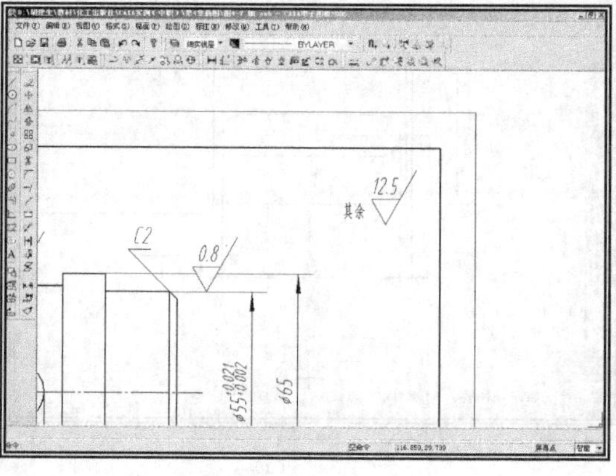

（b）

图 4-33 轴零件图的画图步骤（二十）

④ 单击绘图工具栏中的“文字”图标A，在立即菜单中选择“指定两点”方式，根据操作提示，用鼠标在右上角的表面粗糙度代号前指定矩形区域的第一角点和第二角点，弹出“文字标注与编辑”对话框。调出某种汉字输入法，在编辑框中输入“其余”二字。注意编辑框下面显示的文字参数，如不合适可用 设置(S)... 按钮修改文字参数。单击 确定(O) 按钮，将右上角的表面粗糙度注写完整，如图 4-33（b）所示。

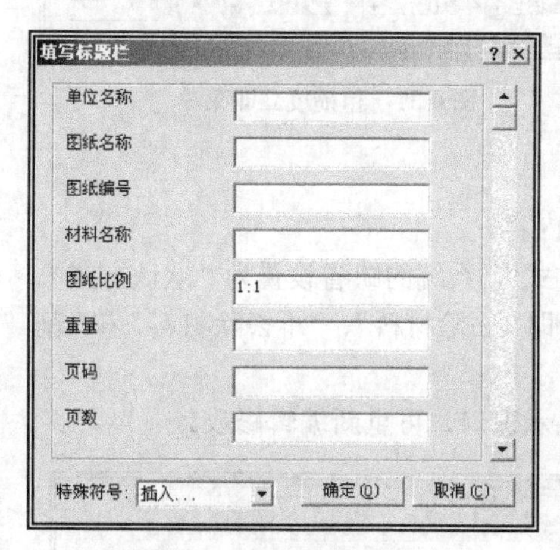

图 4-34 填写标题栏对话框

10. 填写标题栏

单击图幅操作工具栏中的“填写标题栏”图标，弹出“填写标题栏”对话框，如图 4-34 所示。

在对话框的图纸名称栏中填写“轴”、材料名称栏中填写“45”，单击 确定(O) 按钮，即可完成标题栏的填写。

11. 检查、存盘

检查、确认无误后，单击“存储文件”图标。

实例十 盘盖类零件的绘制

本例要点 掌握局部放大图的绘制方法；掌握样条曲线的绘制方法；初步建立图块的概念，掌握块打散的操作方法；学会引出说明的标注方法。

题目 抄画图 4-35 所示端盖的零件图。要求：用竖 A4 图幅，国标标题栏，采用系统的默认设置，绘图比例 1∶1。

1. 读图并分析

盘盖类零件一般是由在同一轴线上的不同直径的圆柱面（也可能有少量非圆柱面）组成，

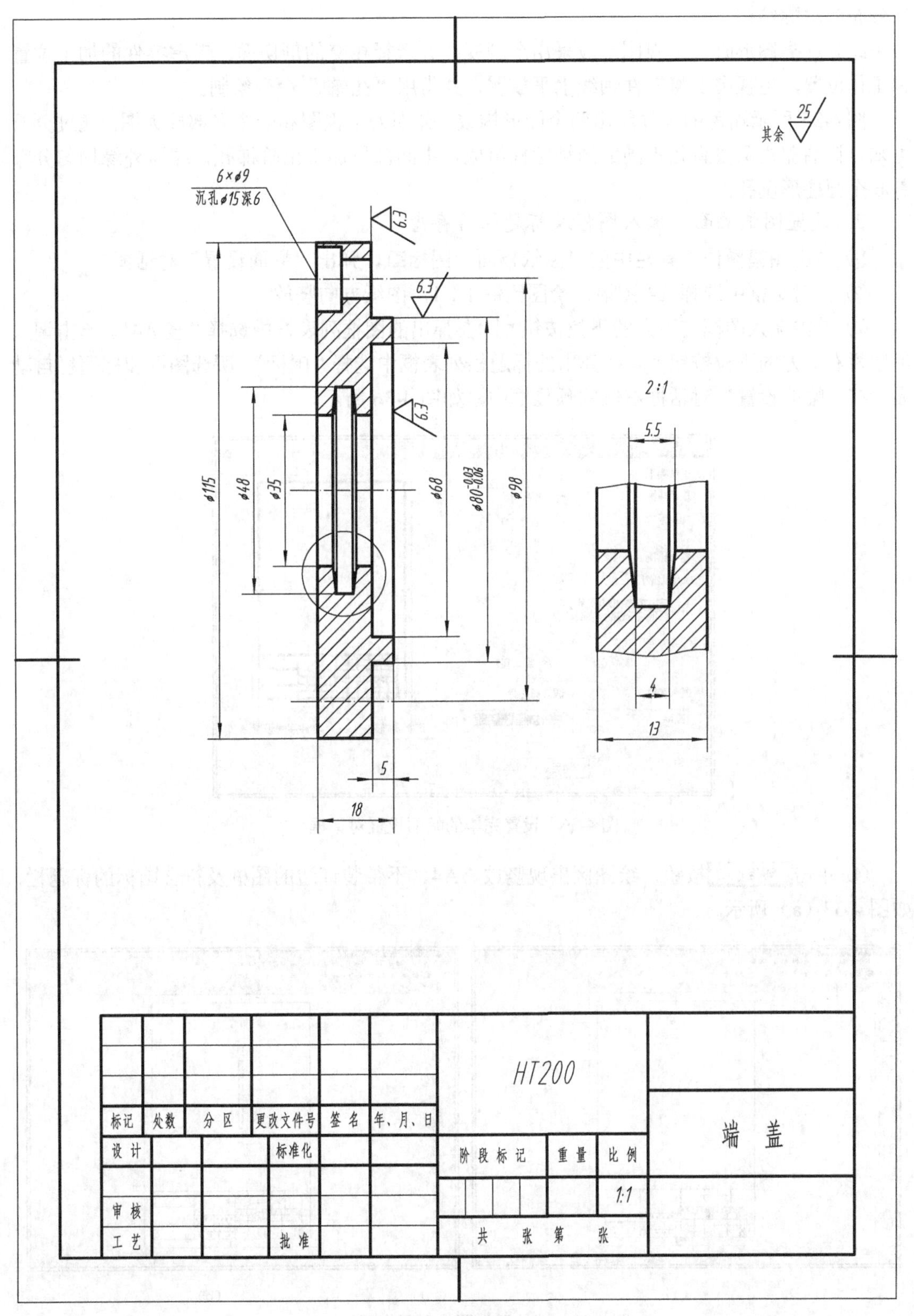

其余 25
6×φ9
沉孔φ15深6
6.3
6.3
6.3
φ115
φ48
φ35
φ68
φ80-0.03 -0.06
φ98
2:1
5.5
4
13
5
18
HT200
端 盖
标记
处数
分 区
更改文件号
签 名
年、月、日
设 计
标准化
阶 段 标 记
重 量
比 例
1:1
审 核
工 艺
批 准
共 张 第 张

图 4-35　端盖零件图

其厚度相对于直径来说比较小，即呈盘状。在盘盖类零件上常有一些孔、槽、肋和轮辐等均匀分布或对称结构。

绘制这类图形时，主视图一般采用全剖视，并选择相交的剖切面。考虑零件的加工位置和工作位置，主视图上将零件轴线水平放置，并常用“孔/轴”命令绘制。

图 4-35 所示端盖的零件图由两个图形构成，分别为主视图和一个局部放大图。通过分析可知，该端盖由两段直径不同的同轴圆柱组成，中间部位加工出阶梯孔，端盖外缘均匀分布着 6 个圆柱形沉孔。

2. 设置图纸幅面、调入图框及标题栏后存盘

① 单击图幅操作工具栏中的“图纸幅面”图标，弹出“幅面设置”对话框。

② 在对话框中选择 A4 图幅，绘图比例 1∶1，图纸方向竖放。

③ 单击调入图框右下方的下拉按钮，在弹出的图框列表框中选择“竖 A4”。单击调入标题栏右下方的下拉按钮，在弹出的标题栏列表框中选择“国标”。所选图框和标题栏自动显示在“幅面设置”对话框右侧的预显框中，如图 4-36 所示。

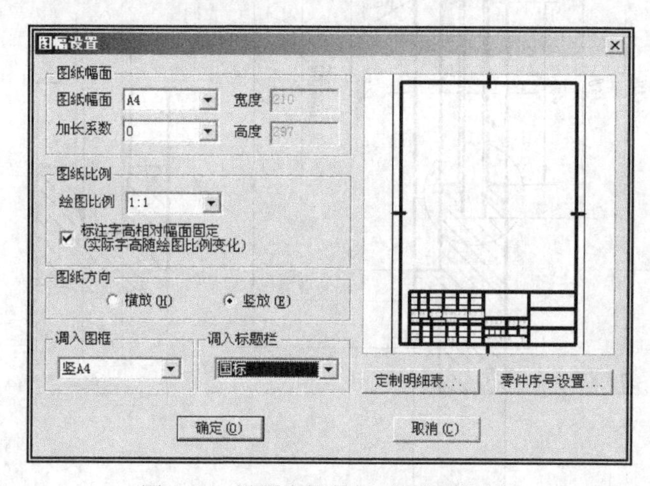

图 4-36　设置完毕的幅面设置对话框

④ 单击 确定(O) 按钮，绘图区出现竖放、A4、不带装订边的图框及符合国标的标题栏，如图 4-37（a）所示。

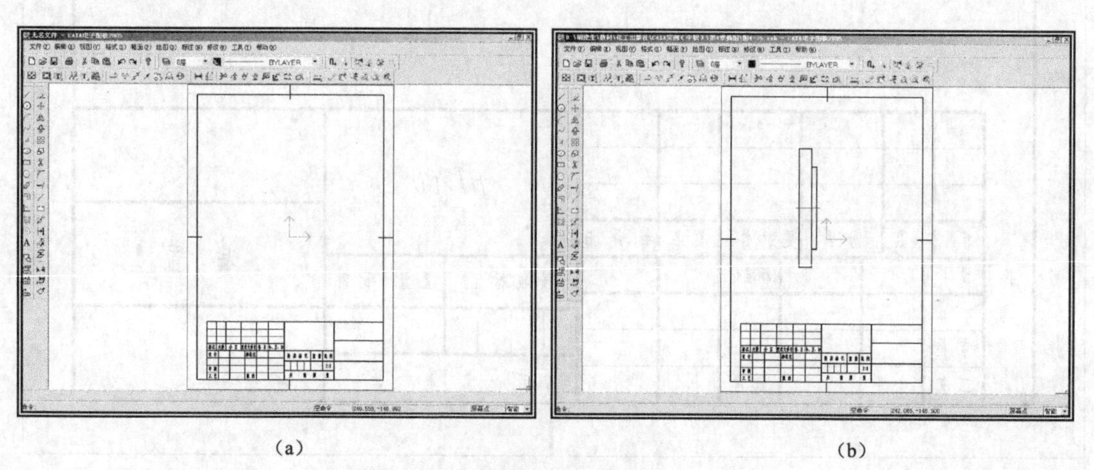

（a）　　　　　　　　（b）

图 4-37　端盖零件图的画图步骤（一）

⑤ 单击标准工具栏中的“存储文件”图标，在弹出的“另存文件”对话框中确定存盘地址并输入文件名。

3. 画主视图

① 将当前层设置为0层，单击绘图工具Ⅱ工具栏中的“孔/轴”图标，将立即菜单设置为画“轴”方式、“直接给出角度”、中心线角度“0”，用鼠标在绘图区的适当位置确定插入点，在弹出的立即菜单“4:”中选择“有中心线”方式，在立即菜单“2:”中设置起始直径，并用键盘输入每段轴的长度，由左向右绘制出端盖主视图的外轮廓线，如图4-37（b）所示。

两段轴的直径和长度如下：

第一段轴　起始（终止）直径115，轴的长度18-5；

第二段轴　起始（终止）直径80，轴的长度5。

② 点击右键，重复“孔/轴”命令，将立即菜单设置为画“孔”方式、“直接给出角度”、中心线角度“0”，捕捉端盖左端面与轴线的交点为插入点，在弹出的立即菜单“4:”中选择“无中心线”方式，在立即菜单“2:”中设置起始直径，在立即菜单“3:”中设置终止直径，用键盘输入每段孔的长度，由左向右绘制出端盖主视图的内部轮廓线，如图4-38（a）所示。

各段孔的直径和长度如下：

第一段孔　起始（终止）直径35，长度（13-5.5）/2；

第二段孔（阶梯孔）　起始直径35，终止直径48，长度（5.5-4）/2；

第三段孔　起始（终止）直径48，长度4；

第四段孔（阶梯孔）　起始直径48，终止直径35，长度（5.5-4）/2；

第五段孔　起始（终止）直径35，长度（13-5.5）/2；

第六段孔　起始（终止）直径68，长度5。

③ 单击绘图工具栏中的“直线”图标，用“正交”、“两点线”绘制缺少的孔轮廓线。单击编辑工具栏中的“裁剪”图标，剪掉多余轮廓线，如图4-38（b）所示。

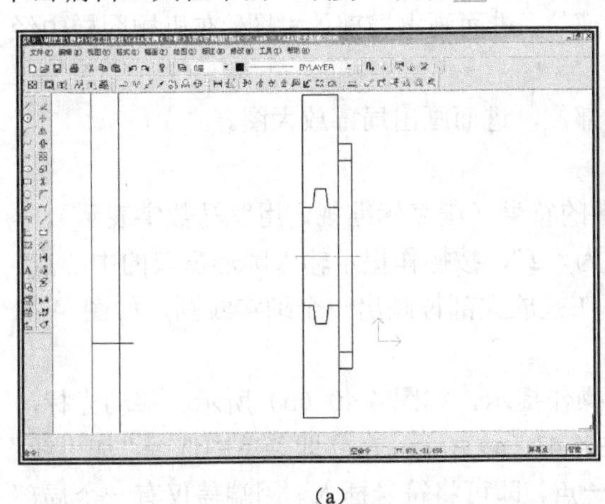

(a)

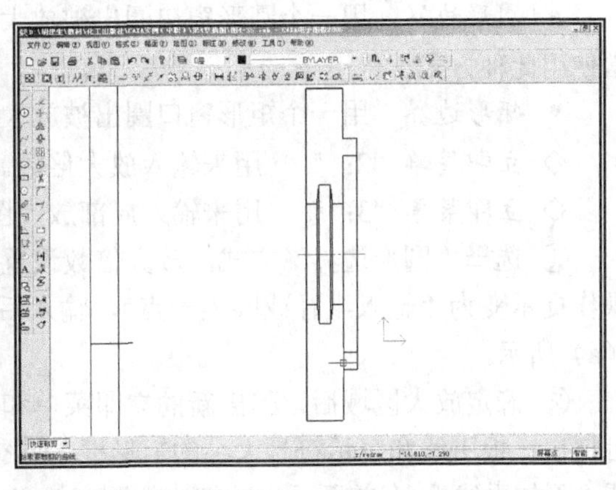

(b)

图4-38　端盖零件图的画图步骤（二）

④ 将当前层设置为中心线层，单击绘图工具Ⅱ工具栏中的“孔/轴”图标，将立即菜单设置为“孔”方式，捕捉端盖轴线的端点为插入点，设置起始（终止）直径为98，孔的长度用鼠标确定，绘制主视图上沉孔的轴线，如图4-39（a）所示。

⑤ 将当前层设置为 0 层，重复“孔/轴”命令绘制沉孔，单击绘图工具栏中的“直线”图标，用“正交”、“单个”、“两点线”绘制缺少的孔轮廓线，如图 4-39（b）所示。

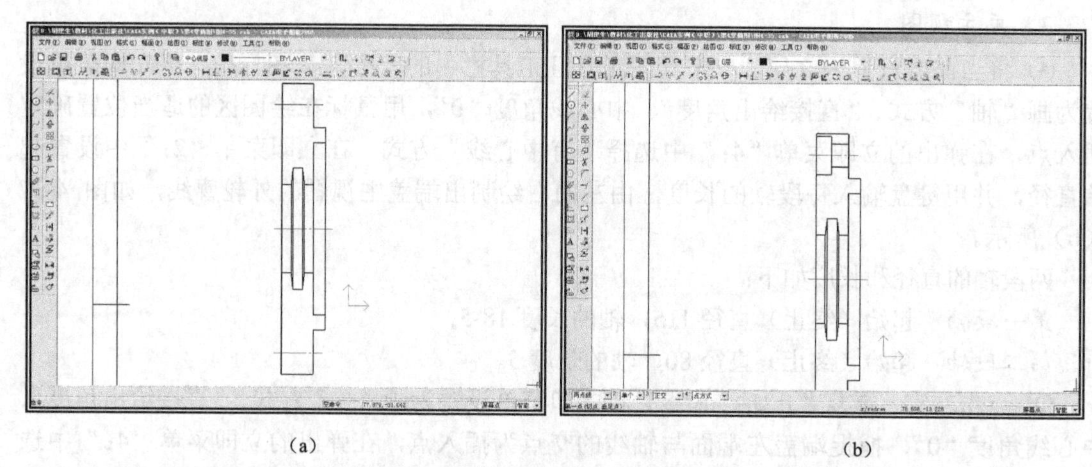

（a）　　　　　　　　（b）

图 4-39　端盖零件图的画图步骤（三）

4. 画局部放大图

局部放大就是按制图国家标准的规定，将已知图形中的某一局部，用一个圆形窗口或矩形窗口圈出，按指定比例画出其局部放大图，并且进行标注。

单击标注工具栏中的“局部放大”图标（或单击主菜单中的【绘图】→【局部放大图】命令），弹出的立即菜单如图 4-40（a）所示。

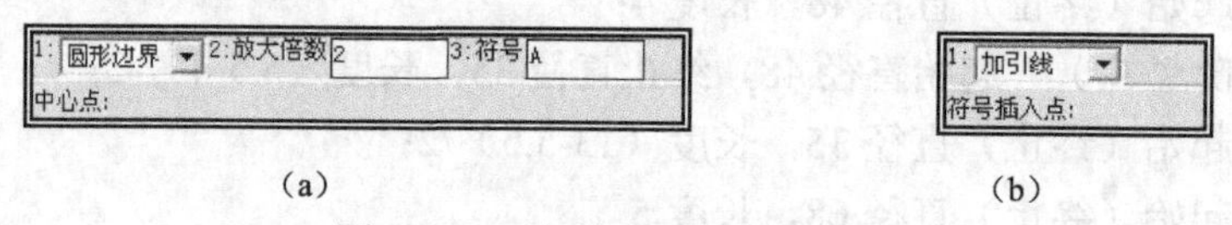

（a）　　　　　　　　（b）

图 4-40　局部放大图的立即菜单

◇ 立即菜单“1：”　用来选择“圆形边界”或“矩形边界”方式。

• 圆形边界　用一个圆形窗口圈出被放大部位，进而画出局部放大图。在机械图样中经常使用此种方式。

• 矩形边界　用一个矩形窗口圈出被放大部位，进而画出局部放大图。

◇ 立即菜单“2：”　用来输入放大倍数。

◇ 立即菜单“3：”　用来输入局部放大图的符号（国家标准规定用罗马数字表示）。

① 选择“圆形边界”方式，放大倍数设置为“2”，按操作提示输入圆形窗口的中心点，操作提示变为“输入半径或圆上一点”，输入后在被放大部位画出一个细实线圆，如图 4-41（a）所示。

② 确定放大区域后，弹出新的立即菜单和操作提示，如图 4-40（b）所示。移动光标，可拖出一根引线和表示符号大小的矩形框，如图 4-41（a）所示。在立即菜单中选择“加引线”或“不加引线”，在前面画出的细实线圆旁输入一点，即可将符号插入。因端盖仅有一个局部放大图，不需标注符号，故点击右键向下执行。此时一个局部放大图被“挂”在十字光标上，随光标移动。操作提示变为“实体插入点：”，移动光标在屏幕上合适的位置输入一点，操作提示变为“输入角度或由屏幕上确定：＜-360，360＞”，输入新生成局部放大图的旋转角度数值后按 Enter 键，完成放大图形的绘制，如图 4-41（b）所示。

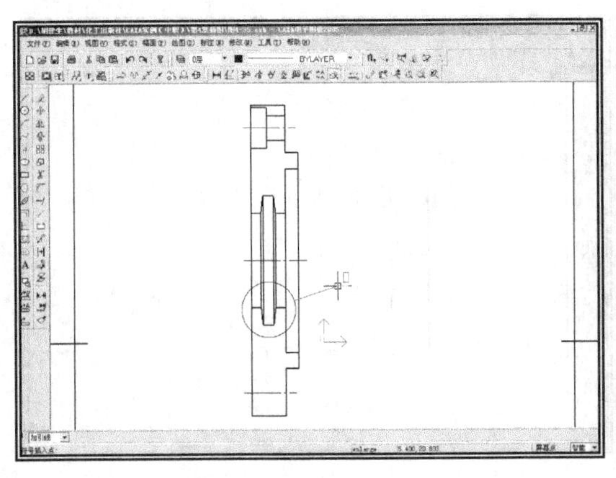
(a)

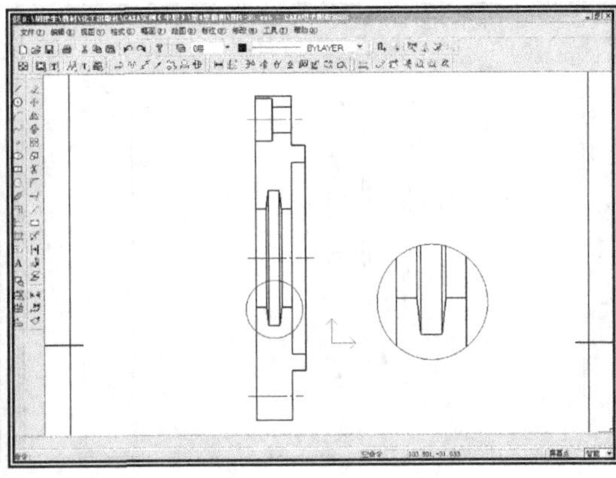
(b)

图 4-41　端盖零件图的画图步骤（四）

绘出的局部放大图是一个图块，即图中的各图形元素是一个统一的实体。此时，用鼠标拾取图中的任一元素，整个局部放大图都将被选中。若使绘制的局部放大图与图例一致，对图形进行修改，必须对该图块进行“打散”操作。

③ 单击编辑工具栏中的“打散”图标，或单击主菜单中的【修改】→【打散】命令，出现操作提示“拾取添加:”。

④ 按操作提示拾取局部放大图，点击右键确认，所拾取的块即被打散。此时，若再拾取图中的任一元素，则只有该元素被选中，而其他元素没有被选中。这说明原来的块已不存在，已经被打散为若干个互不相关的实体元素。

注意：CAXA 电子图板中的尺寸、文字、图框、标题栏、明细表以及图库中的图符，都属于块。如果要对它们作非整体的编辑操作，就需要先将它们打散。

⑤ 在命令状态，拾取局部放大图上的细实线圆，该圆变为红色的虚线，这时称为预选状态。在预选状态下，可通过以下三种方法将选定的圆删除。

◇ 按键盘上的 Delete 键，所选元素即被删除。

◇ 单击编辑工具栏中的“删除”图标，所选元素即被删除。

◇ 点击右键，弹出右键菜单如图 1-15(b)，单击“删除”项，所选元素即被删除。

⑥ 用“样条”命令绘制波浪线。将当前层设置为“细实线层”，单击绘图工具栏中的“样条”图标（或单击主菜单中的【绘图】→【样条】命令），出现画样条的立即菜单，如图 4-42 所示。

⑦ 按操作提示输入一系列点后，样条曲线被加亮显示，点击右键，一条光滑的样条曲线被绘制出来，如图 4-43（a）所示。

图 4-42　绘制样条的立即菜单

⑧ 重复“样条”命令，绘制出下方的波浪线。单击编辑工具栏中的“齐边”图标，按操作提示拾取波浪线为剪刀线，对局部放大图中的图线进行拉伸或裁剪，修整后的图形如图 4-43（b）所示。

5. 标注尺寸及技术要求等内容

① 单击标注工具栏中的“引出说明”图标（或单击主菜单中的【标注】→【引出说明】命令），弹出“引出说明”对话框，如图 4-44 所示。

② 在对话框中的“上说明”框中填入“6×%c9”，在对话框中的“下说明”框中填入“沉

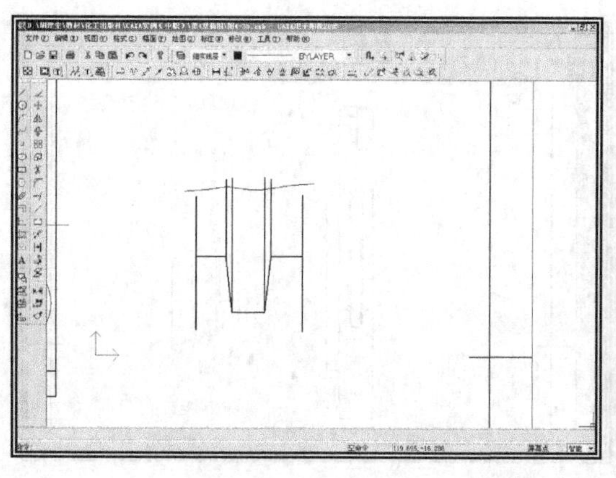

(a)

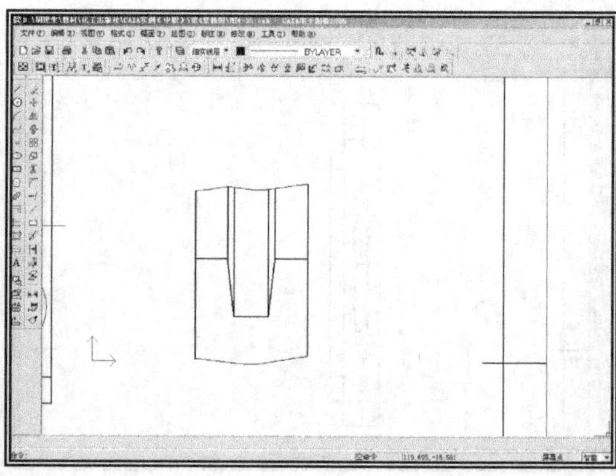

(b)

图 4-43　端盖零件图的画图步骤（五）

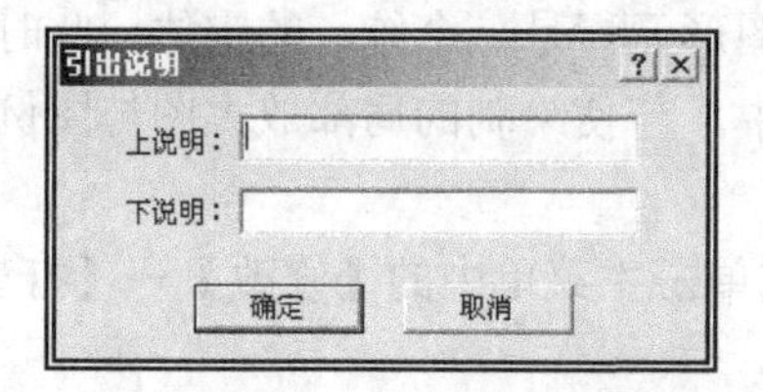

图 4-44　“引出说明”对话框

图 4-45　引出说明立即菜单

孔%c15 深 6”（若只需一行说明，则只输入“上说明”）。输入完成后，单击 确定(O) 按钮，弹出立即菜单和操作提示，如图 4-45 所示。

◇ 立即菜单“1:”　用来切换“文字方向缺省”和“文字反向”。

- 文字方向缺省　文字方向与引线成钝角。
- 文字反向　文字方向与引线成锐角。

◇ 立即菜单“2:”　用来确定引出线转折点与文字的距离，可根据具体情况进行修改。

③ 选择“文字方向缺省”方式，按操作提示输入沉孔轴线与左端面的交点为第一点后，系统接着提示“第二点:”，在适当位置输入第二点后，即完成引出说明的标注，如图 4-46(a) 所示。

④ 单击标注工具栏中的“尺寸标注”图标，标注出图中的尺寸，如图 4-46（b）所示。

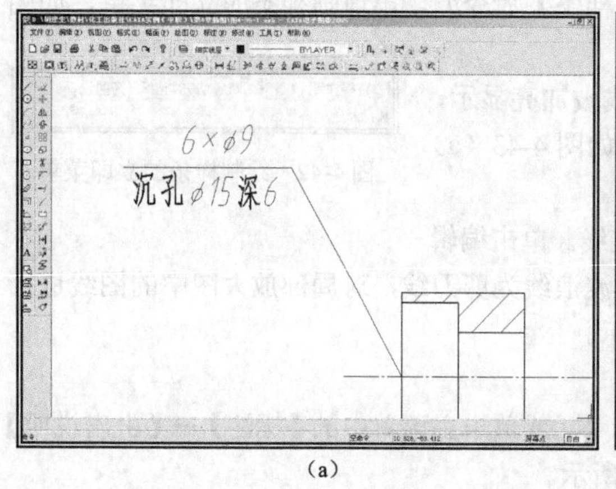

(a)

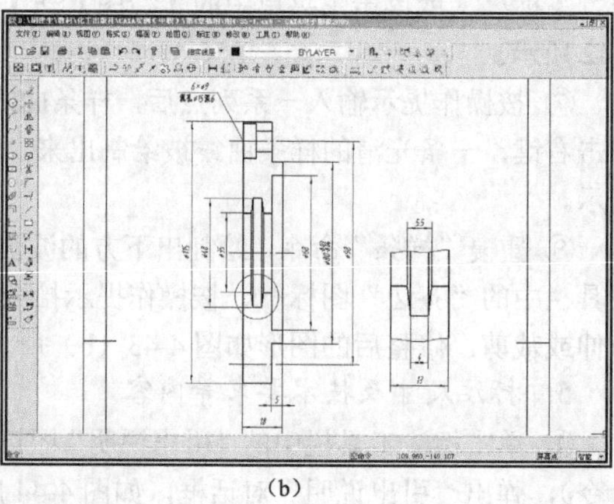

(b)

图 4-46　端盖零件图的画图步骤（六）

⑤ 单击标注工具栏中的“粗糙度”图标，注出图中的各表面粗糙度代号。

⑥ 单击绘图工具栏中的“文字”图标A，调出汉字输入法，注写局部放大图的比例及右上角的“其余”二字，如图4-47（a）所示。

⑦ 单击绘图工具栏中的“剖面线”图标，画出图中的剖面线，如图4-47（b）所示。

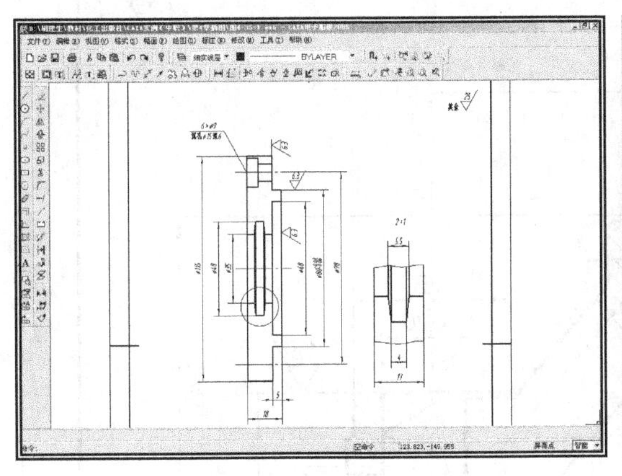

（a）

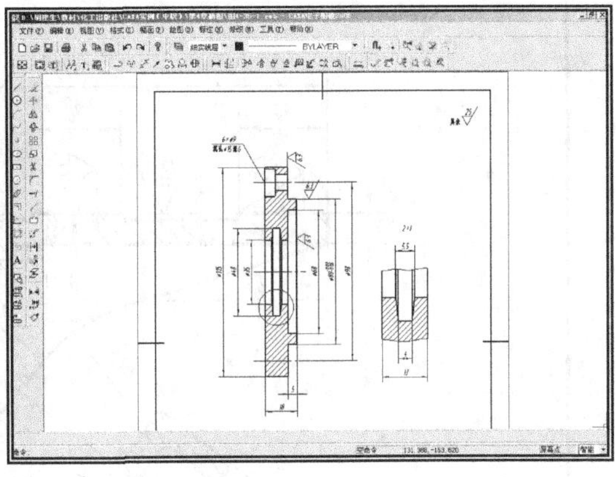

（b）

图4-47 端盖零件图的画图步骤（七）

6. 填写标题栏、存盘

① 单击图幅操作工具栏中的“填写标题栏”图标，在弹出的对话框中填写标题栏的内容和文字。单击 确定(O) 按钮，结束标题栏的填写。

② 单击常用工具栏中的“显示全部”图标，将所绘图形充满屏幕。

③ 单击标准工具栏中的“存储文件”图标，完成端盖零件图的绘制。

实例十一 叉架类零件的绘制

本例要点 掌握等距线的绘制方法；掌握箭头的绘制方法；初步了解CAXA电子图板中的图库，并学会从图库中提取图符的方法。

题目 抄画图4-48所示托脚的零件图，图中未注的铸造圆角用*R*2或*R*3绘制。要求：用竖A4图幅，国标标题栏，采用系统的默认设置，绘图比例1∶2。

1. 读图并分析

叉架类零件的形状比较复杂，通常由支承轴的轴孔、用以固定在其他零件上的板以及起加强、支承作用的肋板和支承板组成。

叉架类零件一般用两个以上的视图来表达。熟练使用导航功能，会提高绘图速度，简化绘图过程。

叉架类零件的主视图一般按工作位置放置，并采用剖视的方法，主要表达该零件的形状和结构特征。除主视图外还需采用其他视图及断面图、局部视图等表达方法，表达轴孔内腔结构、底板形状和肋板断面等。

图4-48所示托脚的零件图由四个图形构成，分别为主视图、俯视图、移出断面图和*B*向局部视图。通过分析可知，托脚的顶部为带有两个孔的安装板，下部为安装轴的带孔圆柱。在圆柱的右侧，有一个长圆形的凸台，凸台上横向加工出两个螺孔。圆柱与安装板之间，用断面形状类似于槽钢的连接板连接。

2. 设置幅面，调入图框、标题栏后存盘

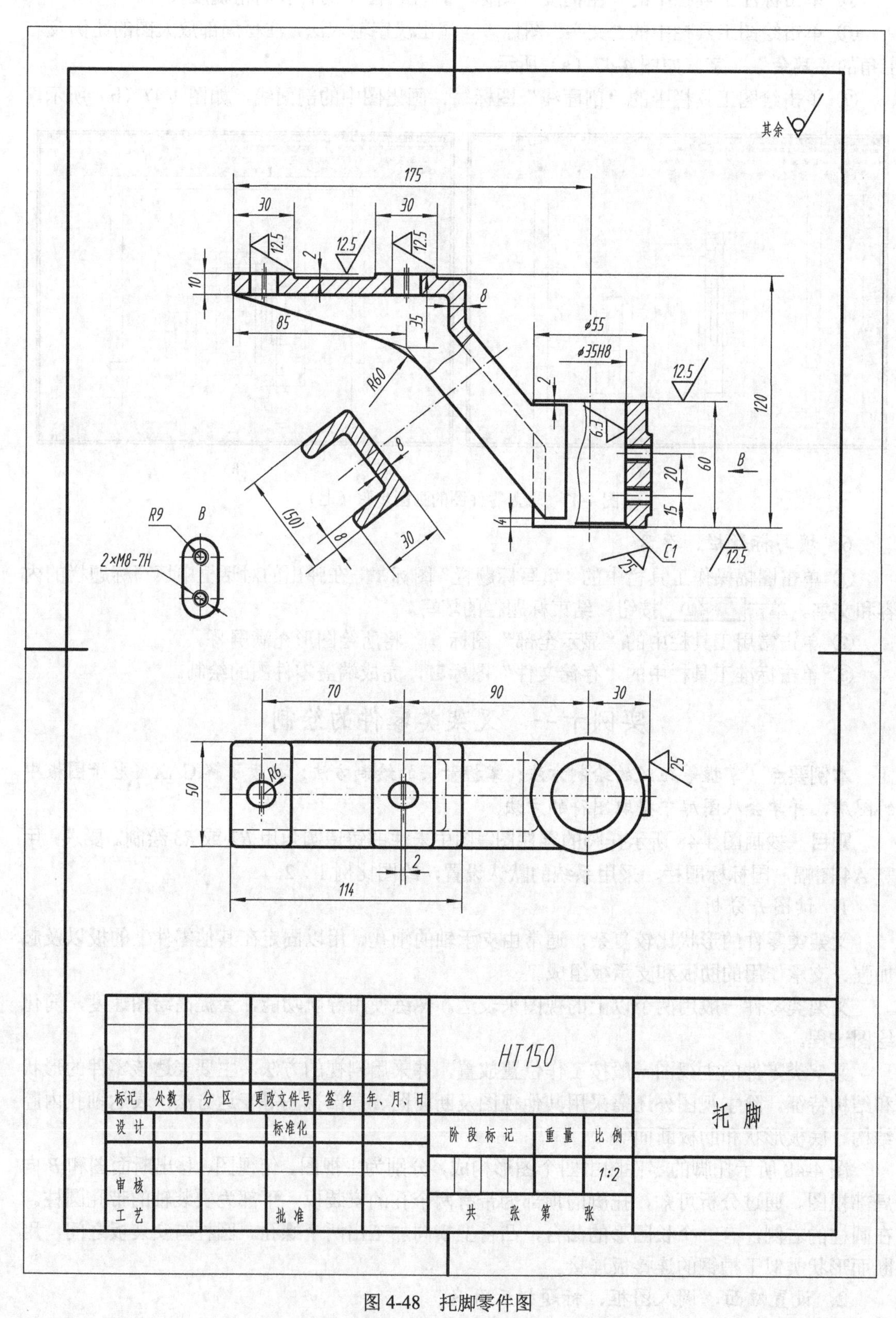
其余
175
30
30
12.5
12.5
12.5
2
10
8
85
35
R60
ϕ55
ϕ35H8
2
12.5
6.3
120
60
20
15
B
8
8
(50)
8
30
4
C1
25
12.5
R9
B
2×M8-7H
70
90
30
25
R6
50
2
114
HT150
标记
处数
分区
更改文件号
签名
年、月、日
设计
标准化
阶段标记
重量
比例
审核
1:2
工艺
批准
共 张 第 张
托脚

图 4-48 托脚零件图

① 单击图幅操作工具栏中的“图纸幅面”图标，弹出“幅面设置”对话框。

② 在对话框中选择A4图幅，绘图比例1∶2，图纸方向竖放。

③ 单击调入图框右下方的下拉按钮，在弹出的图框列表框中选择“竖A4”。单击调入标题栏右下方的下拉按钮，在弹出的标题栏列表框中选择“国标”。

④ 单击 确定(O) 按钮，绘图区出现竖放、A4、不带装订边的图框及符合国标的标题栏，标题栏的比例栏中自动显示出绘图比例为1∶2，如图4-49（a）所示。

⑤ 单击标准工具栏中的“存储文件”图标，在弹出的“另存文件”对话框中确定存盘地址并输入文件名。

3. 画带孔圆柱

① 将当前层设置为0层，单击绘图工具栏中的“圆”图标，选择适当位置，画出俯视图上ϕ55的圆；单击“中心线”图标，按操作提示拾取ϕ55圆，画出其中心线。单击“圆”图标，捕捉圆心，画出ϕ35的同心圆，如图4-49（b）所示。

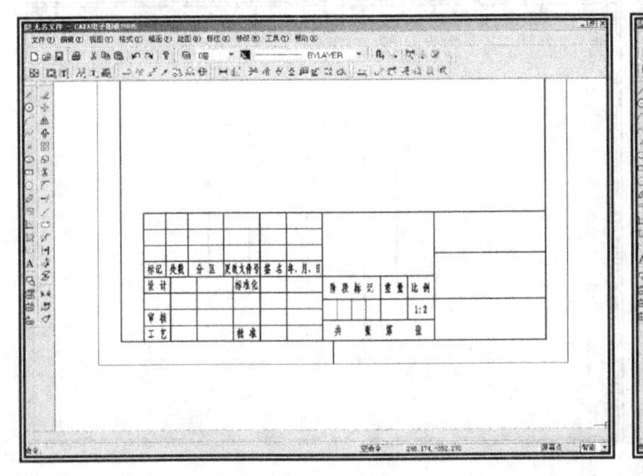

(a)

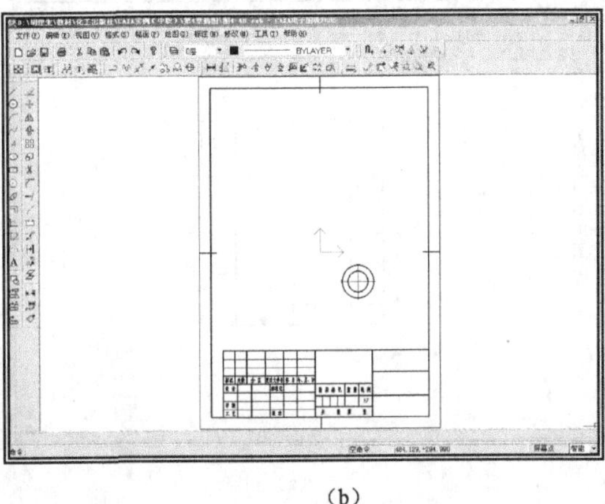

(b)

图4-49 托脚零件图的画图步骤（一）

② 把点捕捉方式设置为导航方式，单击绘图工具Ⅱ工具栏中的“孔/轴”图标，将立即菜单设置为画“轴”方式、“直接给出角度”、中心线角度“90”，在俯视图的上方适当位置确定插入点，在弹出的立即菜单“4:”中选择“有中心线”方式，在立即菜单“2:”中设置起始直径（终止直径）为55，并用键盘输入长度60，绘制出圆柱主视图的外轮廓线。此时系统仍处于绘制轴状态，将立即菜单“1:”重新设置为画“孔”方式、“直接给出角度”、中心线角度“90”，用“无中心线”方式，绘制出圆柱内的通孔，如图4-50（a）所示。

③ 单击“直线”图标，选择“平行线”、“偏移方式”、“单向”，拾取圆柱轴线，向右画出距其30 mm的粗实线。重复“直线”→“平行线”命令，拾取圆柱下方的水平线，向上画出距其15 mm、35 mm的点画线；重复“直线”→“平行线”命令，分别拾取新画出的上、下两条点画线，向上、向下各画出距其9 mm的粗实线，如图4-50（b）所示。

④ 单击“拉伸”图标，用“单个拾取”方式，调整点画线的长度。单击“过渡”图标，选择“尖角”，拾取前面所画的水平和竖直粗实线，使其相交。单击“裁剪”图标，剪掉圆柱右侧的部分外形轮廓线，如图4-51（a）所示。

⑤ 单击编辑工具栏中的“过渡”图标，选择“圆角”、“裁剪”方式，将圆角半径修改为2，画出凸台根部的铸造圆角，如图4-51（b）所示。

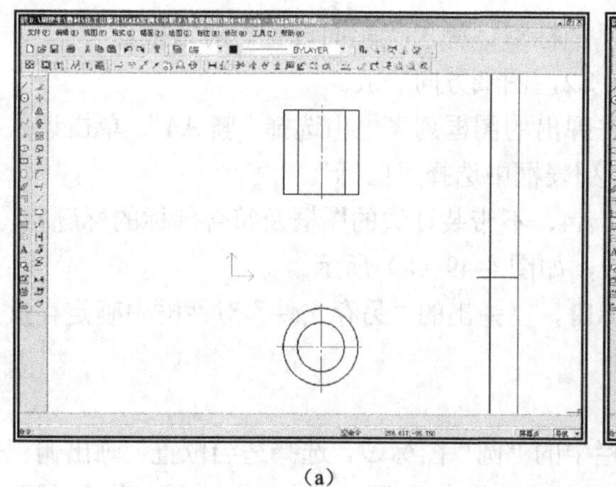
（a）

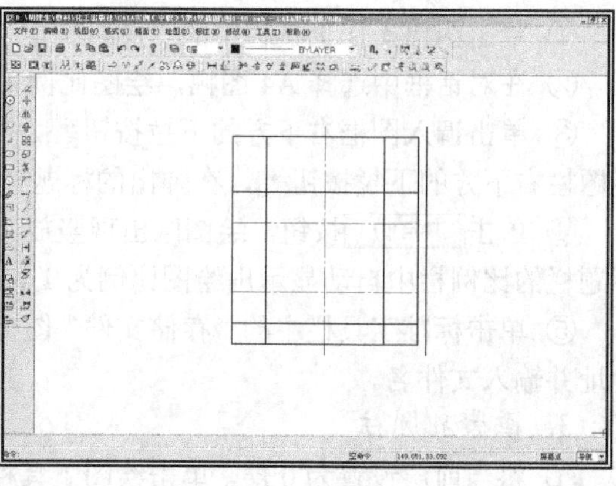
（b）

图 4-50　托脚零件图的画图步骤（二）

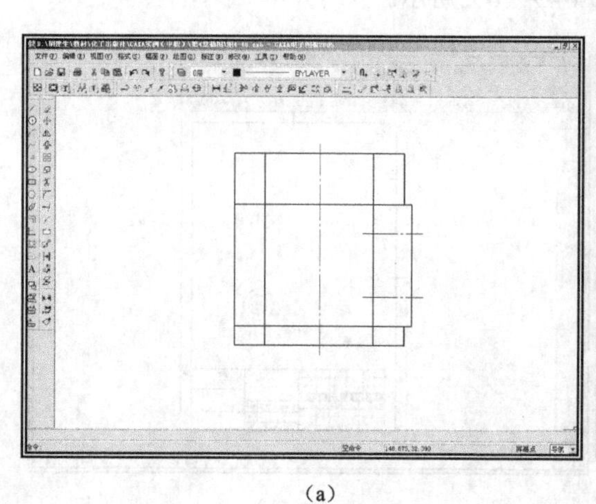
（a）

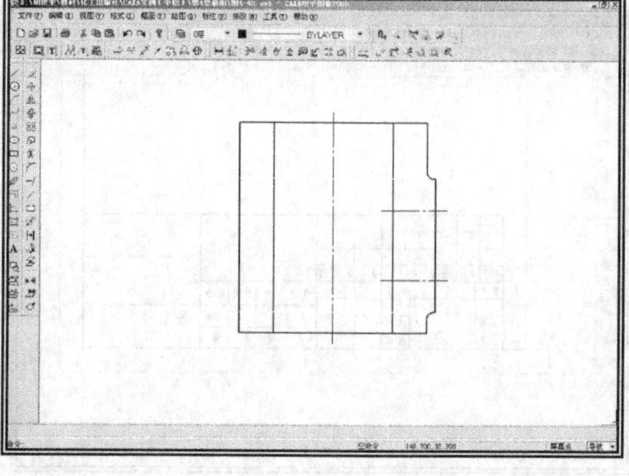
（b）

图 4-51　托脚零件图的画图步骤（三）

⑥ 单击“孔/轴”图标⊕，用“孔”方式、“直接给出角度”、中心线角度“0”，捕捉轴线与轮廓线交点为插入点后，在弹出的立即菜单中选择“无中心线”方式，设置起始直径（终止直径）为 8，在细实线层绘制螺孔的底径；将起始直径（终止直径）修改为 6.65，在 0 层绘制螺孔的顶径。绘制完成的螺孔如图 4-52（a）所示。

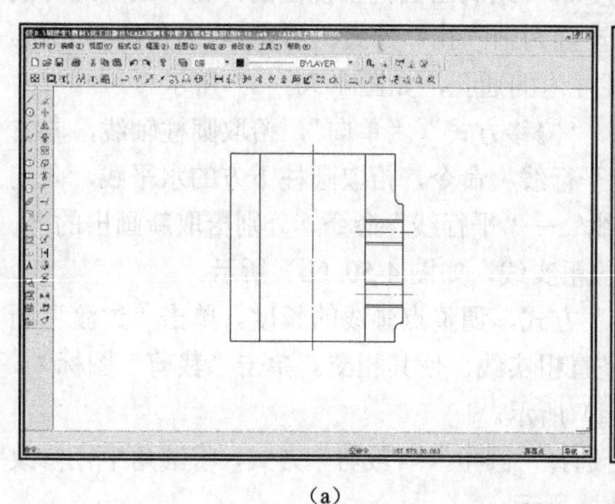
（a）

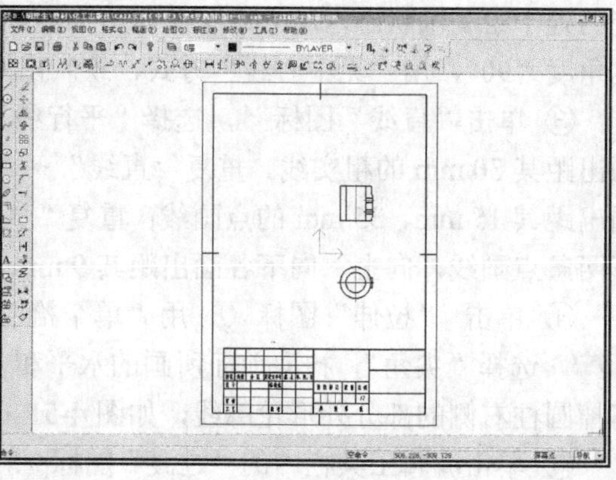
（b）

图 4-52　托脚零件图的画图步骤（四）

⑦ 用“直线”命令中的“平行线”方式和“过渡”命令，绘制凸台的俯视图，此时需注意用“裁剪始边”方式绘制铸造圆角。绘制完成的图形如图 4-52（b）所示。

4. *画安装板*

① 依据长度方向定位尺寸 175、高度方向定位尺寸 120、宽度方向的定型尺寸 50、114，用“直线”命令中的“平行线”方式和“过渡”、“裁剪”等编辑命令，在 0 层绘制绘制安装板的大致轮廓。

依据长度方向定位尺寸 90、70，用“直线”命令中的“平行线”方式和“拉伸”命令，在中心线层绘制主、俯视图上安装孔的定位轴线，如图 4-53（a）所示。

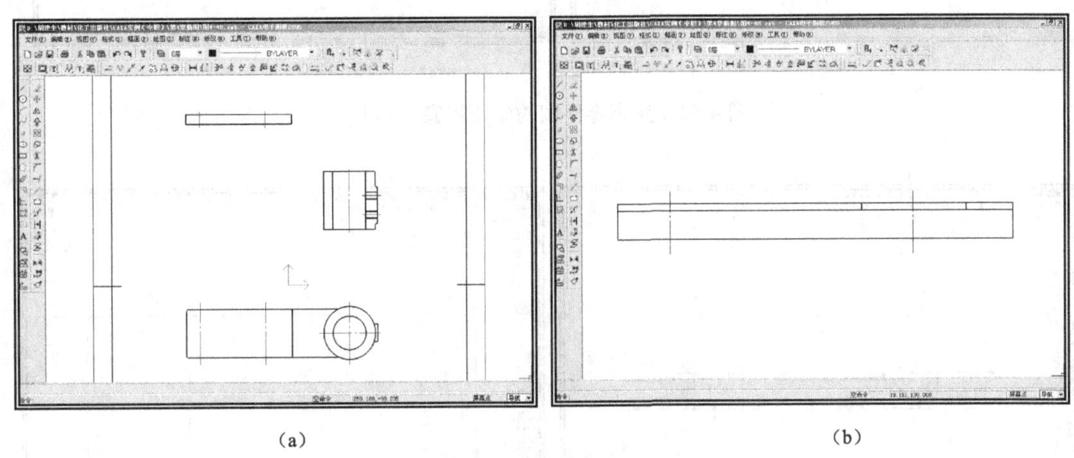

（a）　　（b）

图 4-53　托脚零件图的画图步骤（五）

② 将当前层设置为 0 层，单击“直线”图标，选择“平行线”、“偏移方式”、“单向”，拾取主视图上安装板的顶面，向下画出距其 2mm 的平行线。

单击“孔/轴”图标，用“孔”方式、“直接给出角度”、中心线角度“90”，捕捉轴线与安装板轮廓线交点为插入点后，在弹出的立即菜单中选择“无中心线”方式，设置起始直径（终止直径）为 30，向下绘制安装板上凸台的轮廓线，如图 4-53（b）所示。

③ 单击编辑工具栏中的“平移/拷贝”图标，将立即菜单设置为“给定两点”、“拷贝”、“正交”，拾取凸台右侧的轮廓线后点击右键，操作提示变为“第一点:”。捕捉右侧凸台轴线与安装板顶面的交点作为第一点，操作提示又变为“X 和 Y 方向偏移量或位置点:”。此时被拾取的直线随光标沿坐标轴方向移动，捕捉左侧凸台轴线与安装板顶面的交点作为拷贝后的位置点，即可完成另一个凸台的轮廓线，如图 4-54（a）所示。点击右键，结束拷贝操作。

④ 用“裁剪”命令和“过渡”命令中的“圆角”过渡方式，整理安装板的主视图，如图 4-54（b）所示。

⑤ 将当前层设置为中心线层，单击“直线”图标，选择“平行线”、“偏移方式”、“双向”，拾取安装孔定位轴线，键入距离 1，向两侧画出孔轴线。

将当前层设置为 0 层，单击“孔/轴”图标，选择“孔”方式、中心线角度“90”，以安装孔定位轴线与安装板顶面交点为插入点，设置起始直径（终止直径）14，画出孔轮廓线，如图 4-55（a）所示。

⑥ 用与主视图相同的方法，绘制俯视图上安装孔的轴线。用“拉伸”命令绘制俯视图上

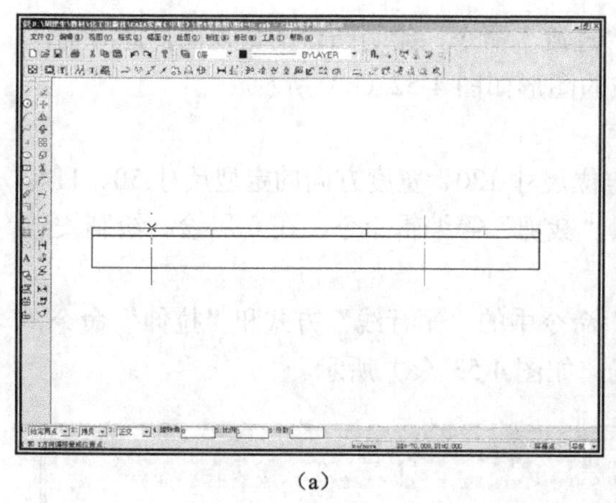

(a)

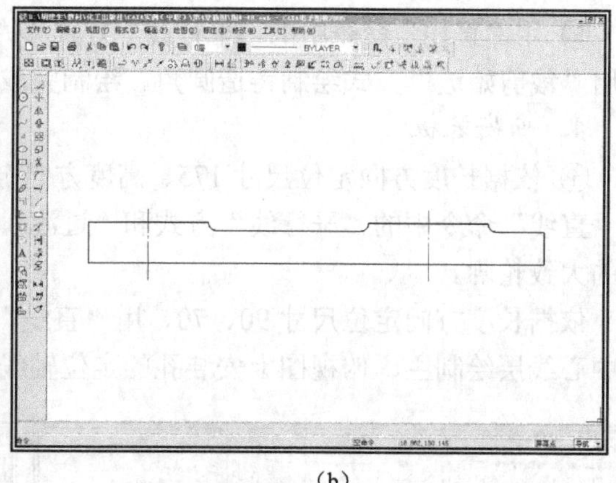

(b)

图 4-54 托脚零件图的画图步骤（六）

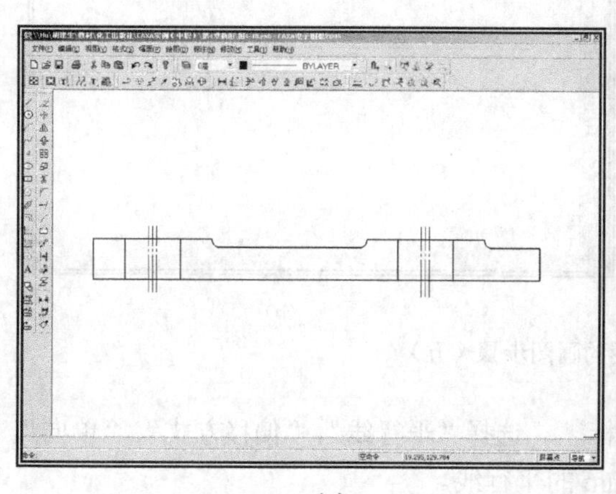

(a)

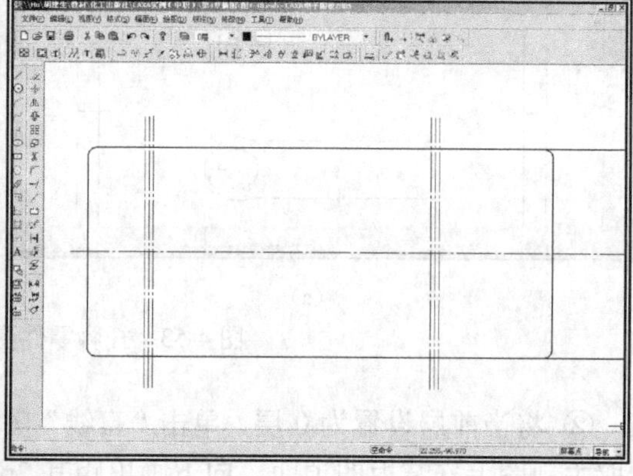

(b)

图 4-55 托脚零件图的画图步骤（七）

的对称线，如图 4-55（b）所示。

⑦ 将当前层设置为 0 层，单击“孔/轴”图标，选择“孔”方式、中心线角度“0”，设置起始直径（终止直径）12，画出安装孔的直线部分。单击绘图工具栏中的“圆弧”图标，选择“两点_半径”方式，当操作提示“第一点：”、“第二点：”时，用工具点菜单捕捉直线与中心线的交点。当操作提示“第三点或半径：”时，键入圆弧半径 6，绘制安装孔的半圆，如图 4-56（a）所示。

⑧ 单击编辑工具栏中的“镜像”图标，用“拷贝”方式绘制另一侧的半圆。绘制完成的安装孔，如图 4-56（b）所示。

⑨ 用“直线”命令中的“平行线”方式，绘制俯视图上凸台轮廓线，如图 4-57（a）所示。

⑩ 用“拉伸”命令调整中心线的长度。用“过渡”命令中的“圆角”方式，选择“裁剪始边”的方法，完成凸台轮廓。绘制完成的安装板两视图，如图 4-57（b）所示。

5. 画连接板

① 将当前层设置为虚线层，用“直线”命令中的“平行线”方式，绘制俯视图上连接板的两条水平虚线，如图 4-58（a）所示。

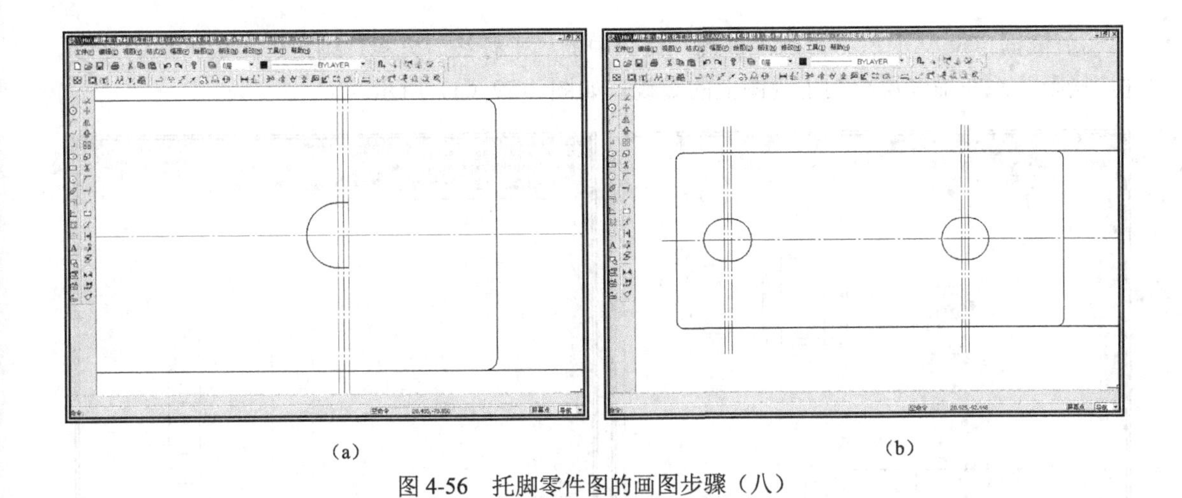

（a）　　　　　　　　　　　　　　　　　　（b）

图 4-56　托脚零件图的画图步骤（八）

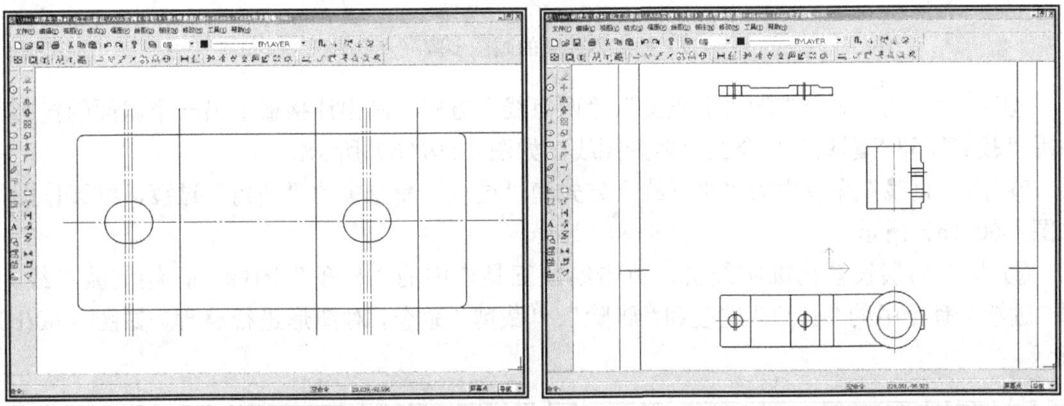

（a）　　　　　　　　　　　　　　　　　　（b）

图 4-57　托脚零件图的画图步骤（九）

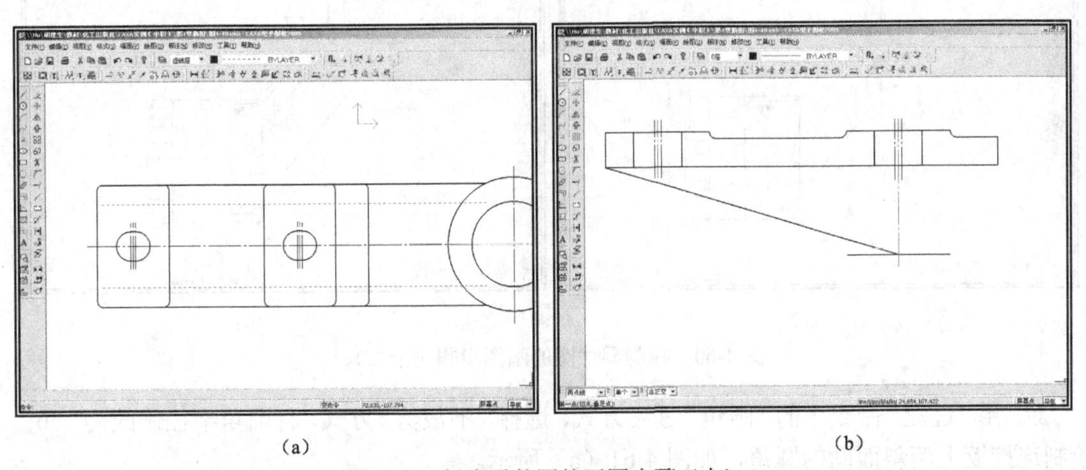

（a）　　　　　　　　　　　　　　　　　　（b）

图 4-58　托脚零件图的画图步骤（十）

② 将当前层设置为 0 层，用“直线”命令中的“平行线”方式和“拉伸”命令，确定连接板的斜面交点，再用“直线”命令中的“非正交”、“两点线”方式，画出连接板上一个斜面的投影，如图 4-58（b）所示。

③ 依据定位尺寸 2、4，用“直线”命令中的“平行线”方式，确定连接板下部的高度，并按投影关系在虚线层绘制主视图上的虚线，如图 4-59（a）所示。

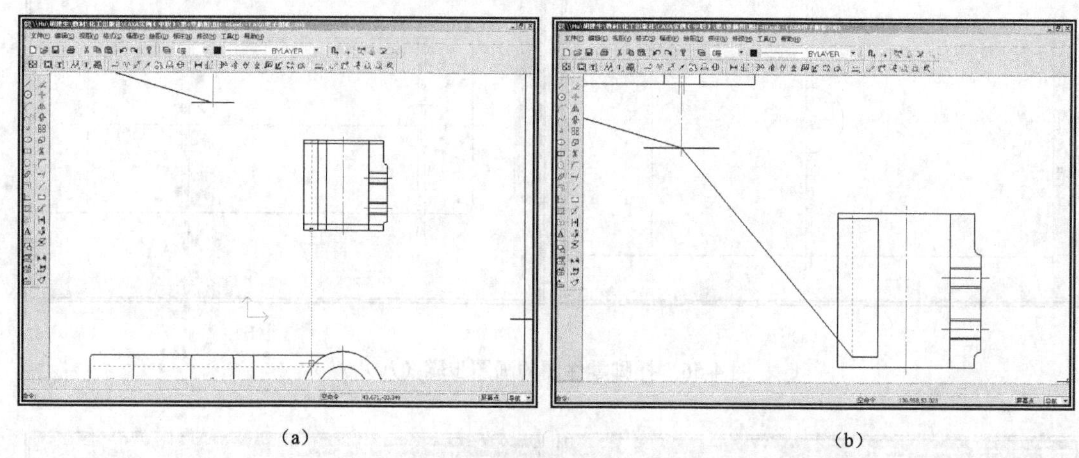

（a）　　　　　　　　　　　　　　（b）

图 4-59　托脚零件图的画图步骤（十一）

④ 用“直线”命令中的“非正交”、“两点线”方式，画出连接板上另一个斜面的投影，并用“裁剪”和“删除”命令去除多余图线，如图 4-59（b）所示。

⑤ 用“直线”命令中的“平行线”方式和“过渡”命令中的“圆角”过渡，继续作图，如图 4-60（a）所示。

⑥ 将当前层设置为细实线层，单击绘图工具栏中的“样条”图标～，绘制波浪线。用“过渡”命令中的“圆角”过渡和“删除”、“裁剪”命令，对图形进行整理，如图 4-60(b）所示。

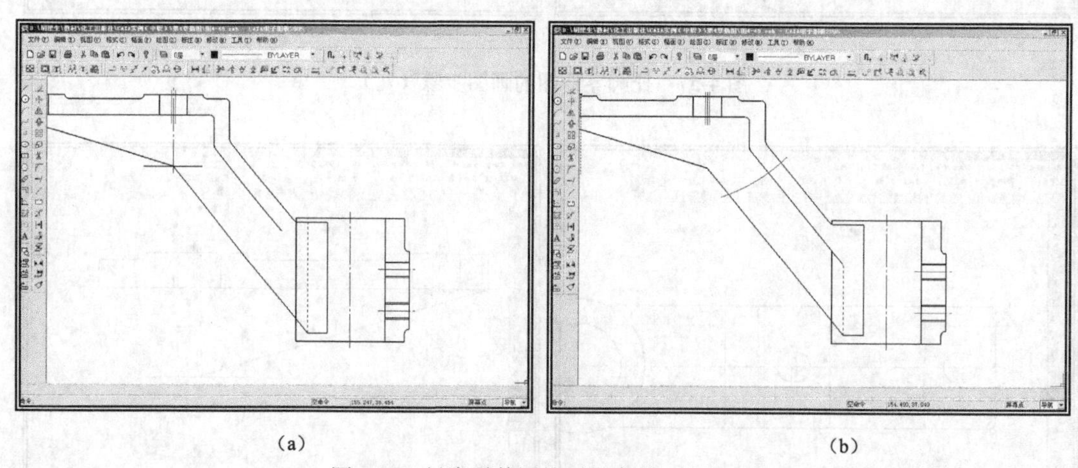

（a）　　　　　　　　　　　　　　（b）

图 4-60　托脚零件图的画图步骤（十二）

⑦ 用“过渡”命令中的“圆角”过渡方式，选择“不裁剪”方式，将圆角半径修改为“60”，绘制连接板上两斜面间的圆角，如图 4-61（a）所示。

⑧ 单击编辑工具栏中的“打断”图标，拾取需变换线型的各条直线，将其在不同线型的分界点打断。

⑨ 单击编辑工具栏中的“改变层”图标，将原有的粗实线改变为虚线，如图 4-61（b）所示。

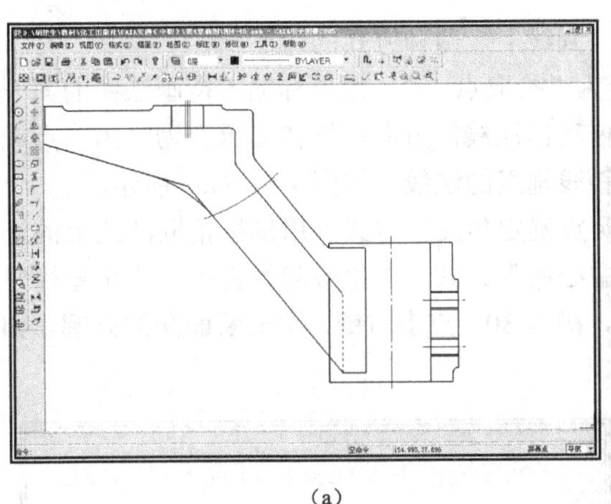

(a)

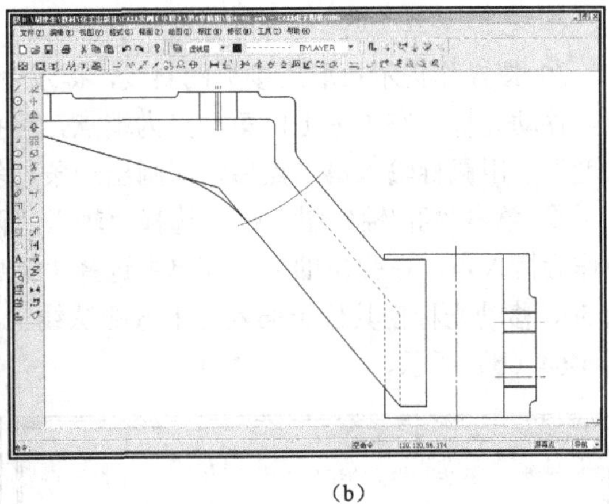

(b)

图 4-61　托脚零件图的画图步骤（十三）

⑩ 用“裁剪”命令，剪去波浪线的多余部分。为了下一步标注尺寸的需要，用“打断”后“改变层”的方法，将连接板两斜线从交点开始到与圆角的切点为止，修改为细实线，如图 4-62（a）所示。

⑪ 按投影关系绘制俯视图上缺少的细实线和虚线，并利用“过渡”命令中的“圆角”过渡方式和“拉伸”命令，对俯视图进行整理，整理完成的两视图，如图 4-62（b）所示。

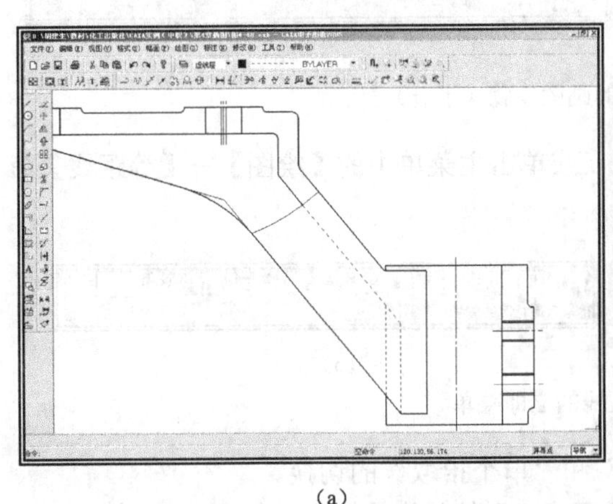

(a)

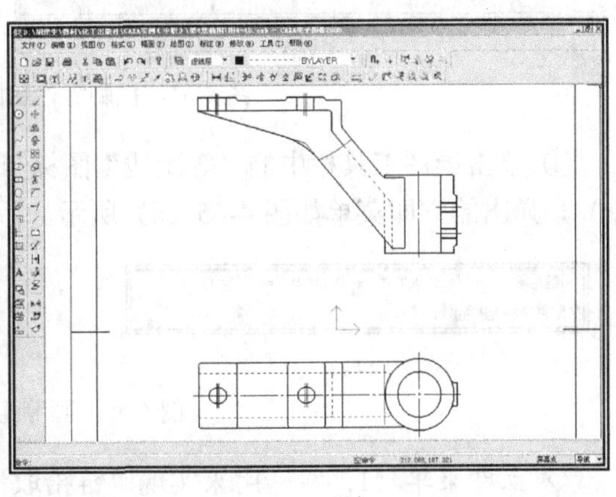

(b)

图 4-62　托脚零件图的画图步骤（十四）

6. 画断面图

① 将当前层设置为中心线层，单击“直线”图标，在立即菜单“1:”中选择“切线/法线”形式，弹出切线/法线的立即菜单，如图 4-63 所示。

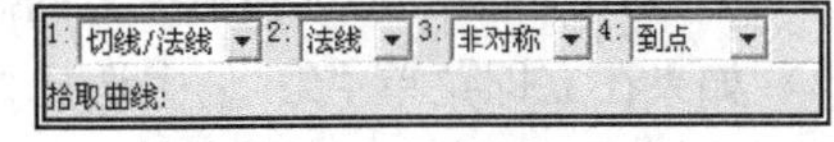

图 4-63　切线/法线立即菜单

◇ 立即菜单“2:”　可进行“切线”和“法线”两种方式的切换。

- 切线　作出已知线的切线。
- 法线　作出已知线的法线。

◇ 立即菜单“3:”　可进行“对称”和“非对称”两种方式的切换。

- 对称　以第一点为中点同时向两侧画线。
- 非对称　只向第一点的某一侧画线。

◇ 立即菜单“4: ”　可进行“到点”和“到线上”两种方式的切换。

② 按操作提示拾取连接板的斜线，提示变为“拾取点：”。用鼠标输入待画法线的第一点，移动光标，在屏幕上以第一点为端点，可拖动出法线的方向，操作提示变为“第二点或长度”。用鼠标输入第二点后，即画出一条与斜线垂直的法线，如图 4-64（a）所示。

③ 单击“孔/轴”图标，选择“轴”、“两点确定角度”方式，用鼠标拾取法线上的一点作为插入点，在弹出的立即菜单中选择“无中心线”方式，并修改起始直径（终止直径）为 50，移动光标使其位于插入点下方的法线上，键入 30，点击右键，画出断面图的外廓，如图 4-64（b）所示。

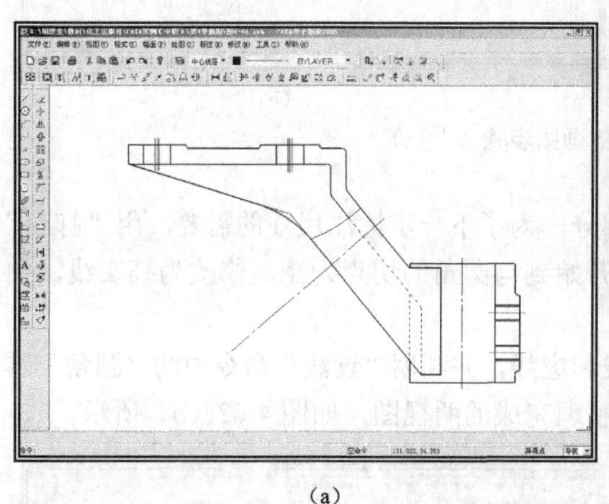

(a)

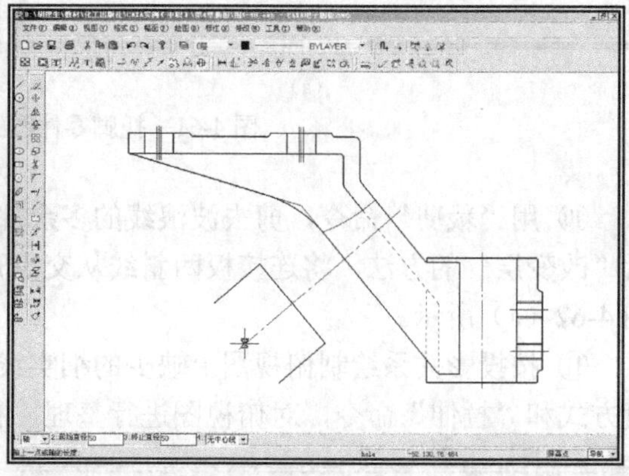

(b)

图 4-64　托脚零件图的画图步骤（十五）

④ 单击绘图工具栏中的“等距线”图标（或单击主菜单中的【绘图】→【等距线】命令），弹出的立即菜单如图 4-65（a）所示。

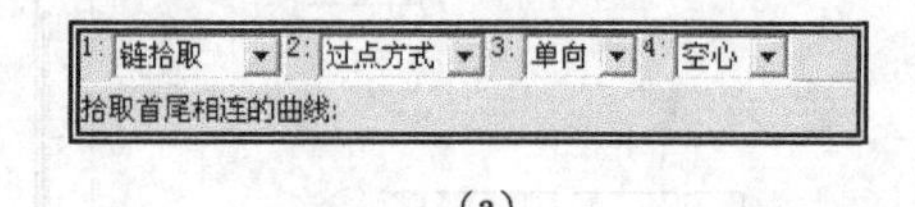

(a)

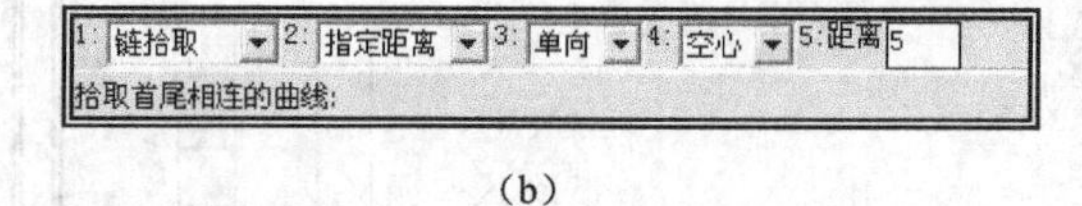

(b)

图 4-65　画等距线的立即菜单

◇ 立即菜单“1: ”　用来实现“链拾取”和“单个拾取”的切换。

- 链拾取　只要拾取首尾相接轮廓线的一个元素，系统就将其作为一个整体画出等距线。
- 单个拾取　每次只拾取一条单个曲线。

◇ 立即菜单“2: ”　用来选择“过点方式”或者“指定距离”。

- 过点方式　是通过某个指定的点生成等距线。
- 指定距离　是选择箭头方向确定等距方向，给定距离的数值来生成等距线。

如果在立即菜单“2: ”中选择“指定距离”方式，则弹出“5: 距离”的数据显示窗口，如图 4-65（b）所示，可输入等距线与原直线的距离，窗口中的数值是系统默认值。

◇ 立即菜单“3: ”　用来进行“单向”或者“双向”切换。

- 单向　只在用户选择直线的一侧绘制。
- 双向　在直线两侧均绘制等距线。

◇ 立即菜单“4: ”　用来进行“实心”或者“空心”的选择。

- 实心　是将原曲线与等距线之间进行填充。

- 空心　只画等距线，不进行填充。

⑤ 将立即菜单设置为“单个拾取”、“指定距离”、“单向”、“空心”，并在“5：距离”的数据显示窗口中输入距离 8，按操作提示拾取一条直线后，屏幕上出现两个方向箭头，操作提示变为“请拾取所需的方向：”，用鼠标拾取所需的方向后，可自动画出与拾取直线相距 8 mm 的等距线，如图 4-66（a）所示。重复操作，画出其余等距线，点击右键（或按 Enter 键）结束操作。

⑥ 用“裁剪”命令去除断面图中的多余图线，如图 4-66（b）所示。

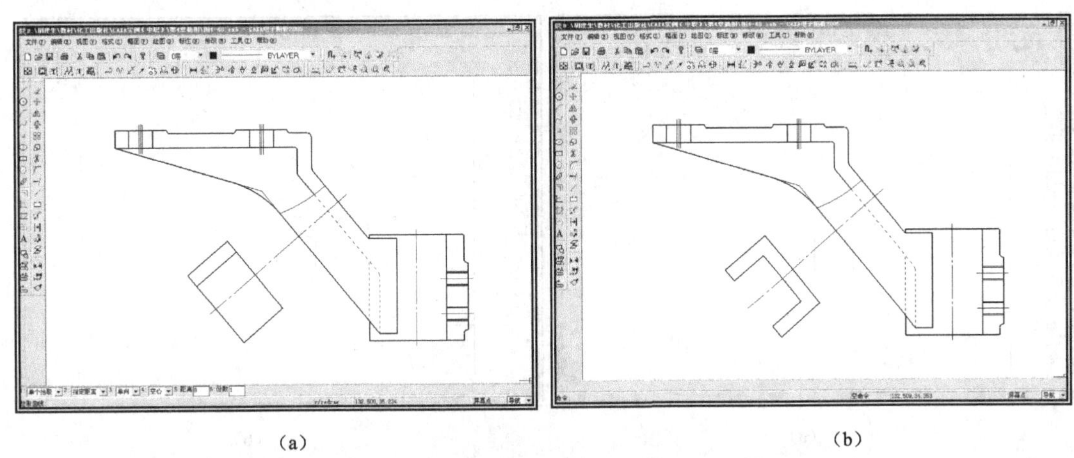

（a）　　　　　　（b）

图 4-66　托脚零件图的画图步骤（十六）

⑦ 单击“过渡”图标，选择“多圆角”方式，将圆角半径修改为“3”，按操作提示拾取首尾相连的直线，绘制出断面图上的各倒角，如图 4-67（a）所示。

⑧ 在细实线层用“样条”命令绘制主视图下方的波浪线，用“剖面线”命令绘制出主视图和断面图上的剖面线，如图 4-67（b）所示。

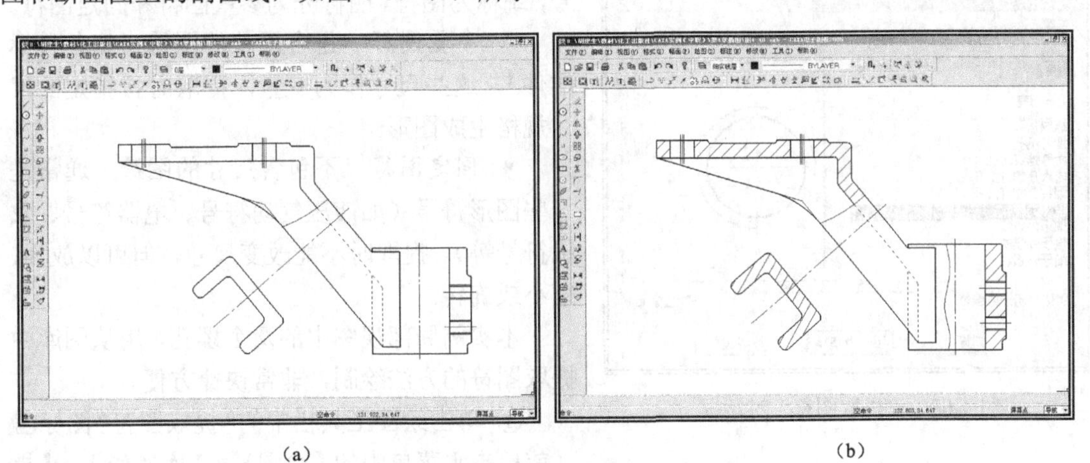

（a）　　　　　　（b）

图 4-67　托脚零件图的画图步骤（十七）

提示：画断面图的剖面线时，应在立即菜单中将剖面线角度修改为 60。

7. 画局部视图

① 将当前层设置为 0 层，单击“孔/轴”图标，用“孔”、“直接给出角度”方式，给出中心线角度“90”，在适当位置确定插入点，将起始直径（终止直径）修改为 18，将立即

菜单“4:”切换为“有中心线”，键入两螺孔中心距 20 后点击右键，画出局部视图上的两条平行直线，如图 4-68（a）所示。

② 单击绘图工具栏中的“圆弧”图标，选择“两点_半径”方式，当操作提示“第一点：”、“第二点：”时，用工具点菜单捕捉直线的端点。当操作提示“第三点或半径：”时，键入圆弧半径 9，绘制出局部视图上的半圆。

③ 单击绘图工具栏中的“中心线”图标，为局部视图添加中心线，如图 4-68（b）所示。

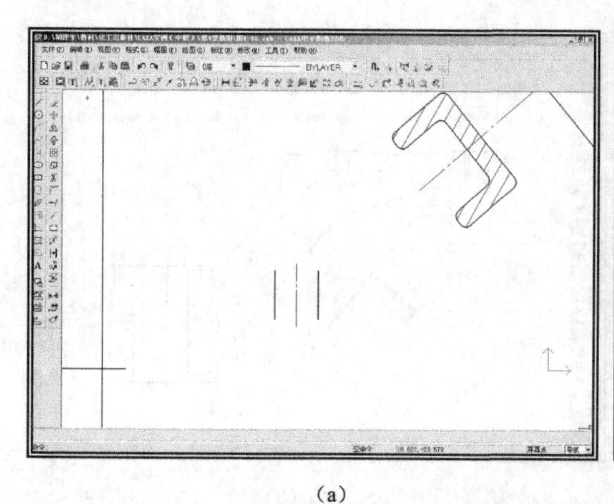
（a）

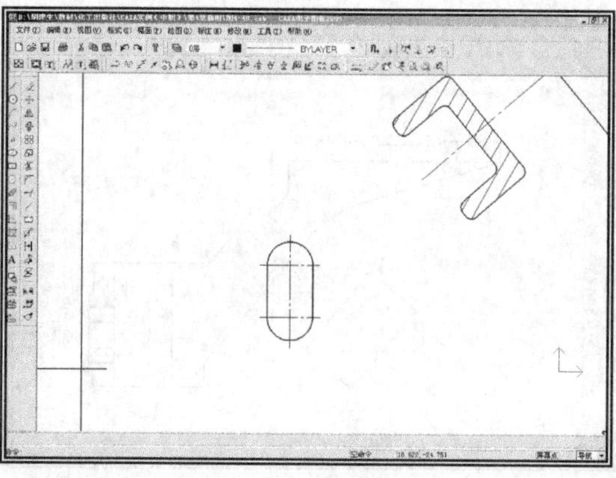
（b）

图 4-68 托脚零件图的画图步骤（十八）

为了避免不必要的重复，提高绘图效率，CAXA 电子图板定义了经常用到的各种标准件和常用的图形符号，用户在设计绘图时，可以直接从图库中提取这些图形符号插入图中。

CAXA 电子图板图库中的标准件和图形符号，统称为图符。图符分为参量图符和固定图符。

- **参量图符** 包含尺寸的图符（如各种标准件），这些尺寸作为变量，提取时按指定的尺寸规格生成图形。
- **固定图符** 不包含尺寸的图符，通常是一些图形符号（如液压气动符号、电器符号、农机符号等）。提取时不能改变尺寸，但可以放大、缩小或旋转。

本实例局部视图中的两个螺孔，用从图库中提取图符的方法绘制，非常快捷方便。

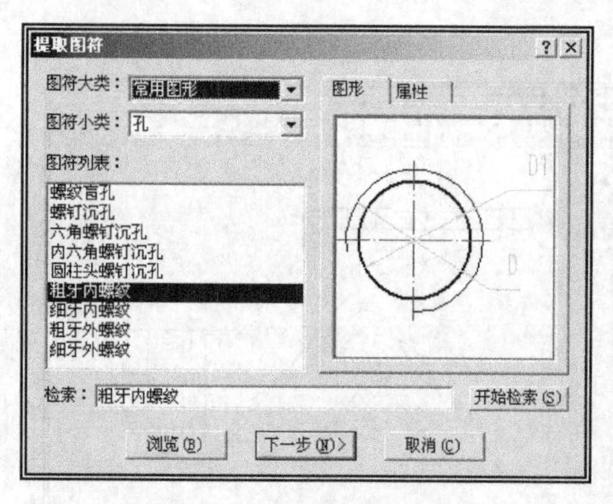

图 4-69 “提取图符”对话框

④ 单击绘图工具栏中的“提取图符”图标（或单击主菜单中的【绘图】→【库操作】→【提取图符】命令），系统弹出“提取图符”对话框，如图 4-69 所示。

对话框的左半部为图符选择部分，系统将图符类别按大类和小类划分。单击“图符大类”的下拉按钮，在列表中选取所需的大类为“常用图形”。单击“图符小类”的下拉按钮，在列表中选取所需的小类为“孔”，然后在“图符列表”框中选择具体的图符为“粗牙内螺纹”。

图符选择完成后，对话框右边的预览框中，自动显示出当前图符的图形。

说明：选择图符也可用对话框下部的图符检索框。操作者只需输入图符名称的一部分或全部，单击开始检索(S)，系统就会自动检索到符合条件的图符，并将其作为当前图符在上面的选择和预览窗口中显示出来。

选择图符时，还可以单击对话框左下角的浏览(B)按钮，进入“图符浏览”对话框，如图 4-70 所示。“图符浏览”对话框以图形方式显示出当前图符小类中的全部图符，选择某一图符，即将其作为当前图符。然后单击返回(R)按钮，则退回“提取图符”对话框，也可单击下一步(N)>按钮，直接向下执行。

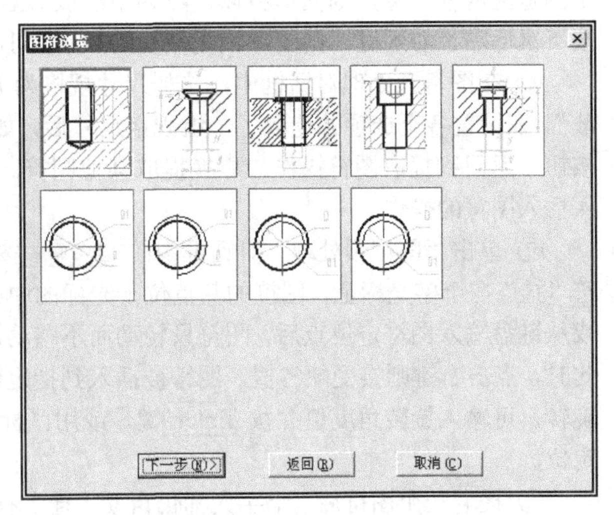

图 4-70　“图符浏览”对话框

⑤ 在“提取图符”或“图符浏览”对话框中选择图符后，单击下一步(N)>按钮，弹出“图符预处理”对话框，如图 4-71 所示。

对话框左半部是图符处理区，用于对已选定的参量图符进行尺寸规格的选择，以及设置图符中尺寸标注的形式，是否对提取的图符进行打散、消隐处理等。

• *尺寸规格选择*　尺寸规格选择以电子表格的形式出现。表格的表头为尺寸变量名，在右侧预览区可直观地看到每个尺寸变量名的具体位置和含义。单击任意单元格，该单元格即被选中为当前单元格，再单击当前单元格或按 F2 键，可进入当前单元格的编辑状态。

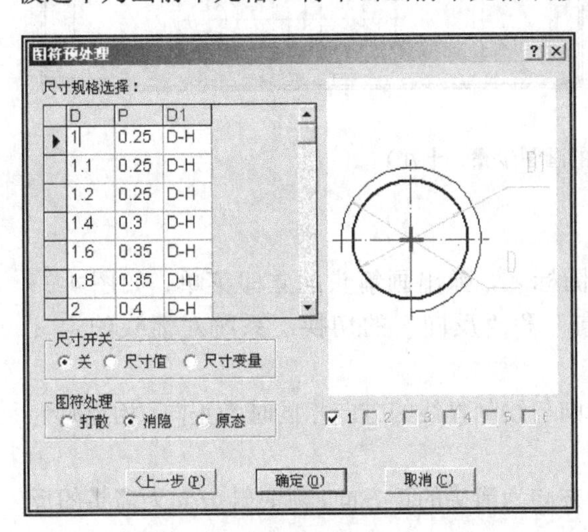

图 4-71　“图符预处理”对话框

• *尺寸开关*　用于控制图符提取后的尺寸标注情况，可用左键单击。“关”表示提取出的图符不标注任何尺寸。“尺寸值”表示提取后标注实际尺寸值。“尺寸变量”表示提取出的图符，尺寸文本是尺寸变量名，而不是实际尺寸值。

• *图符处理*　用于控制图符的输出形式。图符的每一个视图在缺省情况下作为一个块插入。“打散”是将块打散，也就是将每一个视图打散成相互独立的元素。“消隐”是指图符提取后自动消隐。“原态”是指图符提取后，保持原有状态不变，既不被打散，也不消隐。

对话框右半部是图符预览区，下面排列有六个视图控制开关，用左键单击可打开或关闭任意一个视图，被关闭的视图将不被提取。对于有多个视图的图符，可以用来选择提取哪几个视图。

预览区里每个视图的基点用加粗十字线表示。如果预览区里的图形显示太小，用右键点击预览区内任一点，则图形将以该点为中心放大显示，可以连续逐级放大。在预览区内同时按下鼠标左、右两键，则图形恢复最初的显示大小。

⑥ 在图符预处理对话框中，选择尺寸规格为 D=8，尺寸开关为“关”，图符处理为“打散”。在设置各个选项并选取了一组规格尺寸后，如果对所选的图符不满意，可单击 <上一步(P) 按钮，返回到提取图符操作，更换提取其他图符。若已设定完成，可单击 确定(O) 按钮，进入插入图符的操作。

⑦ 单击“图符预处理”对话框中的 确定(O) 按钮后，系统返回到绘图状态，被提取的图符“挂”在十字光标上，图符的基点位于光标的中心，操作提示“图符定位点”。用鼠标指定或从键盘输入图符定位点后，图符只转动而不移动，操作提示变为“图符旋转角度（0 度）：”。此时，点击右键则接受缺省值，图符被插入到指定位置，如图 4-72（a）所示。如若图符需要旋转，可输入旋转角度值并按 Enter 键，或用鼠标拖动图符旋转至合适的角度，再单击左键定位。

⑧ 提取一个图符后，十字光标仍自动“挂”着被提取的视图，操作提示仍为“图符定位点”。即图符可重复提取，点击右键（或按 Enter 键），可结束提取图符的操作。

至此，全部图形绘制完毕，如图 4-72（b）所示。

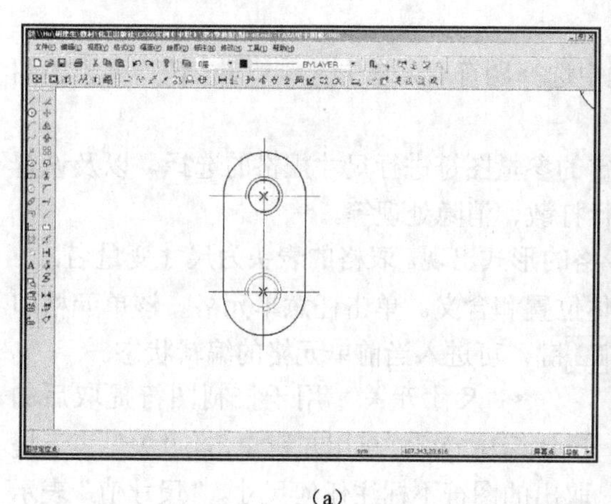

（a）

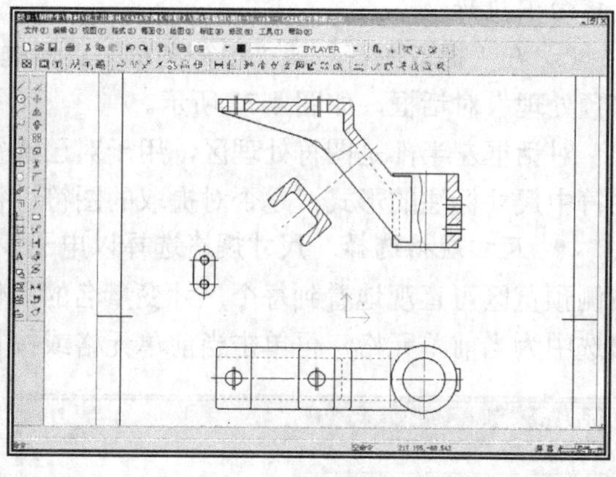

（b）

图 4-72　托脚零件图的画图步骤（十九）

8. 局部视图的标注

① 单击绘图工具Ⅱ工具栏中的“箭头”图标，弹出画箭头的立即菜单，如图 4-73 所示。单击立即菜单“1：”，可进行“正向”和“反向”的切换。系统对箭头的定义方向如下。

图 4-73　绘制箭头的立即菜单

◇ 直线　箭头指向与绘制直线的方向相同时为正向，相反时为反向。

◇ 圆弧　逆时针方向为箭头的正方向，顺时针方向为箭头的反方向。

◇ 样条　箭头指向与绘制样条的方向相同时为正向，相反时为反向。

◇ 指定点　指定点的箭头无正、反之分，箭头的尖端总是指向该点。

② 操作提示“拾取直线、圆弧、样条或第一点：”。因标注局部视图的投射方向只需在

指定点画箭头，故在主视图的右侧输入一个点，操作提示改变为“箭尾位置：”。此时移动鼠标可拖动出一个任意方向的箭头，借助于导航线将箭头拖动为水平方向单击左键，画出箭头如图 4-74（a）所示。

9. 标注技术要求等内容

用标注工具栏中的尺寸标注、倒角标注、粗糙度标注、文字标注等命令，标注出图中的尺寸和技术要求等内容，如图 4-74（b）所示。

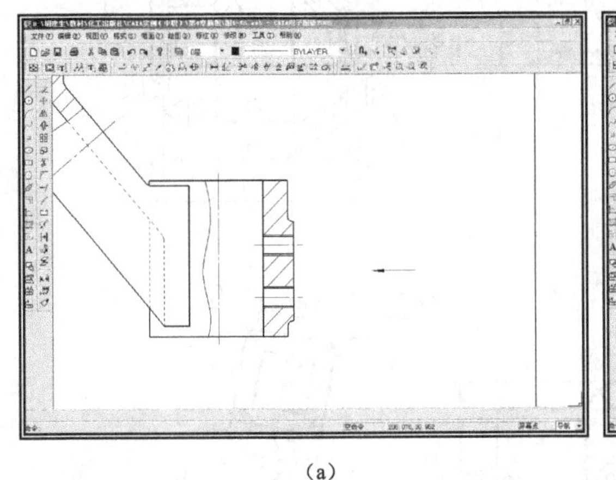

（a）

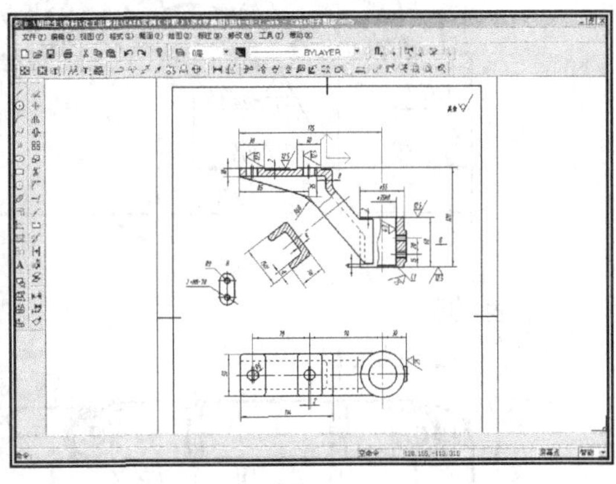

（b）

图 4-74　托脚零件图的画图步骤（二十）

10. 填写标题栏、存盘

按要求完成标题栏的填写，单击标准工具栏中的“存储文件”图标，完成托脚零件图的绘制。

实例十二　箱体类零件的绘制

本例要点　学会为尺寸标注设置各项参数；掌握形位公差的标注方法；学会技术要求的注写及技术要求库的使用方法。

题目　抄画图 4-75 所示箱盖的零件图。要求：用横 A2 图幅，国标标题栏。标注参数：汉字与数字字高均为 5mm，箭头长度为 5mm，其余采用系统的默认设置，绘图比例 1∶1。

1. 读图并分析

箱体类零件是组成机器或部件的主要零件，其形状较为复杂。主要功能是用来容纳、支承和固定其他零件。箱体上常有薄壁围成的不同形状的空腔，有轴承孔、凸台、肋板。此外，还有安装底板、安装孔、螺孔等结构。

箱体类零件内外结构都比较复杂，一般至少用三个视图来表达。熟练使用三视图导航功能，会提高绘图速度，简化绘图过程。

主视图一般按工作位置放置，常与其在装配图中的位置相同。选择形状和特征较为突出的视图作为主视图，并取全剖视，重点表达其内部结构。根据结构特点，其他视图一般采用剖视图、断面图，表达内部结构及形状，还多采用局部视图、斜视图等表达外形。

图 4-75 所示箱盖的零件图由四个图形构成，分别为主视图、俯视图、左视图和 *B* 向斜视图。通过分析可知，该零件为单级圆柱齿轮减速器的箱盖，其主体为容纳大、小两齿轮的空腔、支承轴的圆孔和供观察用的视孔以及与箱座连接的安装板，局部结构有增加强度的肋板，用于螺栓连接的凸台以及螺孔、销孔等。

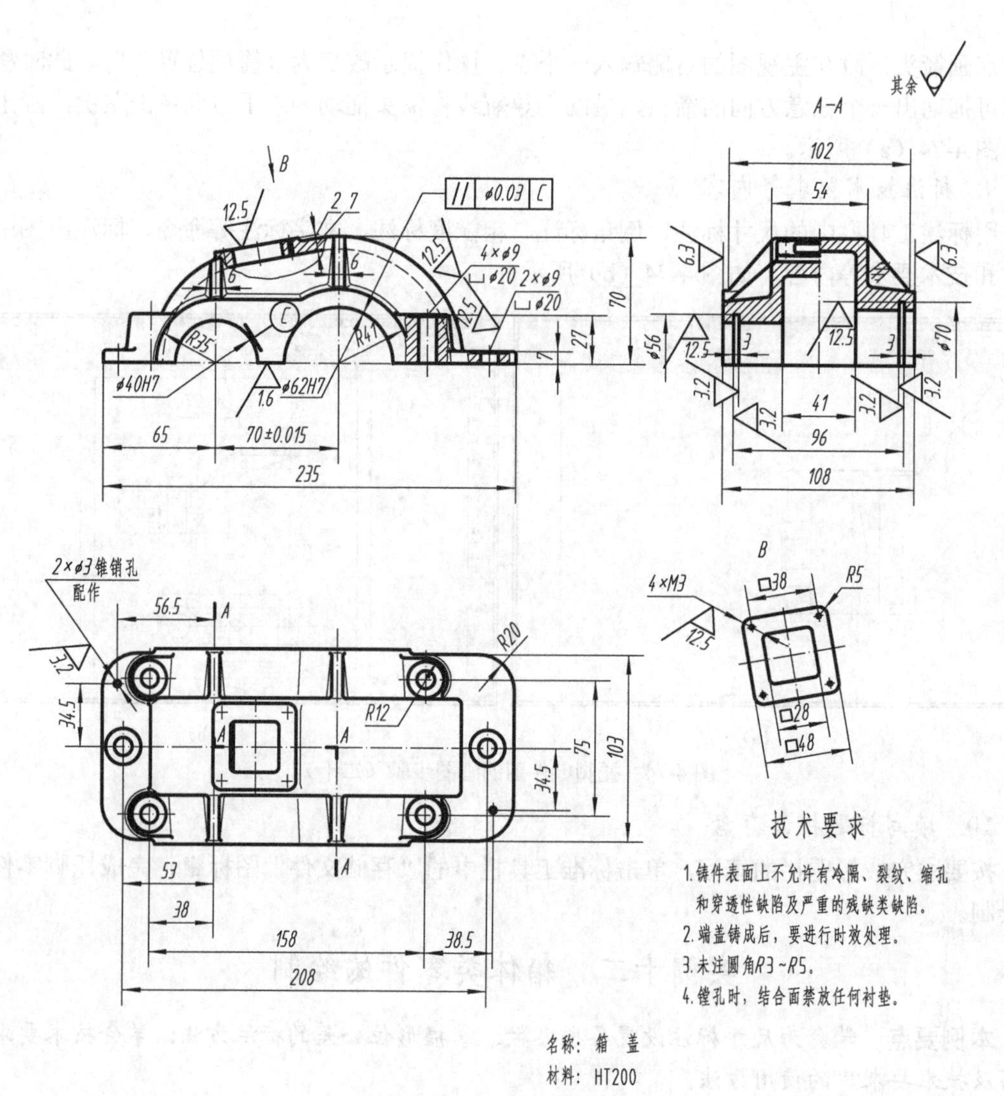

图 4-75　箱盖零件图

2．设置图纸幅面、调入图框及标题栏

① 单击图幅操作工具栏中的“图纸幅面”图标，弹出“幅面设置”对话框。

② 在对话框中选择 A2 图幅，绘图比例 1∶1，图纸方向横放，调入“横 A2”图框及“国标”标题栏。

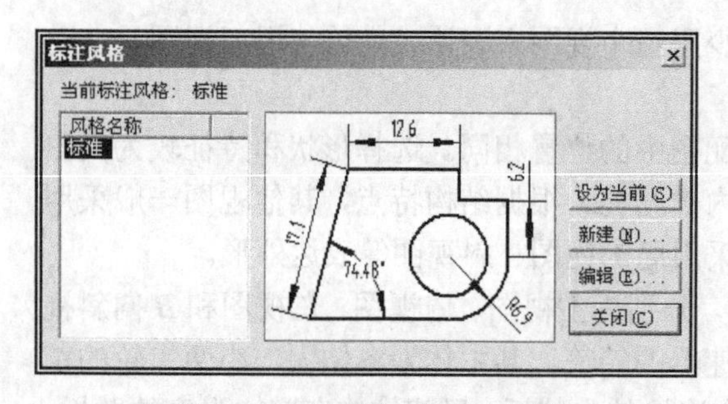

图 4-76　“标注风格”对话框

③ 单击 确定(O) 按钮，绘图区出现 A2 不带装订边的图框及符合国标的标题栏。

④ 单击标准工具栏的“存储文件”图标，在弹出的“另存文件”对话框中确定存盘地址并输入文件名。

3．尺寸标注参数的设置

单击设置工具栏中的“标注参数”图标（或单击主菜单中的【格式】→【标注风格】命令），弹出“标注风格”对话框，如图 4-76

所示。图中显示的是系统的缺省配置，当需要改变标注参数时，可在对话框中重新设置和编辑标注风格。

◇ *设为当前* 将当前所选的标注风格设置为当前使用风格。

◇ *新建* 建立新的标注风格。

◇ *编辑* 对原有的标注风格进行属性编辑。

单击 编辑(E)... 按钮，弹出“编辑风格”对话框，如图 4-77 所示。

在“编辑风格”对话框中，有四个属性页，可从中编辑修改“直线和箭头”、“文本”、“调整”、“单位和精度相关”等选项的风格。

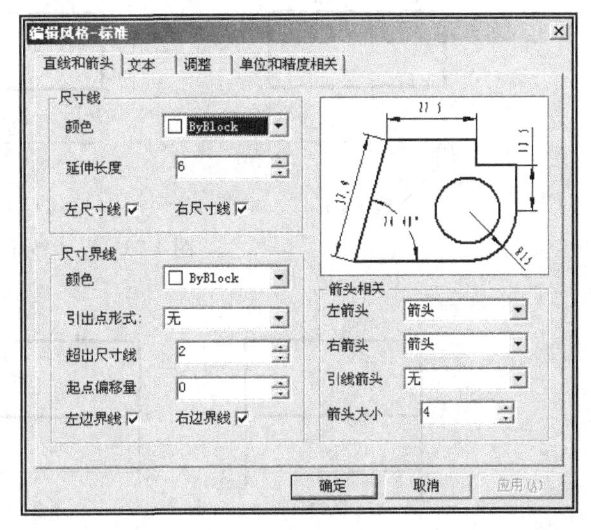

图 4-77 “编辑风格”对话框

(1) *直线和箭头* 在“直线和箭头”属性页中，可对尺寸线、尺寸界线及箭头进行颜色和风格的设置。

◇ *尺寸线* 控制尺寸线的各个参数。

- *颜色* 设置尺寸线的颜色，缺省为 ByBlock。
- *延伸长度* 当尺寸线在尺寸界线外侧时，尺寸线在尺寸界线外侧的长度即为界外长度。缺省值为 6mm。
- *左尺寸线（右尺寸线）* 设置左（右）尺寸线的开关，缺省为“开”。

尺寸线各参数的含义如图 4-78 所示。

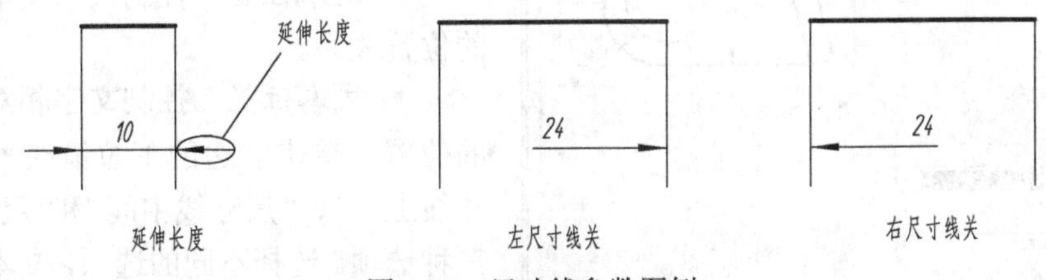

图 4-78 尺寸线参数图例

◇ *尺寸界线* 控制尺寸界线的各个参数。

- *颜色* 设置尺寸界线的颜色，缺省为 ByBlock。
- *引出点形式* 为尺寸界线设置引出点形式，可选为“加圆点”，缺省为“无”。
- *超出尺寸线* 尺寸界线向尺寸线终端外延伸距离即为延伸长度，缺省值为 2mm。
- *起点偏移量* 尺寸界线距离所标注元素的长度，缺省值为 0mm。
- *左边界线（右边界线）* 设置左（右）边界线的开关，缺省为“开”。

尺寸界线各参数的含义如图 4-79 所示。

◇ *箭头相关* 用来设置箭头的大小与样式，缺省样式为“箭头”，系统还提供了“斜线”和“圆点”样式，如图 4-80 所示。

(2) *文本* 单击“文本”属性页，弹出设置尺寸文本风格对话框，如图 4-81 所示，可从中对文本风格及与尺寸线的参数关系进行设置。

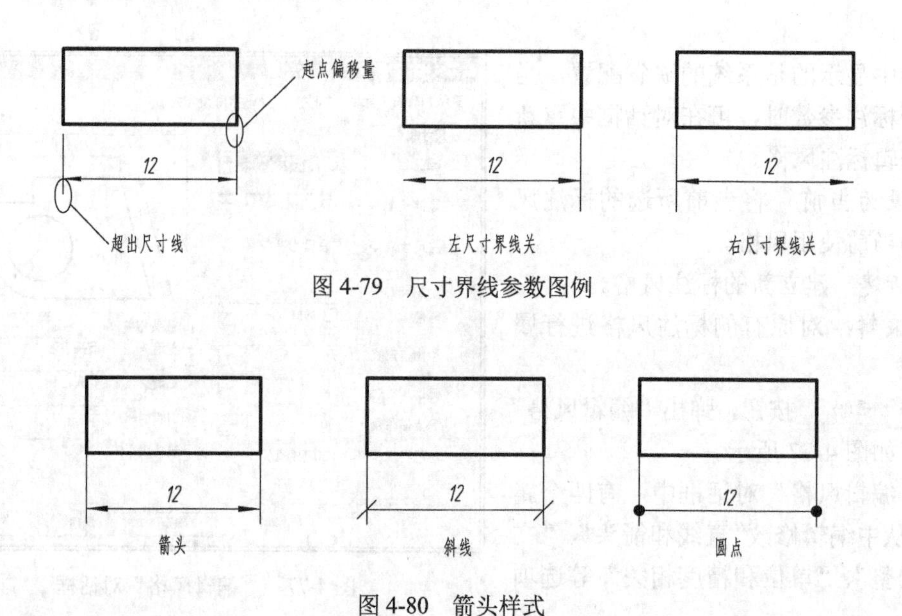

图 4-79　尺寸界线参数图例

图 4-80　箭头样式

◇ 文本外观　设置尺寸文本的文字风格。

• 文本风格　与系统的文本风格相关联。

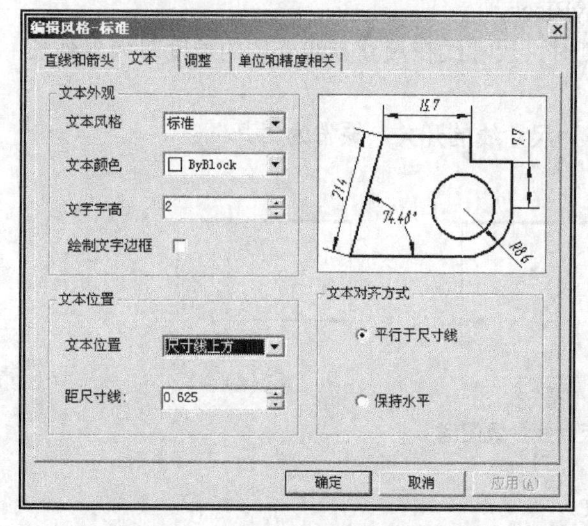

图 4-81　设置尺寸文本风格对话框

• 文本颜色　设置文字的字体颜色，缺省为 ByBlock。

• 文字字高　控制尺寸文字的高度，缺省值为 2.6 mm。

• 绘制文字边框　为标注字体加边框。

◇ 文本位置　控制尺寸文本与尺寸线的位置关系。

• 文本位置　控制文字相对于尺寸线的位置。单击右边的下拉箭头▼出现“尺寸线上方”、“尺寸线中间”和“尺寸线下方”三种选项。选择不同的选项，文本的位置即不同，如图 4-82 所示。

• 距尺寸线　控制文字距离尺寸线的位置，缺省为 0.625mm。

◇ 文本对齐方式　设置文字的对齐方式。与前面所述的“平行”、“水平”意义相同，这里不再赘述。

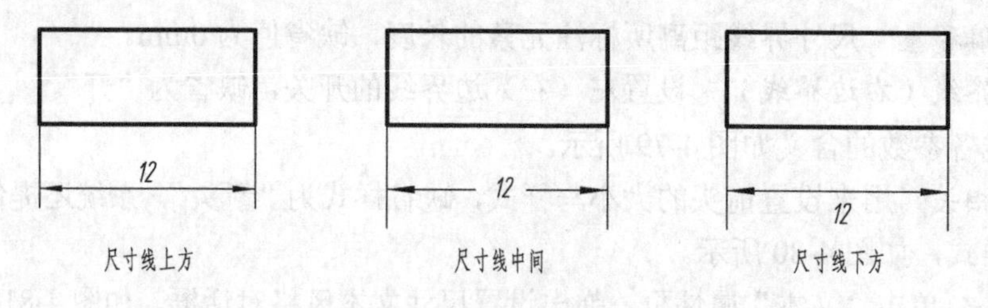

图 4-82　文本位置示例

（3）调整　单击“调整”属性页，弹出调整文字与箭头关系对话框，如图 4-83 所示，可从中调整文字与箭头的关系，使尺寸线的效果最佳。

- **标注总比例**　按输入的比例放大或缩小标注的文字和箭头。

（4）单位和精度相关　单击“单位和精度相关”属性页，弹出“单位和精度设置”对话框，如图 4-84 所示，可从中设置标注的精度与显示单位。

- **精度**　在尺寸标注时数值的精确度，可以精确到小数点后 7 位。
- **小数分隔符**　小数点的表示方式，分为逗点、逗号、空格三种。

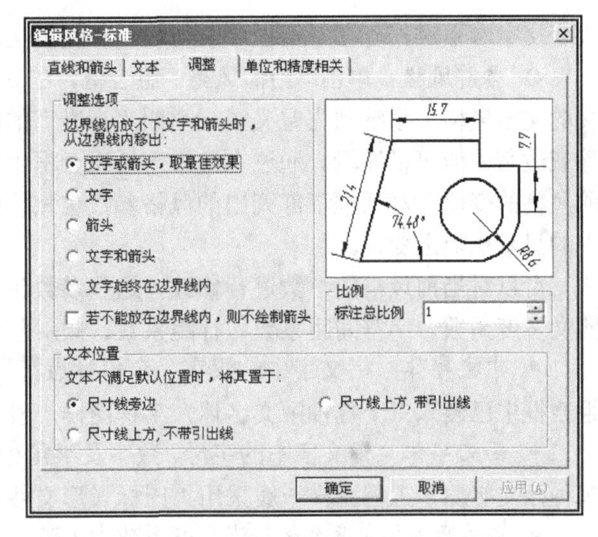

图 4-83　调整文字与箭头关系对话框

- **偏差精度**　尺寸偏差的精确度，可以精确到小数点后 5 位。
- **度量比例**　标注尺寸与实际尺寸之比，缺省值为 1。
- **零压缩**　尺寸标注中小数的前后消 0。例如，尺寸值为 0.901，精度为 0.00，选中“前缀”，则标注结果为“.90”；选中“后缀”，则标注结果为“0.9”。
- **单位制**　角度标注的单位形式。包含“度”、“度分秒”两种形式。
- **精度**　角度标注的精确度，可以精确到小数点后 5 位。

在“直线和箭头”属性页中将箭头大小修改为 5，在“文本”属性页中，将文本风格设置为标准，文本字高设置为 5，设置完成后，单击 确定(O) 按钮，返回到标注风格对话框，再单击 关闭(C) 按钮，完成对尺寸标注参数的设置。

4. 文字标注参数的设置

单击设置工具栏中的“文字参数”图标（或单击主菜单中的【格式】→【文字风格】命令），弹出“文本风格”对话框，如图 4-85 所示。图中显示的是系统的缺省配置，当需要

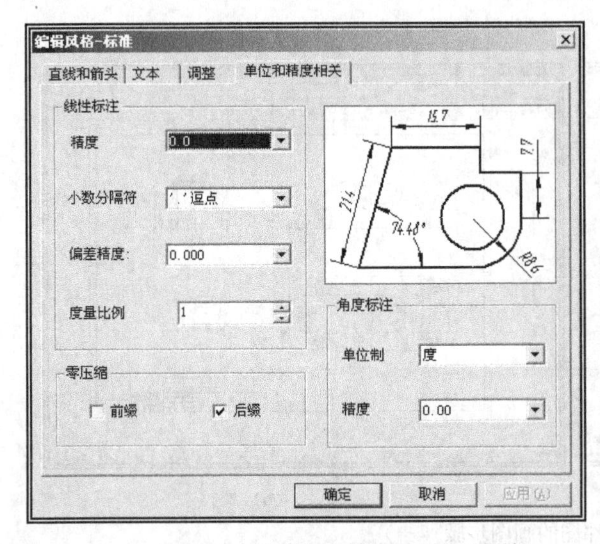

图 4-84　“单位和精度设置”对话框

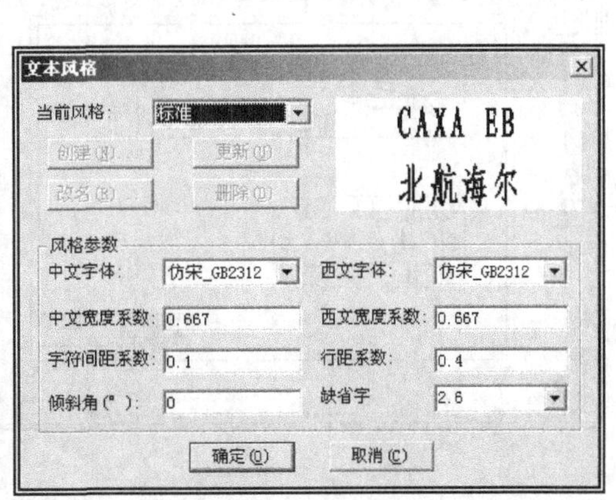

图 4-85　“文本风格”对话框

改变文字参数时，可在对话框中重新设置和编辑文本风格。

◇ 当前风格　单击“当前风格”组合框，在下拉选项菜单中列出了当前文件中所有已定义的文本风格。系统预先定义了一个叫“标准”的缺省文本风格，该缺省文本风格不能被删除或改名，但可以编辑。通过在这个下拉组合框中选择不同项，可以切换当前风格。随着当前风格的变化，对话框下部列出的风格参数也相应的变化为当前风格所对应的参数，预显框中的显示也随之变化。

可以对当前风格的参数进行修改，这些参数包括中文字体、西文字体、中文宽度系数、西文宽度系数、字符间距系数、行距系数、倾斜角、字高等，各选项功能如下。

- 中文字体　指文字中的汉字、全角标点符号及“ ϕ ”、“°”、“±”采用的字体。在该组合框中已装入三十几种中文字体，工程图样一般采用仿宋体。
- 西文字体　指文字中的字母、数字及半角标点符号采用的字体。在该组合框中列出了多种西文字体，工程图样一般采用“国标（形文件）”。
- 中（西）文宽度系数　当宽度系数为1时，文字的长宽比例与TRUETYPE字体文件中描述的字型保持一致；为其他值时，文字宽度为相应的倍数。长仿宋字体的宽度系数为0.667。
- 字符间距系数　同一行（列）中，两个相邻字符的间距与设定字高的比值。
- 行距系数　横写时，两个相邻行的间距与设定字高的比值。
- 倾斜角　指每个字符倾斜的角度。向右倾斜为正，向左倾斜为负。工程图样中一般采用斜体字，其倾斜角为15°。
- 缺省字高　指文字中正常字符（除上下偏差、上下标、分子、分母外的字符）的高度，单位为毫米。单击该窗口，可从下拉选项菜单中选择标准字高，也可以直接输入任何字高。

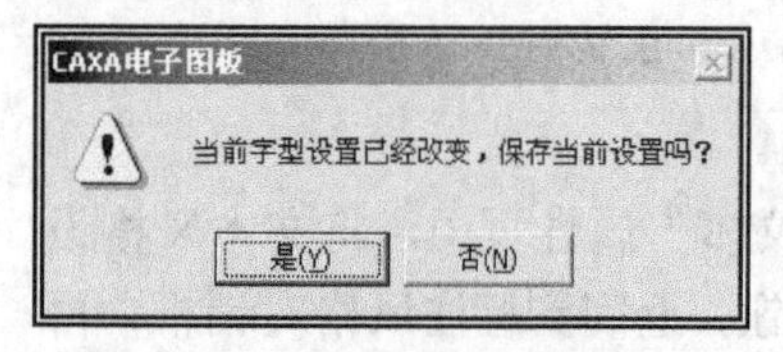

图4-86　字型参数设置保存提示

按要求将字高修改为5后，单击 确定(O) 按钮，系统弹出保存提示，如图4-86所示。单击 是(Y) ，对当前设置进行保存。

5. 画视图

① 用前面所学的各种绘图命令和编辑命令，绘制箱盖的主、俯、左三视图，如图4-87（a）所示。需要注意的是：

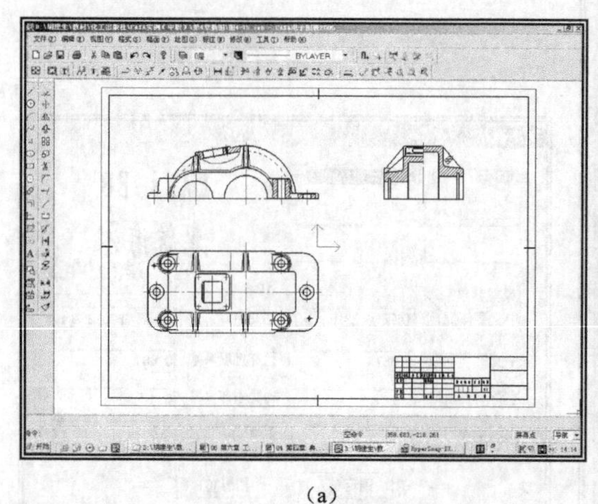
(a)

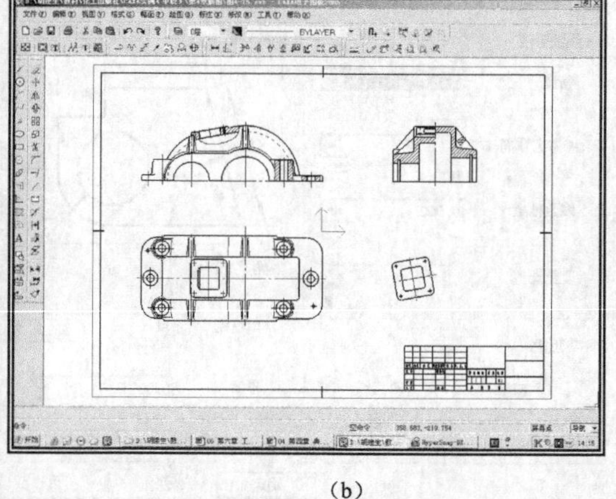
(b)

图4-87　箱盖零件图的画图步骤（一）

- 为保证三视图间的投影关系，需将屏幕点设置为“导航”方式，并利用三视图导航功能，保证所画的俯、左视图“宽相等”；

- 俯视图为对称图形，可先绘制出一半，裁剪编辑整齐后，再利用“镜像”命令完成另一半。

② 绘制 *B* 向斜视图，如图 4-87（b）所示。注意斜视图的轮廓线，可用“直线”命令中“切线/法线”的形式绘制。

6. 标注尺寸及其他

① 用标注工具栏中的“尺寸标注”、“倒角标注”命令，标注出图中的全部尺寸，如图 4-88（a）所示。需要指出的是：如果在标注时出现一些特殊的标注代号，如图中正方形符号“□”和锪平孔符号“⌴”，可另行绘制后用“平移”命令移到适当位置。

② 用标注工具栏中的粗糙度、文字、剖切符号等命令，标注图中的相关内容，如图 4-88（b）所示。

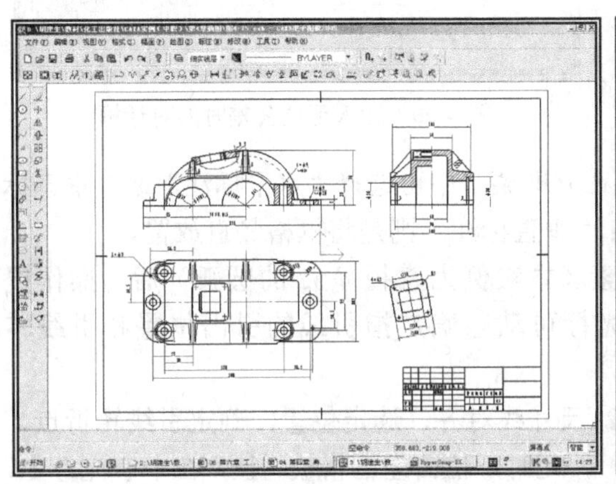
（a）

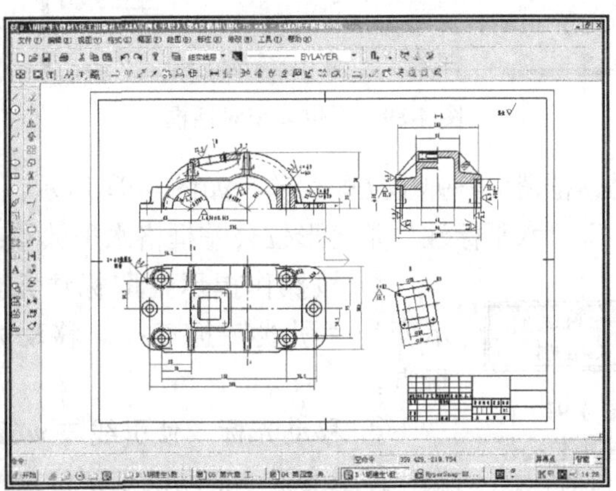
（b）

图 4-88 箱盖零件图的画图步骤（二）

③ 单击标注工具栏中的“形位公差”图标（或单击主菜单中的【标注】→【形位公差】命令），弹出“形位公差”对话框，如图 4-89 所示。对话框分以下几个区域。

◇ 预览区 在对话框上部，用来即时显示填写与选择结果。

◇ 形位公差代号区 位于对话框左侧中部，列出了十四种形位公差代号，只要单击某一按钮，即在预览区显示选择结果。

◇ 形位公差数值区 位于预览区的右下部，用于选择是否输出符号“ *ϕ*”或“*S*”、修改形位公差数值、选择形状限定及相关原则。

◇ 公差查表区 位于公差代号下方。在选择公差代号、输入基本尺寸和选择公差等级以后，自动给出公差值，并在预览区显示出来。

◇ 基准代号区 位于对话框下部，可用来输入基准代号和选取相应符号。

◇ 行管理区 位于对话框右下部，用来显示当前行的行号（如只标注一行形位公差，则指示为 1）、在已标注一行形位公差的基准上再增加新行或删除当前行。

◇ 附注 位于基准代号区上部。单击 尺寸与配合 按钮，可以弹出输入对话框，可以在形位公差处增加公差的附注。

④ 在对话框中，选择或输入形位公差的各项内容，如图 4-90 所示，单击 确定(O) 按钮，

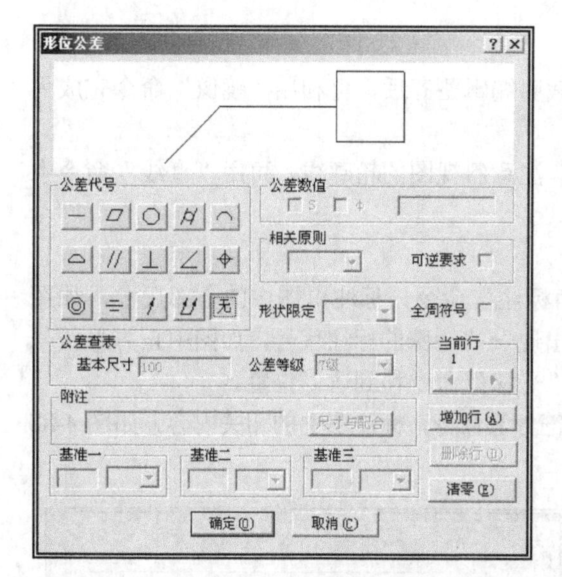

图 4-89　形位公差对话框

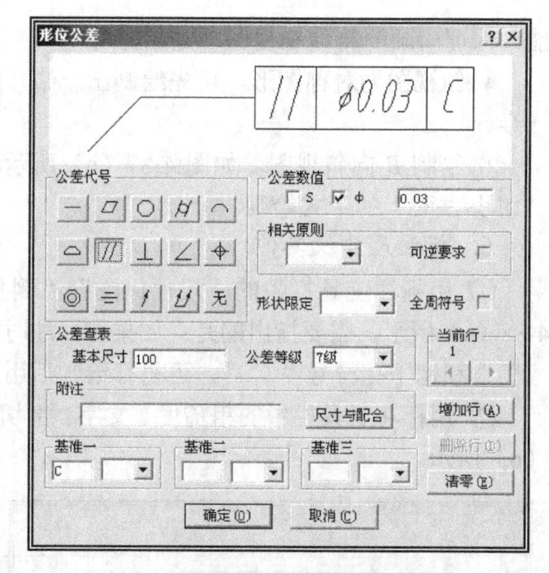

图 4-90　输入形位公差时的对话框

对话框消失，弹出立即菜单，如图 4-91 所示。在立即菜单中可选择“水平标注”或“垂直标注”。“水平标注”是将形位公差框格水平放置；“垂直标注”则是将框格竖直放置。

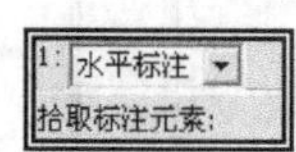

图 4-91　标注形位公差时的立即菜单

⑤ 按操作提示拾取标注元素（本实例为直径 $\phi 62$ 的圆弧）后，操作提示变为“引线转折点:”。移动光标可动态确定指引线的引出位置和引线转折点。

⑥ 移动光标，使引线与 $\phi 62$ 尺寸线对齐，选定位置，确定引线转折点，操作提示变为“拖动确定定位点:”，此时形位公差框格被“挂”在十字光标上，随光标移动，系统自动进入对转折点的导航捕捉。选择合适位置单击左键输入定位点，即完成形位公差的标注。图 4-92（a）是用“水平标注”形式标注的形位公差，图 4-92（b）是用“垂直标注”形式标注的形位公差。

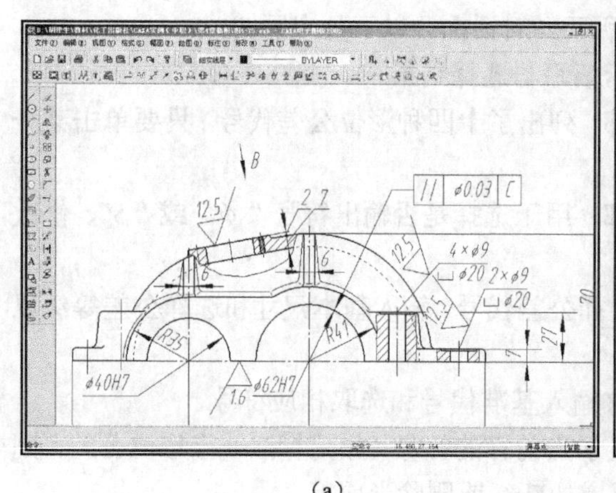

（a）　　　　（b）

图 4-92　箱盖零件图的画图步骤（三）

⑦ 单击标注工具栏中的“基准代号”图标或单击主菜单中的【标注】→【基准代号】命令，出现操作提示和立即菜单，如图 4-93 所示。单击立即菜单“4：基准名称”后面的显示框，可输入所需的基准代号名称。操作提示为“拾取定位点或直线或圆弧:”。

1:基准标注 2:给定基准 3:默认方式 4:基准名称:B
拾取定位点或直线或圆弧:

图 4-93 基准标注立即菜单

⑧ 按操作提示拾取基准元素（本实例为直径 ϕ40 的圆弧）后，系统提示“拖动确定标注位置:”，移动光标，可动态显示生成的基准代号。选定位置使基准符号与 ϕ40 的尺寸线垂直，单击左键或点击右键，即标注出与 ϕ40 尺寸线对齐的基准代号，如图 4-94（a）所示。

注意：如果拾取的是定位点，“输入角度或由屏幕上确定:”，可用拖动方式或用键盘输入旋转角，进而完成基准代号的标注。

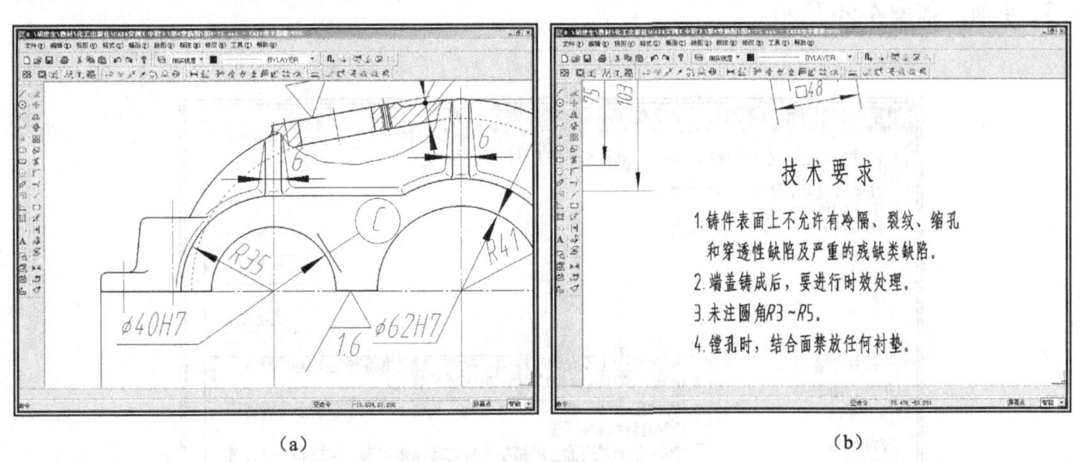

（a） （b）

图 4-94 箱盖零件图的画图步骤（四）

7. 标注技术要求

① 单击主菜单中的【绘图】→【库操作】→【技术要求库】命令，弹出“技术要求生成及技术要求库管理”对话框，如图 4-95 所示。

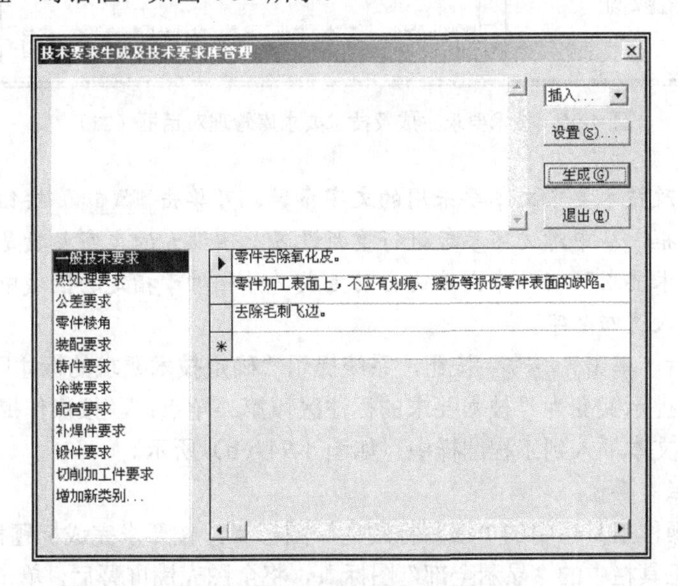

图 4-95 技术要求生成及技术要求库管理对话框（一）

左下角的列表框列出了所有的技术要求类别，右下方表格列出了当前类别的所有文本项。如果某个文本项因内容较多而显示不全时，可将表格的行高增大。具体操作方法是：将鼠标移到表格左侧选择区任意两个相邻行之间，待光标形状变为÷，按住左键向下拖动鼠标，此时行的高度增大。反之，向上拖动鼠标，则行的高度减小。

顶部的编辑框用来编辑要插入工程图的技术要求文本。如果技术要求库中已经有了要用到的文本，可以用鼠标直接将文本从表格中拖到上面编辑框中合适的位置，也可以直接在编辑框中输入和编辑文本。

② 在左下角的列表框中选择“铸件要求”，用左键在右下方的表格中选中与实例中技术要求相类似的文本，按住左键，将其拖到上面编辑框中。删除多余内容，添加技术要求的第2、3、4项，如图4-96所示。

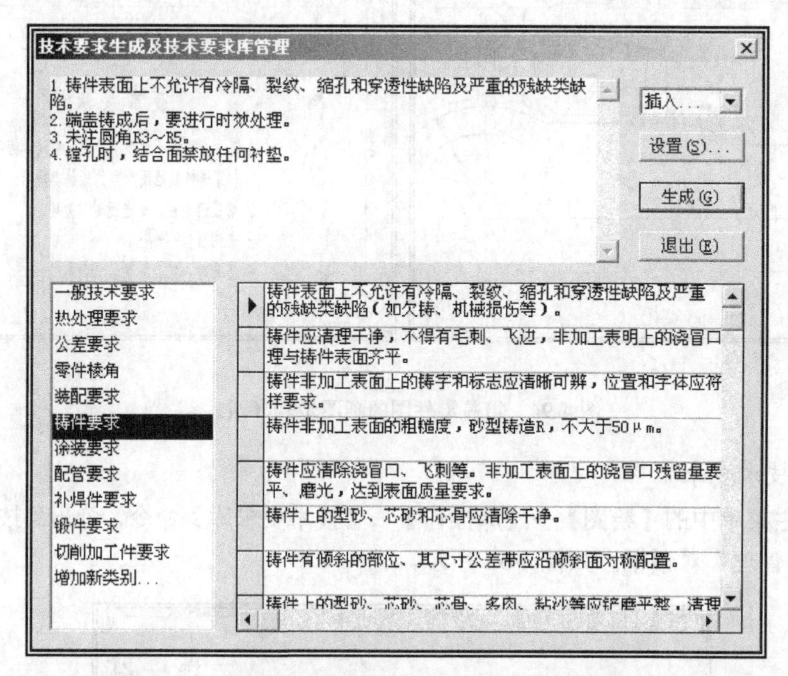

图4-96 技术要求生成及技术要求库管理对话框（二）

说明：如需修改技术要求文本要采用的文字参数，可单击 设置(S)... 按钮，进入“文字标注参数设置”对话框，从中对文字参数进行重新设置。但设置的文字参数是技术要求正文的参数，而标题“技术要求”四个字由系统自动生成，并相对于指定的区域中上对齐，因此，在编辑框中不要输入这四个字。

③ 编辑完成后，单击 生成(G) 按钮，系统提示“确定技术要求的标注区域第一角点：”，指定一点后，操作提示又变为“技术要求的标注区域第二角点：”。按操作提示指定另一角点后，即将技术要求文本插入到工程图样中，如图4-94（b）所示。

8．填写标题栏、存盘

① 单击图幅操作工具栏中的“填写标题栏”图标，按要求完成标题栏的填写。

② 单击常用工具栏中的“显示全部”图标，将全图充满屏幕后，单击“存储文件”图标，完成端盖零件图的绘制。

练习题（四）

1．画出题图 4-1 所示轴的零件图。

绘图要求如下：

① 用 A3 图幅，采用国标标题栏；

② 采用系统的默认设置；

③ 绘图比例 1∶1。

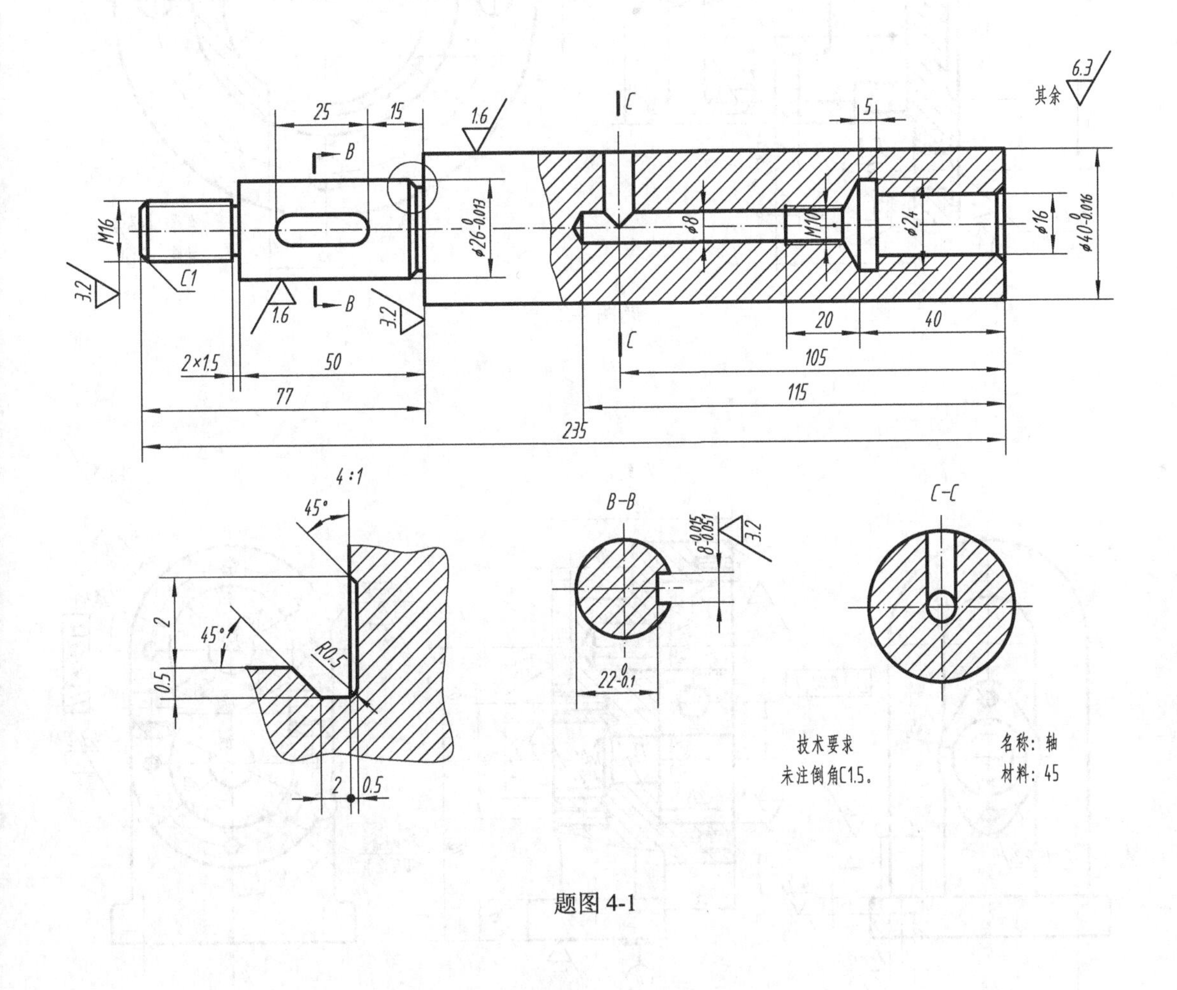

题图 4-1

2．画出题图 4-2 所示轴承盖的零件图（绘图要求与第 1 题相同）。

3．画出题图 4-3 所示泵体的零件图。绘图要求如下：

① 用 A2 图幅，采用国标标题栏；

② 图中标注的汉字与数字字高要求为 5mm，箭头长度为 5mm，其余采用系统的默认设置；

③ 绘图比例 1∶1。

4．画出题图 4-4 所示支架的零件图。绘图要求如下：

① 用 A4 图幅，采用国标标题栏；

② 采用系统的默认设置；

③ 绘图比例 1∶2。

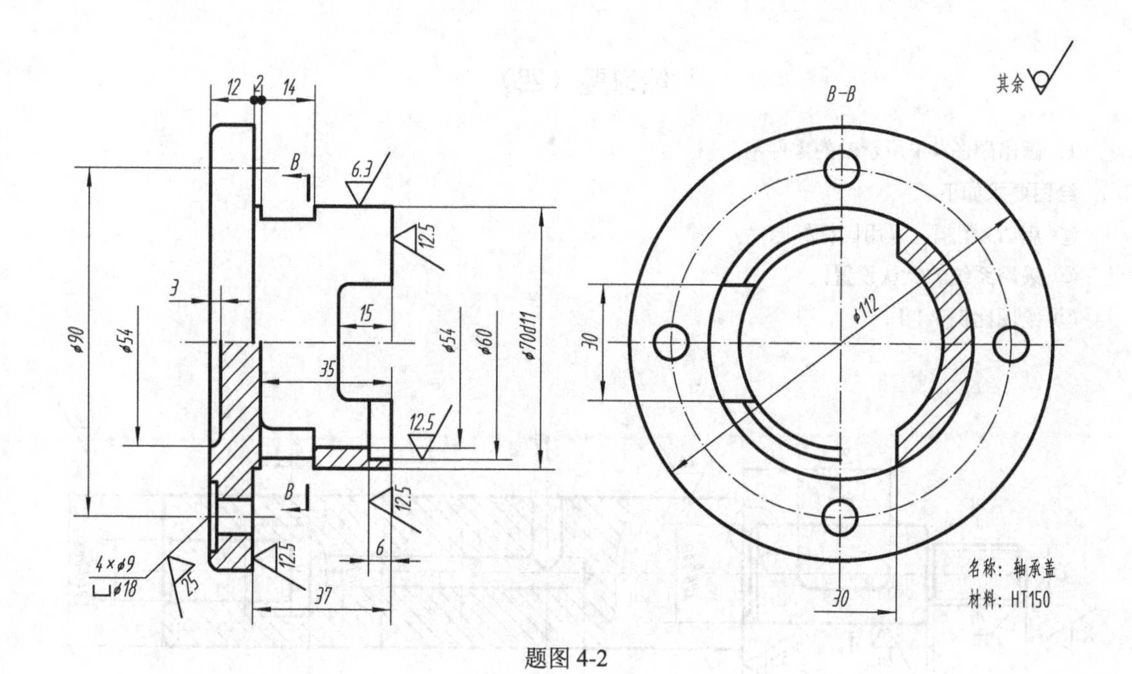

题图 4-2

其余

B-B

78

27

8

3.2

1.6

1.6

ϕ20H7

28

3.2

17

⊥ 0.02 D

24

ϕ20H7

1.6

120°

22

3.2

ϕ32H9

48

48±0.5

1.6

32JS7

76

30

17

D

6.3

R20

R10

ϕ45

12.5

ϕ18

A

2×M6▽24

A

12.5

7

2×ϕ11

12.5

78

6×M6▽5

1.6

B

45°

R35

ϕ20H7

12.5

12.5

50

// ϕ0.03 C

G3/8

3.2

ϕ54H7

R44

C

2×ϕ4销孔

▽12配作

45°

B

A-A

13

30

45

60

106

技术要求
未注铸造圆角R3~R5.

名 称：泵 体
材 料：HT200

题图 4-3

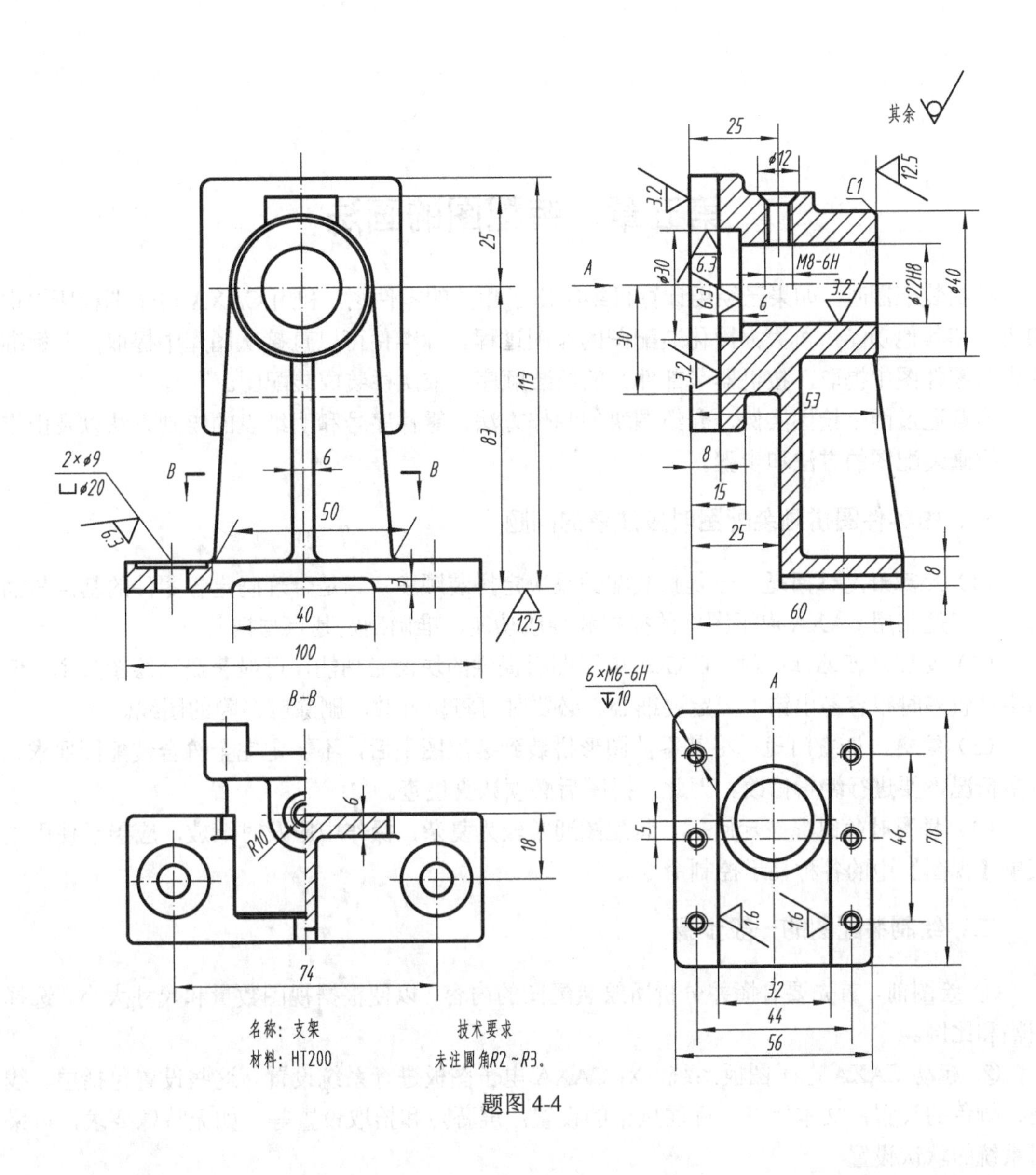
其余
B-B
2×φ9
⌴φ20
6×M6-6H
↧10
M8-6H
φ22H8
φ40
φ30
φ12
C1
R10
A
B
名称：支架
材料：HT200
技术要求
未注圆角R2～R3。

题图 4-4

第五章　装配图的画法

绘制装配图时，如果已经用计算机绘制出了相关的零件图，利用 CAXA 电子图板所提供的拼图和其他功能，可大大简化装配图的作图过程。标准件可以直接从图库中提取，非标准件则从零件图中提取，按机器（部件）的组装顺序，依次拼装成装配图。

本章通过两个绘图实例，介绍图块的制作方法、零件序号和明细表的绘制方法以及由零件图拼画装配图的方法和步骤。

一、由零件图拼画装配图时应注意的问题

（1）处理好定位问题　一是按装配关系决定拼装顺序，二是合理确定各零件的基点与插入点，三是利用 CAXA 电子图板的捕捉和导航功能，准确确定基点与插入点。

（2）处理好可见性问题　CAXA 电子图板提供的块消隐功能，可显著提高绘图效率，但当零件较多时很容易出错，一定要细心。必要时可将块打散，删除应消隐的图线。

（3）编辑、检查问题　将某零件图形拼装到装配图中后，不一定完全符合装配图要求，很多情况下要进行编辑修改。因此，拼图后必须认真检查。

（4）拼图时的图形显示问题　装配图通常较为复杂，操作中应及时缩放，应善于使用主菜单【视图】中的各种显示控制命令。

二、绘制装配图的一般步骤

① 绘图前，首先要看懂并分析所绘装配图的内容，以便根据视图数量和尺寸大小，选择图幅和比例。

② 起动 CAXA 电子图板系统，对 CAXA 电子图板进行系统设置。这些设置包括层、线型、颜色的设置；文本风格、标注风格的设置；屏幕点和拾取设置等。如无特殊要求，可采用系统的默认设置。

③ 设置图幅、确定比例，调入图框、标题栏。

④ 无零件图时，可逐一绘制添加各零件，并及时编辑修改。

⑤ 若有用计算机绘制的相关零件图，可先对其进行编辑修改，并换名保存。用拼图的方法，组合装配各零件。

⑥ 编写零件序号，填写明细表和标题栏。

⑦ 检查、修改后存盘。

实例十三　螺栓连接装配图的绘制

本例要点　学会在装配图上编写零件序号的方法；学会明细表的填写方法，解决提取图符时定位不准的问题。

题目　抄画图 5-1 所示螺栓连接装配图。要求：用竖 A4 图幅，国标标题栏，采用系统的默认设置，绘图比例 1∶1。

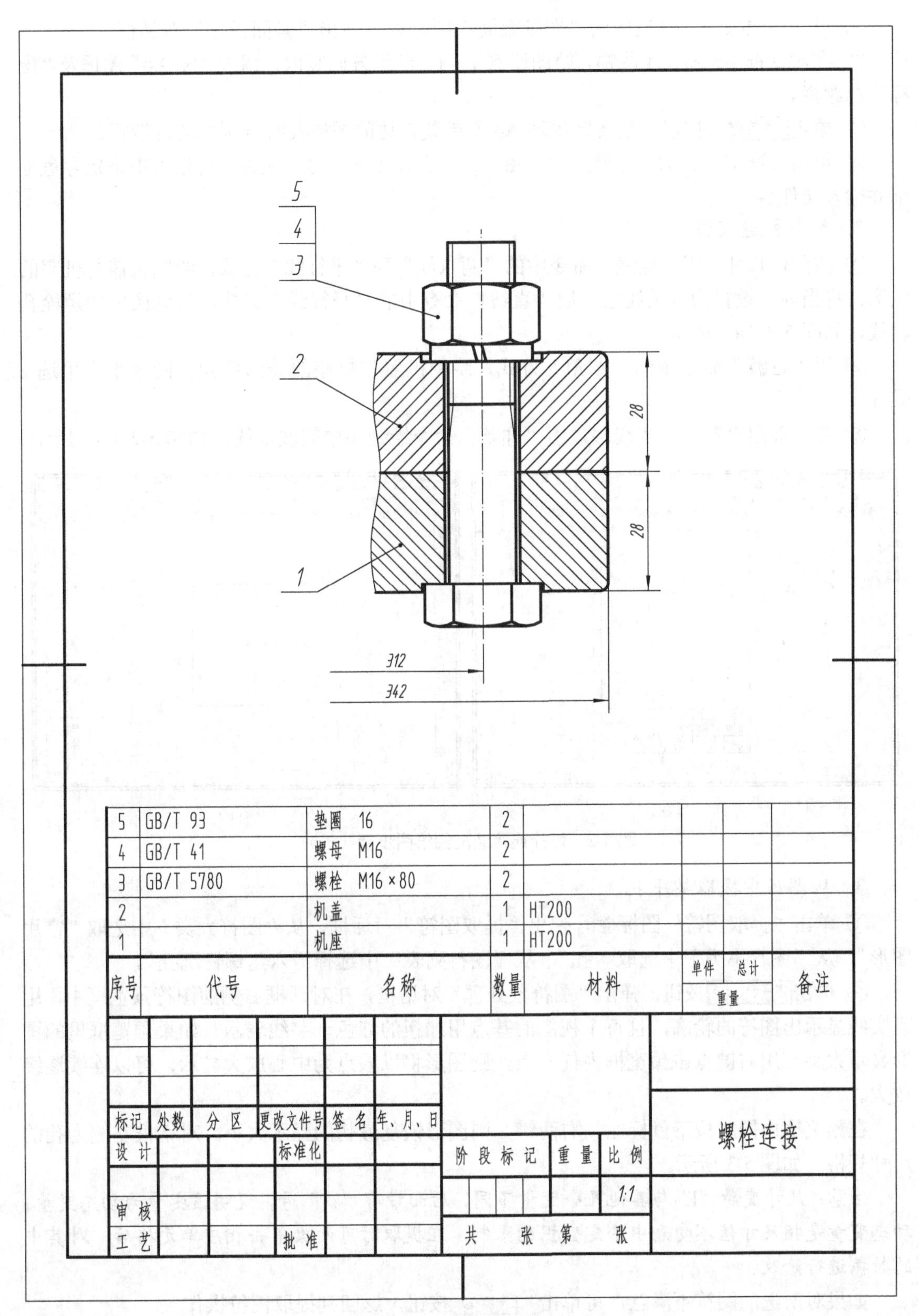
5
4
3
2
1
28
28
312
342
5 GB/T 93 垫圈 16 2
4 GB/T 41 螺母 M16 2
3 GB/T 5780 螺栓 M16×80 2
2 机盖 1 HT200
1 机座 1 HT200
序号 代号 名称 数量 材料 单件 总计 重量 备注
标记 处数 分区 更改文件号 签名 年、月、日
设计 标准化
审核
工艺 批准
阶段标记 重量 比例
1:1
共 张 第 张
螺栓连接

图 5-1 螺栓连接装配图

1. 设置幅面，调入图框、标题栏后存盘

① 单击图幅操作工具栏中的“图纸幅面”图标，弹出“幅面设置”对话框。

② 在对话框中选择 A4 图幅，绘图比例 1∶1，图纸方向竖放，调入“竖 A4”图框及“国标”标题栏。

③ 单击 确定(O) 按钮，绘图区出现 A4 不带装订边的图框及符合国标的标题栏。

④ 单击标准工具栏的“存储文件”图标，在弹出的“另存文件”对话框中确定存盘地址并输入文件名。

2. 绘制被连接件

① 按图例尺寸，用“直线”命令中的“两点线”和“平行线”方式，绘制机盖与机座的轮廓；将当前层设置为点画线层，用“直线”命令中的“平行线”方式，绘制图中的螺栓孔轴线，如图 5-2（a）所示。

② 用“过渡”命令中的“圆角”方式，绘制机盖与机座的铸造圆角，圆角半径可选 2 或 3。

③ 将当前层设置为细实线层，用“样条”命令绘制图中的波浪线，如图 5-2（b）所示。

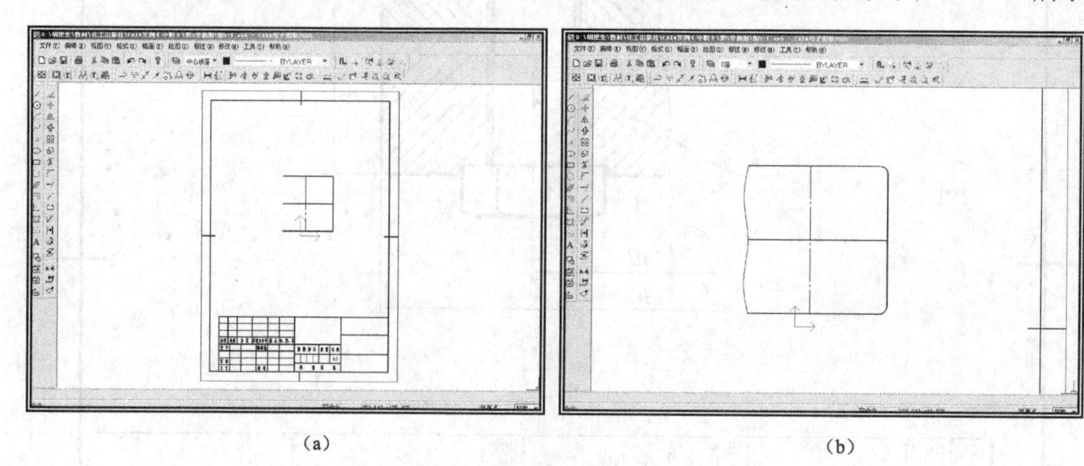

（a）　　　　（b）

图 5-2　螺栓连接装配图绘图步骤（一）

3. 从图库中提取锪平孔

① 单击“提取图符”图标，弹出“提取图符”对话框，从“图符大类”中选取“常用图形”，从“图符小类”中选取“孔”，从“图符列表”中选择“六角螺钉沉孔”。

② 单击 下一步(N) > 按钮，弹出“图符预处理”对话框，在对话框右侧的图符预览框中，用粗实线显示出图符的轮廓，且每个视图的基点用加粗的红色十字线表示。如果预览框里的图形显示太小，用右键点击预览框内任一点，则图形将以该点为中心放大显示，可以连续逐级放大。

在预览框内同时按下鼠标左、右两键，则图形恢复最初的显示大小。对话框左侧为孔的尺寸规格，如图 5-3 所示。

注意：尺寸变量“l”与其他几个变量不同，后面带有“？”号，说明该变量为动态变量。动态变量是指尺寸值不受表中给定数据的限制，在提取时可两次单击相应单元格后，对其中的数据进行修改。

如果对所选的图符不满意，可单击 <上一步(P) 按钮，返回到提取图符操作。

③ 选择尺寸规格为 M16，两次单击 16 所对应的单元格，将“l”值修改为“28”，将尺

寸开关设置为“关”，图符处理设置为“打散”，单击 确定(O) 按钮，对话框消失，系统返回到作图状态，此时提取的沉孔图符已“挂”在十字光标上（基准点位于光标的中心），随光标移动，操作提示为“图符定位点：”。

④ 按操作提示，捕捉孔轴线与机盖顶面的交点为定位点。定位点确定后，图符只能转动，不能移动，操作提示改变为“图符旋转角度（0 度）：”，因该图符不需旋转，故点击右键（或按 Enter 键），完成机盖上孔的绘制，如图 5-4（a）所示。

⑤ 提取一个孔后，十字光标又自动“挂”上一个孔，用来重复提取。按操作提示，捕捉孔轴线与机座底面的交点为图符定位点，键入旋转角度“180”，点击右键（或按 Enter 键），完成机座上孔的绘制，如图 5-4（b）所示。此时系统仍旧提示“图符定位点：”，点击右键（或按 Enter 键）结束操作。

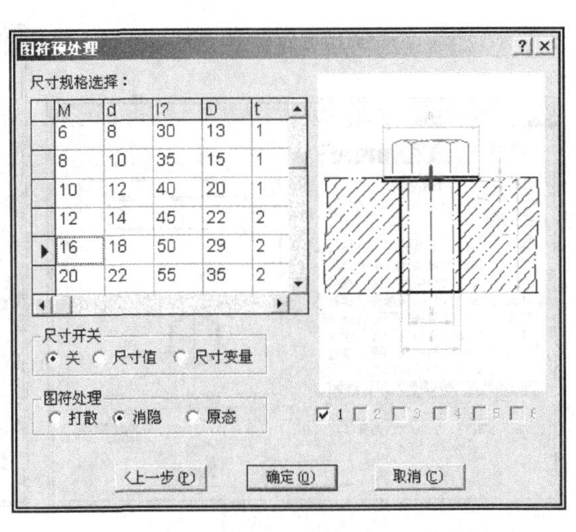

图 5-3　螺钉沉孔的图符预处理对话框

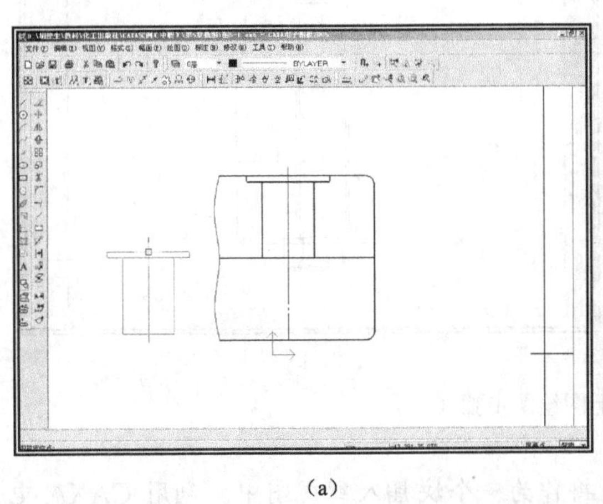

（a）

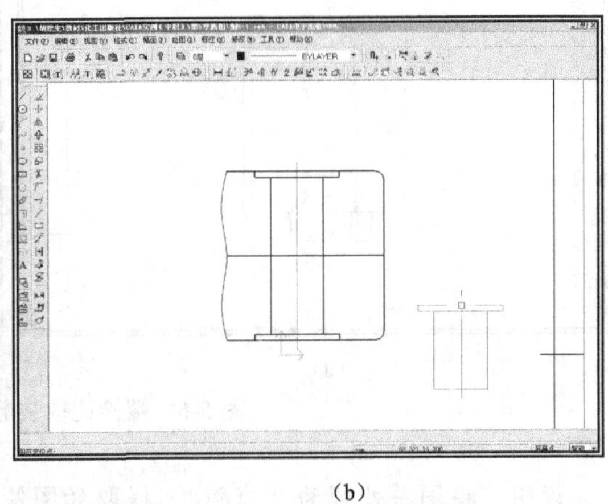

（b）

图 5-4　螺栓连接装配图绘图步骤（二）

4. 从图库中提取六角头螺栓并穿入通孔

① 单击“提取图符”图标，弹出“提取图符”对话框，从“图符大类”中选取“螺栓和螺柱”，从“图符小类”中选取“六角头螺栓”，从“图符列表”中选择“GB/T 5780—2000 六角头螺栓”，如图 5-5（a）所示。

② 单击 下一步(N) > 按钮，在弹出的“图符预处理”对话框中，选择螺栓大径尺寸“16”、有效长度“80”；将尺寸开关设置为“关”，图符处理设置为“消隐”，视图选“1”，如图 5-5（b）所示。

③ 单击 确定(O) 按钮，系统返回到绘图状态。按操作提示，用工具点菜单捕捉机座上孔的锪平面与孔中心线的交点为定位点（因为螺栓视图的基准点位于螺栓头与杆的分界面），再按操作提示键入图符的旋转角度“90”，点击右键（或按 Enter 键）完成螺栓的绘制，如图 5-6（a）所示。

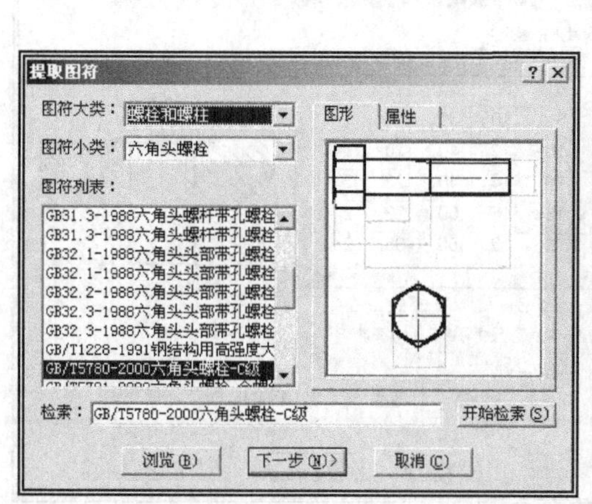

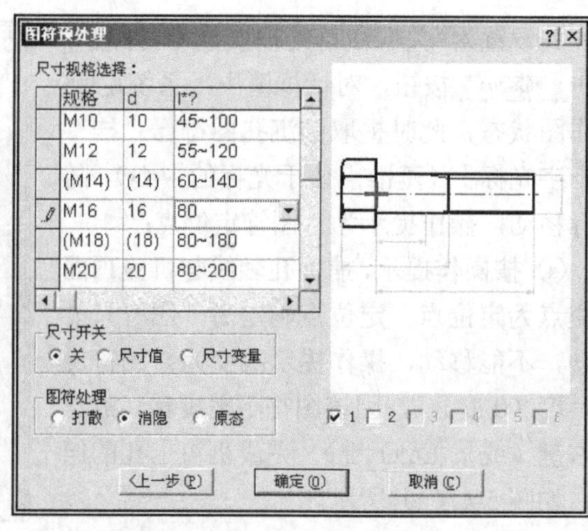

（a）　　　　　　　　　　　　　　　　　（b）

图 5-5　在对话框中对螺栓进行选择和处理

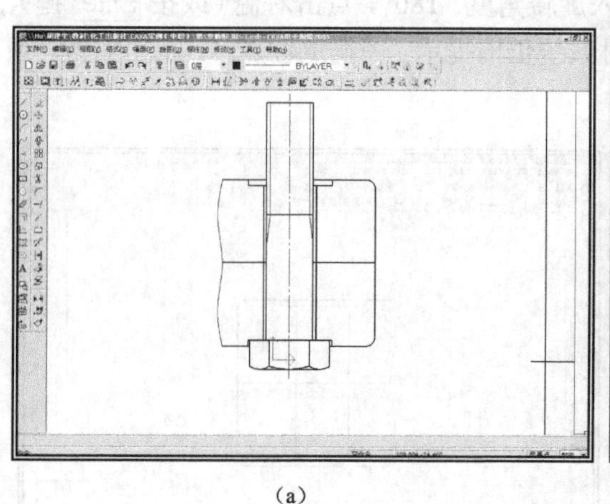

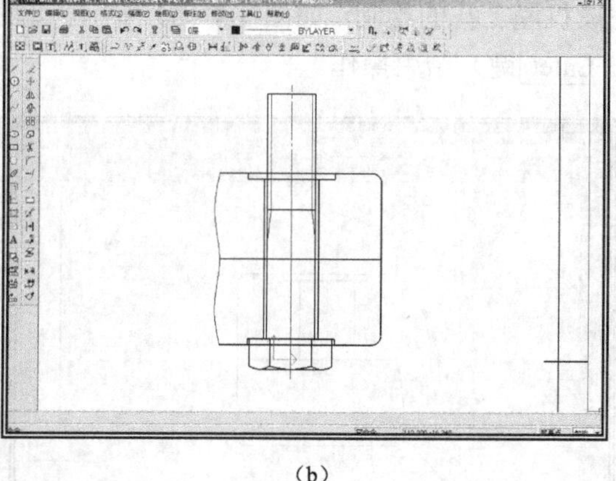

（a）　　　　　　　　　　　　　　　　　（b）

图 5-6　螺栓连接装配图绘图步骤（三）

说明：将图符处理为“消隐”，提取的图符将作为一个块插入到视图中。利用 CAXA 电子图板的“块消隐”功能，可自动隐藏被螺栓遮挡住的其他图形。如果将图符处理为“打散”，则螺栓与机盖、机座的轮廓发生交叉重叠，如图 5-6（b）所示。因此，在提取图符时，可根据具体情况，对图符进行处理。

5. 从图库中提取垫圈

① 单击“提取图符”图标，在“提取图符”对话框中，选择“图幅大类”为“垫圈和挡圈”、“图幅小类”为“弹簧垫圈”，从“图符列表”中选择“GB93—1987 标准型弹簧垫圈”。

② 单击 下一步(N) > 按钮，弹出“图符预处理”对话框，尺寸规格选择“16”，图符处理设置为“消隐”，视图选“1”，如图 5-7（a）所示。

③ 单击 确定(O) 按钮，垫圈的主视图“挂”在十字光标上，随光标移动。按操作提示，用工具点菜单捕捉机盖上孔的锪平面与孔中心线的交点为定位点，点击右键（或按 Enter 键）完成垫圈的绘制，如图 5-7（b）所示。

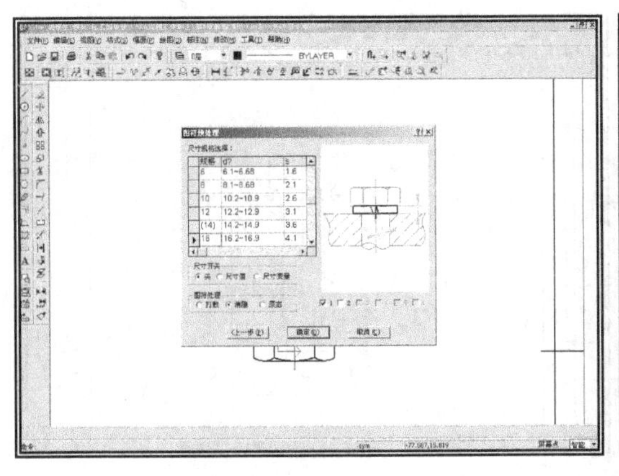

(a)

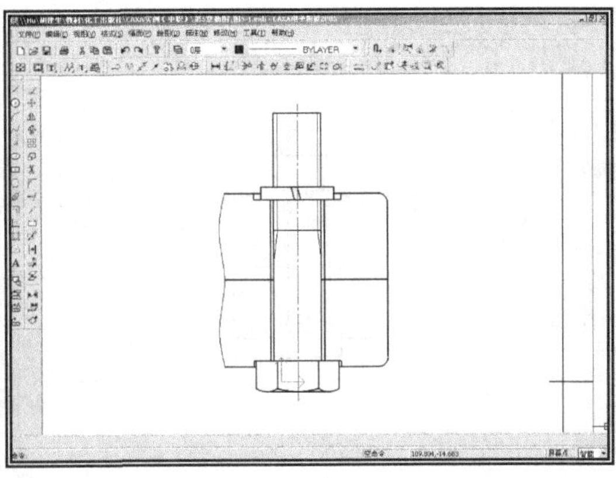

(b)

图 5-7　螺栓连接装配图绘图步骤（四）

6. 从图库中提取螺母

① 单击“提取图符”图标，弹出“提取图符”对话框，从“图符大类”中选择“螺母”，从“图符小类”中选择“六角螺母”，从“图符列表”中选择“GB/T41—2000 六角螺母-C 级”。

② 单击 下一步(N) > 按钮，弹出“图符预处理”对话框，尺寸规格选择“16”，图符处理设置为“消隐”，视图选“1”，如图 5-8（a）所示。

③ 单击 确定(O) 按钮，按操作提示，用工具点菜单捕捉垫圈顶面与孔中心线的交点为定位点，点击右键（或按 Enter 键）完成螺母的绘制，如图 5-8（b）所示。

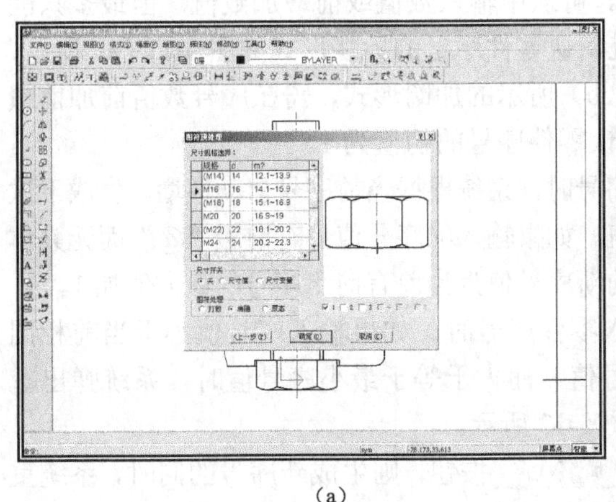

(a)

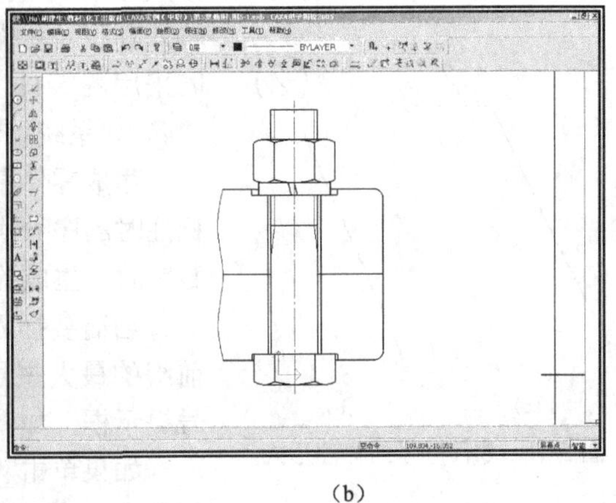

(b)

图 5-8　螺栓连接装配图绘图步骤（五）

7. 绘制剖面线及标注尺寸

① 单击“剖面线”图标，用“拾取点”方式，拾取需画剖面线的封闭线框内某一点，点击右键确认，完成剖面线的绘制，如图 5-9（a）所示。

注意：两个零件的剖面线应分别绘制，通过改变立即菜单中的“角度”设置，使两个相邻零件的剖面线方向相反。

② 单击标注工具栏中的“尺寸标注”图标，将标注形式切换为“连续标注”，标注出机盖与机座的厚度 28；将标注形式切换为“半标注”，标注出另两个尺寸，如图 5-9（b）所示。

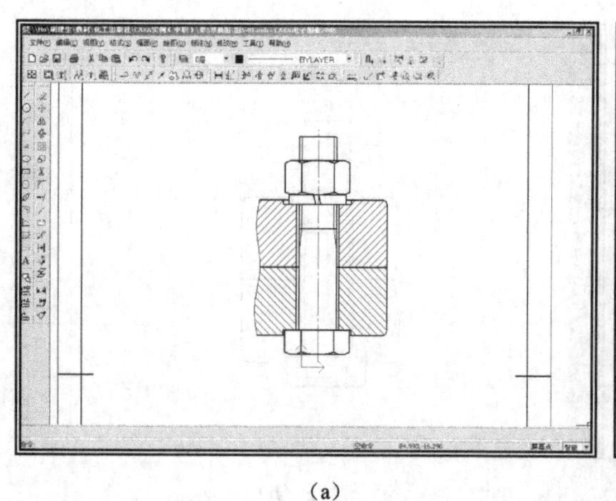

(a)

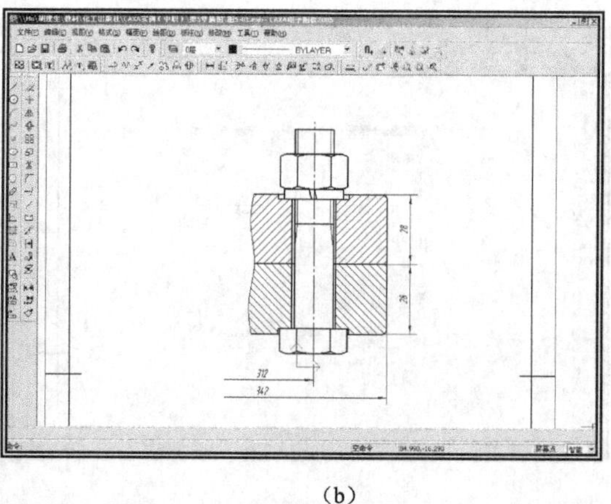

(b)

图 5-9　螺栓连接装配图绘图步骤（六）

8．标注序号、生成明细表

① 单击“生成序号”图标（或单击下拉菜单中的【幅面】→【生成序号】命令），弹出的立即菜单如图 5-10 所示。

图 5-10　生成序号立即菜单

◇ 立即菜单“1：序号”　为零件序号值。可从中输入数值或前缀加数值，但最多只能输入 3 位。系统默认零件序号的标注形式如图 5-11（a）所示，若采用图 5-11（b）所示的加圈形式，需在序号数值前加前缀“@”。系统默认零件序号的初值为 1。

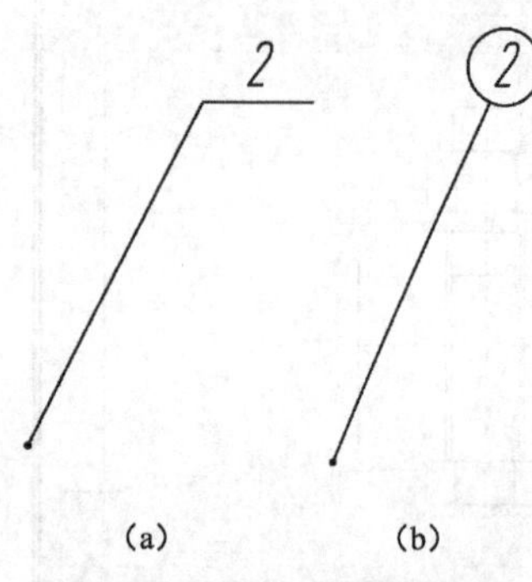

图 5-11　零件序号的标注形式

生成零件序号时，系统根据当前序号自动递增，生成下次标注时的序号值。如果输入的序号值只有前缀“@”而无具体数字时，生成的新序号值为当前有前缀序号的最大值加 1。

当需要插入零件序号时，如果输入序号值小于当前相同前缀的最大序号值，而大于等于最小序号值时，系统弹出重号提示框，如图 5-12 所示。

如果单击 插 入(I) 按钮，则生成新序号的同时，系统重新排列相同前缀的序号值和相关明细表，在此序号后其他相同前缀的序号依次顺延。如果单击 取重号(R) 按钮，则生成与已有序号重复的序号。如果单击 自动调整(A) 按钮，则生成当前所有序号中的最大值。如果单击 取 消(C) 按钮，则输入序号无效，需要重新生成序号。

◇ 立即菜单“2：数量”　为同时输入序号的份数。一般情况下为 1，若份数大于 1，系统自动采用公共指引线的形式标注，如图 5-13、图 5-14 所示。

◇ 立即菜单“3：”　为“水平”和“垂直”的切换开关。

- 水平　具有公共指引线的零件序号水平排列（图 5-13 左图）。

图 5-12　重号提示框

● 垂直　具有公共指引线的零件序号垂直排列（图 5-13 右图）。

◇ 立即菜单“4:”　为“由内至外”和“由外至内”的切换开关。

● 由内至外　具有公共指引线的零件序号从引线转折点开始自动递增（图 5-14 左图）。

● 由外至内　具有公共指引线的零件序号从引线转折点开始自动递减（图 5-14 右图）。

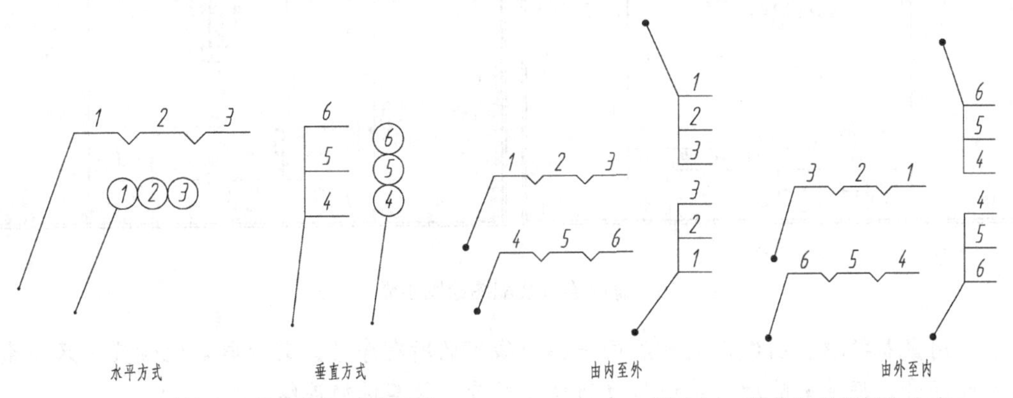

图 5-13　零件序号的公共指引线形式

图 5-14　零件序号的标注方向

◇ 立即菜单“5:”　为“生成明细表”与“不生成明细表”的切换开关。

● 生成明细表　生成序号的同时，生成明细表。

● 不生成明细表　生成序号的同时，不生成明细表。

◇ 立即菜单“6:”　为“填写”与“不填写”的切换开关（在“不生成明细表”情况下无此选项）。

● 填写　在“生成明细表”情况下，同时填写明细表。

● 不填写　在“生成明细表”情况下，不填写明细表。

② 将图 5-10 所示的立即菜单“6:”切换为“填写”，操作提示为“引出点:”。在装配图上机座所在区域内确定一点，即从该点动态拖动引出指引线，操作提示变为“转折点:”。按操作提示输入一点作为引出线转折点（或圆圈的定位点）后，弹出“填写明细表对话框”，如图 5-15 所示。

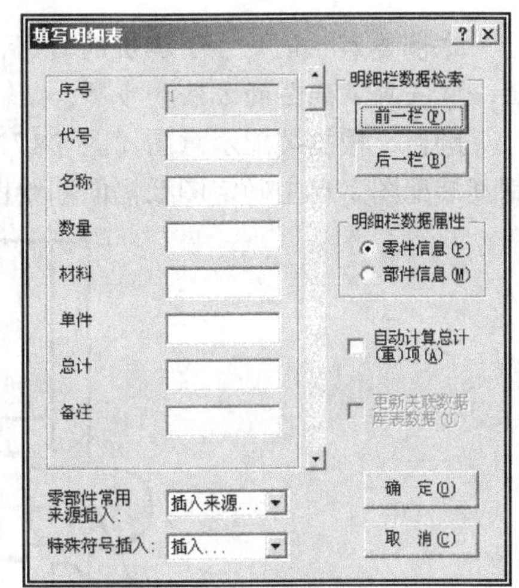

图 5-15　填写明细表对话框

③ 在对话框中填写明细表的有关内容后，单击 确定(O) 按钮，即在生成零件序号的同时，按对话框中的内容生成明细表，如图 5-16（a）所示。

注意：如果立即菜单“6:”为“不填写”，则不出现“填写明细表”对话框，在生成序号的同时，生成仅有序号的明细表。

④ 一个序号生成后，立即菜单“1：序号”自动加 1，系统继续提示“引出点:”，可重复操作，生成所有序号及明细表，如图 5-16（b）所示。

说明：如要删除已生成的零件序号，可单击主菜单中的【幅面】→【删除序号】命令，系统提示“请拾取零件序号:”。用鼠标拾取某一序号，该序号即被删除，此操作可重复进行，点击右键结束操作。

对于采用公共指引的一组序号，可删除整体，也可只删除其中某一个序号，这取决于拾

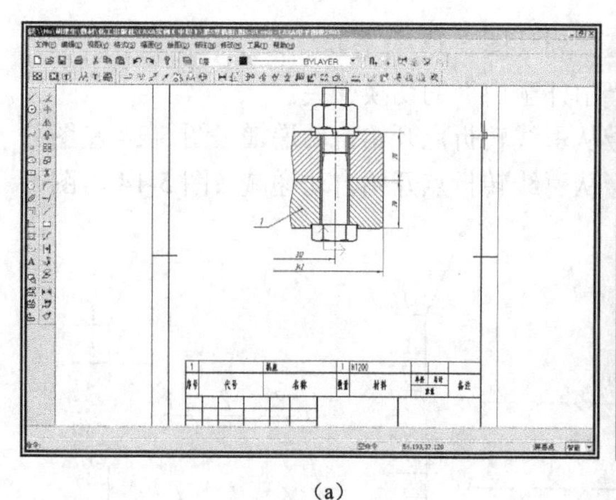

(a)

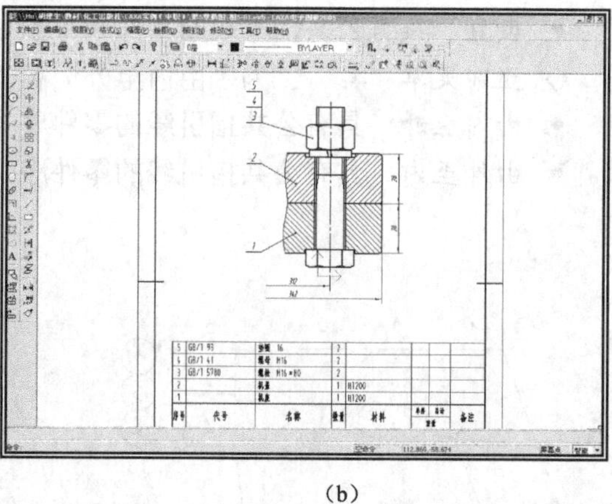

(b)

图 5-16　螺栓连接装配图绘图步骤（七）

取位置。用鼠标拾取指引线，则删除同一指引线下的所有序号。若拾取其他位置，只删除排在后面的序号。序号删除后，系统将重新调整序号，使其保持连续。

在删除序号的同时，也删除明细表中的相应表项，并按调整后的序号，对其他表项的序号作相应修改。

9. 检查、修改、存盘

仔细检查图形，发现错误及时修改，确认图形无误后单击“存储文件”图标。

实例十四　根据装配示意图和零件图绘制装配图

本例要点　进一步了解块的概念，掌握块的定义方法；学会用并入文件的方法绘制装配图；掌握画装配图的方法和步骤。

题目　根据装配示意图（图 5-17）和定位器的零件图（图 5-18、图 5-19、图 5-20），绘制其装配图。自主确定图纸幅面和绘图比例。

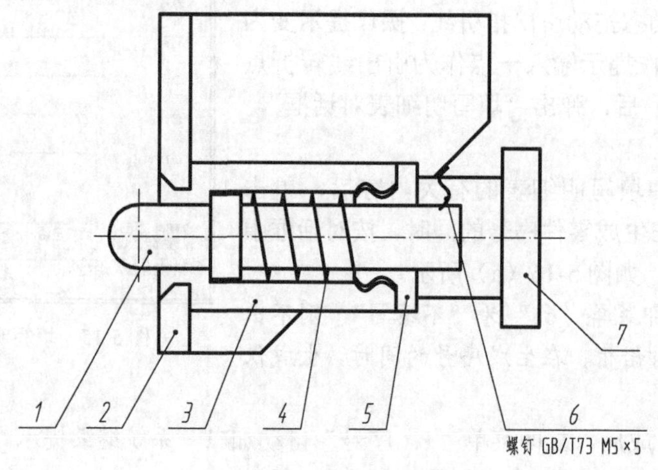

图 5-17　定位器装配示意图

1. 分析定位器的工作原理

定位器安装在仪器的机箱内壁上。工作时，定位轴的球面端插入被固定零件的孔中。当被固定零件需要变换位置时，应拉动把手，将定位轴从该零件的孔中拉出。松开把手后，压簧使定位轴回复原位。

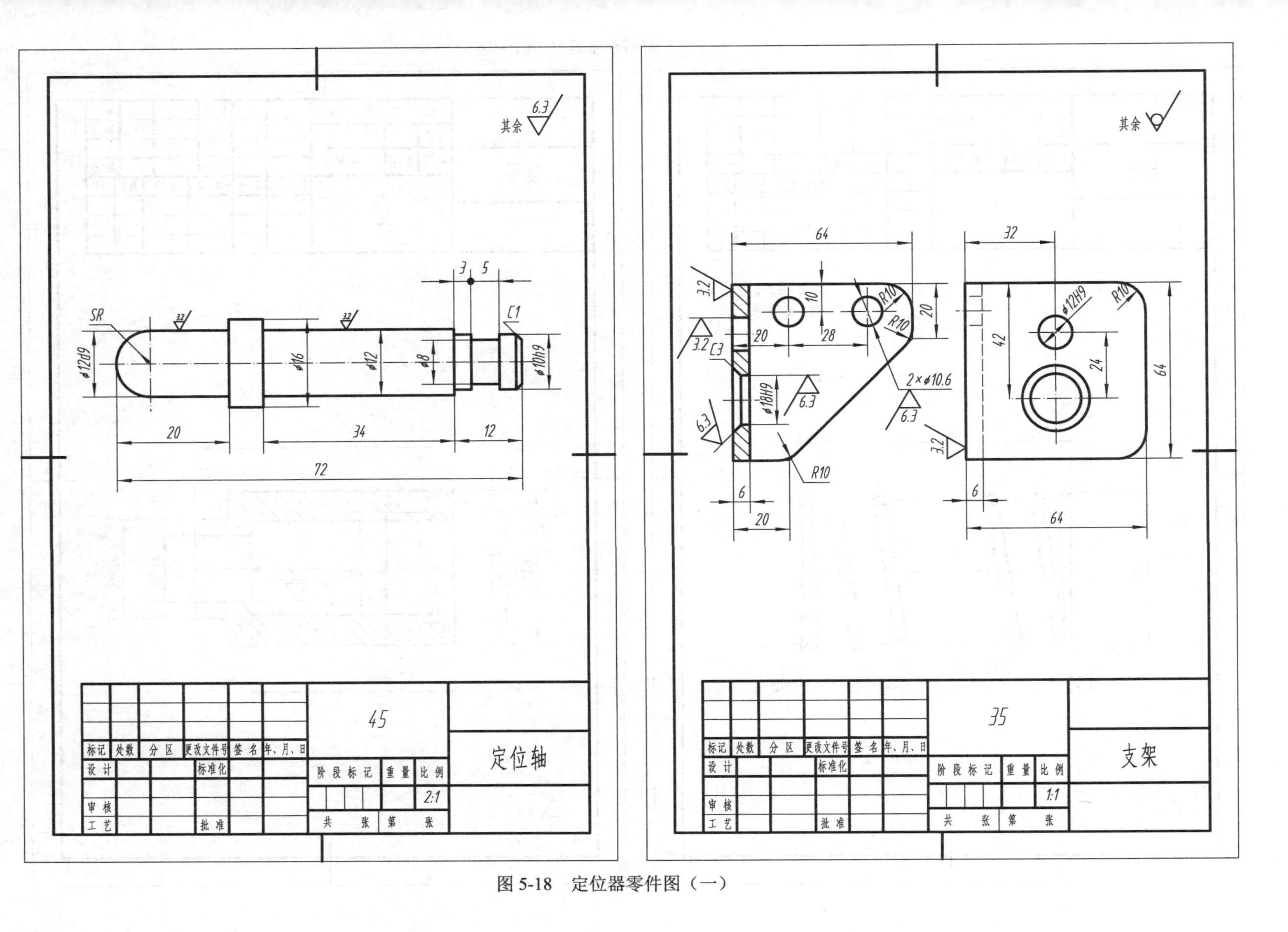

图 5-18 定位器零件图（一）

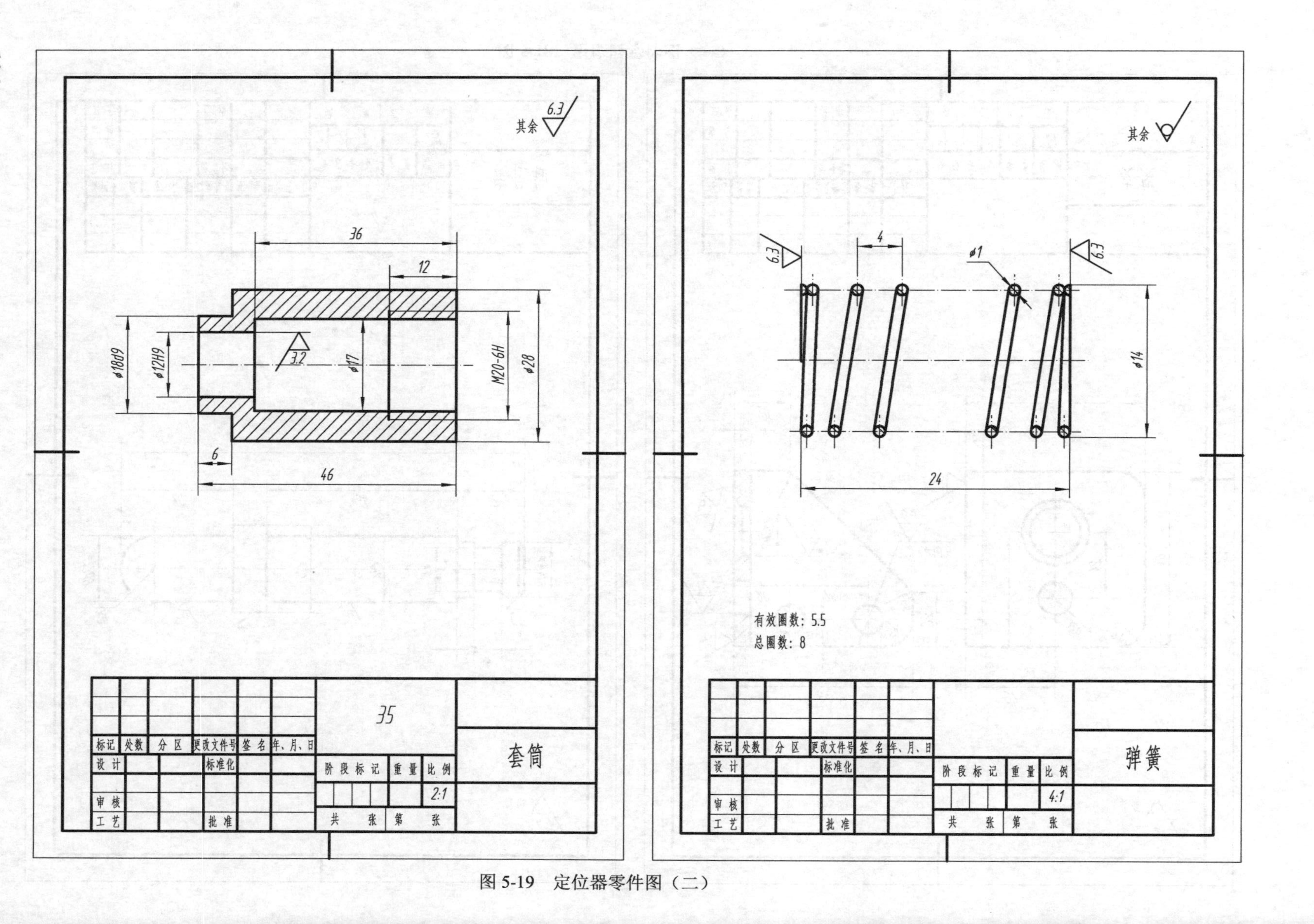

图 5-19 定位器零件图（二）

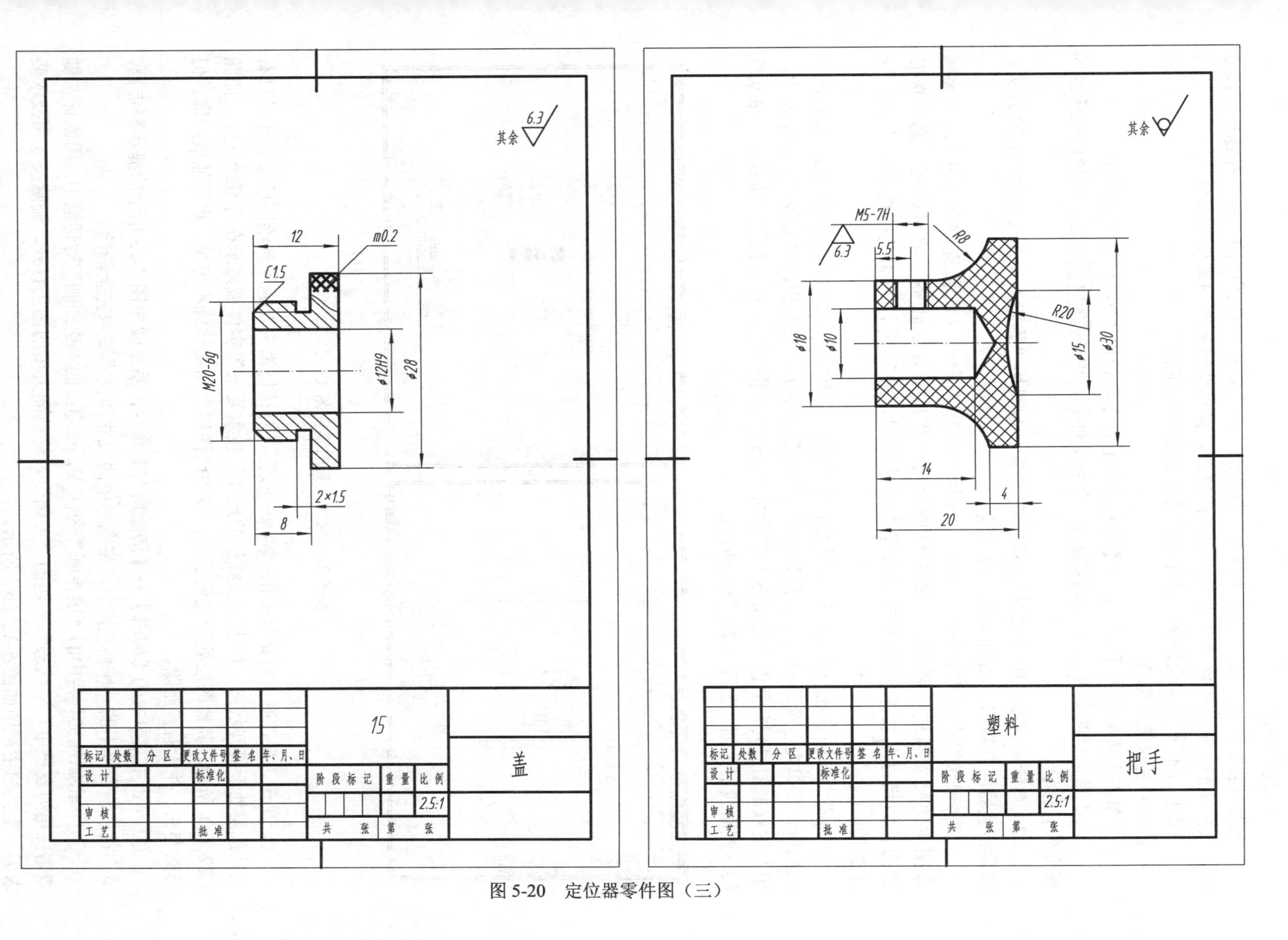

图 5-20　定位器零件图（三）

2. 修改零件图

在拼画装配图时，只需要零件图的一些图形，而不需要零件图中的图框、标题栏、尺寸等，故拼图前，应首先将零件图进行相应的修改，只保留装配图中需要的部分。

下面以定位器的支架为例，介绍修改零件图的方法步骤。

（1）将支架换名保存

① 单击主菜单中的【文件】→【另存文件】命令，弹出“另存文件”对话框。

② 在对话框的文件名输入框内输入一个新文件名，单击 保存(S) 按钮，系统即按所给的新文件名存盘。

（2）删除左视图　因装配图上不需要左视图，故可用“删除”命令（或预选删除方法）删除定位器的左视图，如图 5-21（a）所示。

（3）删除图中的尺寸和技术要求　可用“删除”命令（或预选删除方法），直接删除图中的尺寸和技术要求。一般零件图上尺寸和技术要求较多，要对其逐一删除费时费力，因尺寸和技术要求均自动填写在尺寸线层，故可用打开和关闭图层的方法，快速删除。

① 将当前层设置为尺寸线层（因当前层不能被关闭），单击属性工具栏中的“层控制”图标（或单击主菜单中的【格式】→【层控制】命令），在弹出的“层控制”对话框中，用左键双击图层列表框中“层状态”下边的“打开”，将 0 层、中心线层、虚线层、细实线层、剖面线层关闭，如图 5-21（b）所示。

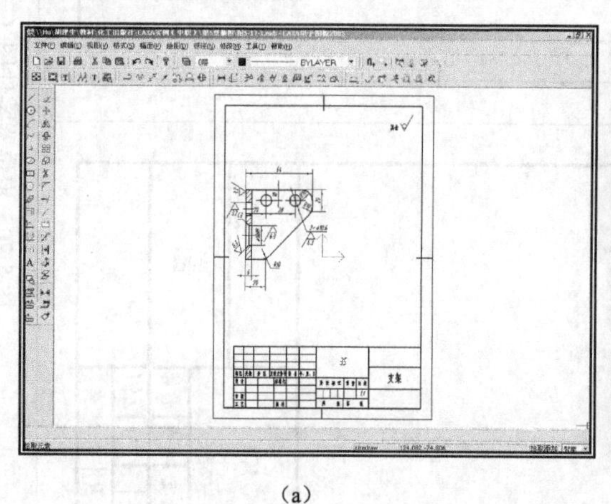

（a）

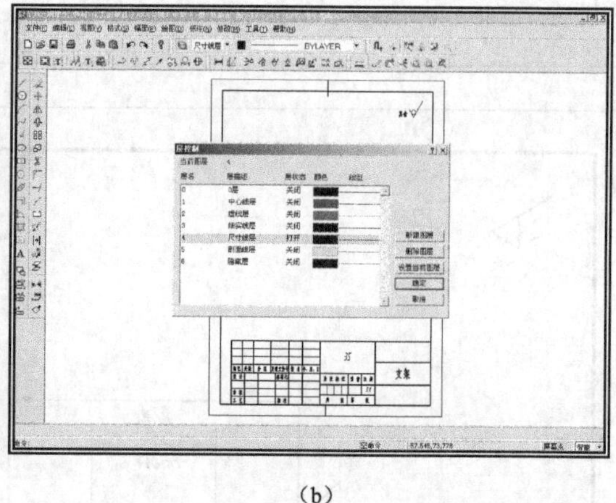

（b）

图 5-21　修改支架的零件图（一）

② 单击“层控制”对话框中的 确定(O) 按钮，对话框消失，返回到绘图状态。此时只有尺寸线层处于打开状态，位于尺寸线层的尺寸、技术要求等实体被显示在屏幕绘图区，如图 5-22（a）所示。其他图层处于关闭状态，被关闭图层上的实体既不可见，也不能被拾取，但仍然存在，并没有被删除。

③ 单击主菜单中的【编辑】→【清除所有】命令，系统弹出图 5-23 所示的提示警告框，单击提示警告框中的 确定(O) 按钮，将图形中的尺寸和技术要求完全清除。

④ 单击属性工具栏中的“层控制”图标，在弹出的“层控制”对话框中，用鼠标左键双击图层列表框中“层状态”下边的“关闭”，将前面关闭的图层打开。删除尺寸和技术要求后，支架的主视图如图 5-22（b）所示。

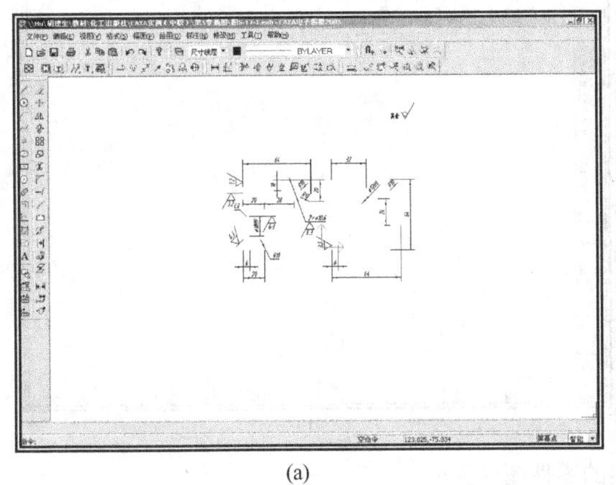

(a)

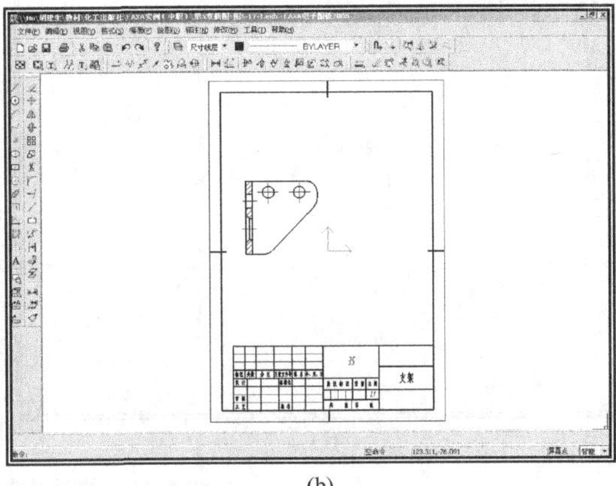

(b)

图 5-22　修改支架的零件图（二）

（4）删除图框及标题栏　在绘图过程中，零件序号、图框、标题栏、明细表都处于关闭状态无法删除，此时可通过“拾取过渡设置”来确定拾取图形元素的过滤条件和拾取盒的大小。

① 单击设置工具栏的“拾取过滤设置”图标（或单击主菜单中的【工具】→【拾取过滤设置】命令），弹出“拾取设置”对话框，如图 5-24 所示。对话框中显示的是系统默认的拾取过滤条件。可以看出零件序号、图框、标题栏、明细表未被选择（即上述各项左边的方框内未打钩），则拾取操作时该项不能被拾取。

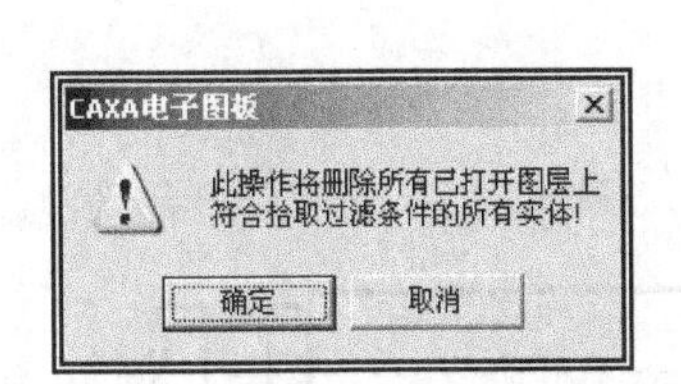

图 5-23　清除所有提示警告框

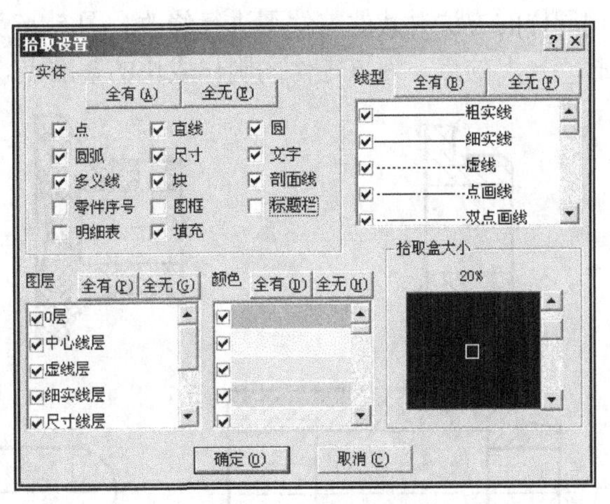

图 5-24　“拾取设置”对话框

② 单击实体设置区的 全有(A) 按钮，将所有实体全部选中，单击 确定(O) 按钮。

③ 在命令状态，拾取图框和标题栏（图框和标题栏都是“块”，单击任何位置都可以选中），使之变为红色的虚线，如图 5-25（a）所示。

按键盘上的 Delete 键，删除图框、标题栏以及“填写标题栏”的内容。

（5）将支架的主视图设置成“块”

① 单击绘图工具栏中的“块生成”图标（或单击主菜单中的【绘图】→【块操作】→【块生成】命令），系统提示“拾取添加:”。

② 按操作提示，拾取整个主视图作为构成块的图形元素，点击右键确认。系统又提示“基

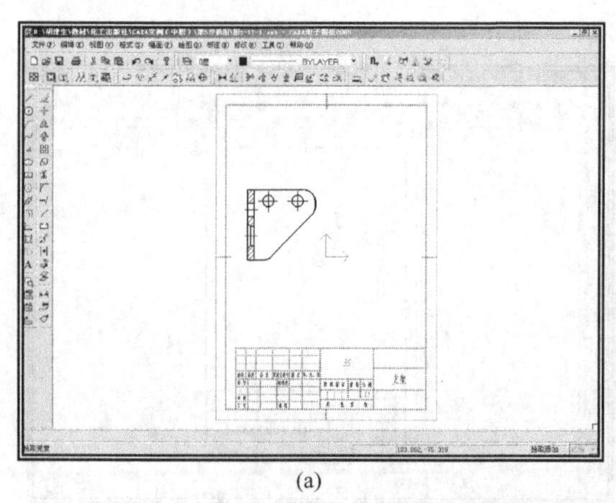
(a)

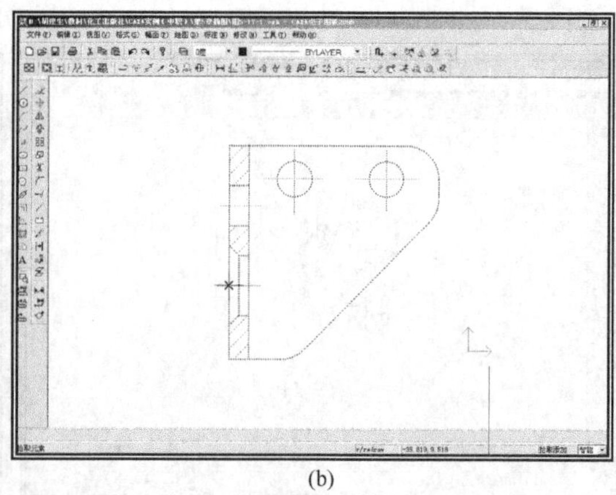
(b)

图 5-25　修改支架的零件图（三）

准点：”。基准点即块的基点，主要用于块的拖动定位。

③ 按操作提示，捕捉支架左端面与下部孔轴线的交点作为基准点，如图 5-25（b）所示。输入基准点后，完成块生成操作。新生成的块位于当前层，对它可实施各种编辑操作。

④ 为方便拼画装配图，应先将基准点置于坐标原点，操作方法是：在命令状态下拾取支架，移动光标，当基准点被加亮显示时单击左键，支架即被“挂”在十字光标上，其基准点位于光标中心，系统提示“基点：”。键入原点坐标“0，0”，点击右键（或按 Enter 键）将基准点置于坐标原点。此时支架仍处于被拾取的加亮显示状态，按 Esc 键恢复命令状态。

⑤ 单击“存储文件”图标。

用同样的方法对其他零件图进行修改。图 5-26 为修改后的其他零件图，比例均为 1∶1。图中打“×”的点，为该零件图制作成块的基准点。

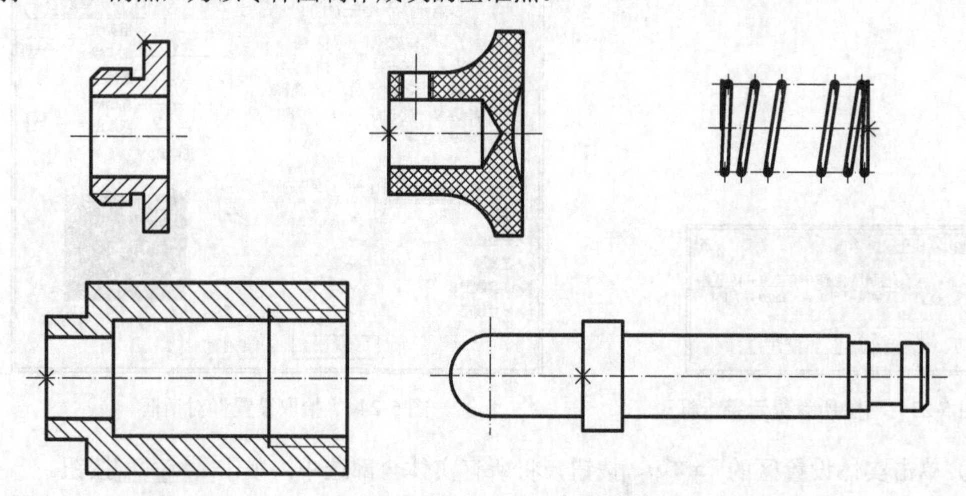

图 5-26　修改后的其他零件图

注意：因为弹簧在安装后的轴向尺寸，由定位轴与盖的尺寸而定，经计算为 22mm，所以应用“窗口拾取”的拉伸方式，将弹簧的轴向尺寸缩短 2mm。

3. 组合装配零件

（1）调入图框、标题栏并入“支架”

① 根据该装配图的大小，选择图纸幅面为“A4”、“竖放”，绘图比例“1∶1”，调入“竖

A4”图框及“国标”标题栏。

② 单击标准工具栏的“存储文件”图标，在弹出的“另存文件”对话框中确定存盘地址并输入文件名。

③ 单击主菜单中的【文件】→【并入文件】命令，弹出“并入文件”对话框。在对话框中选择要并入的文件名“支架”后，右下角的预览框中即显示出该文件的图形，如图 5-27 所示。

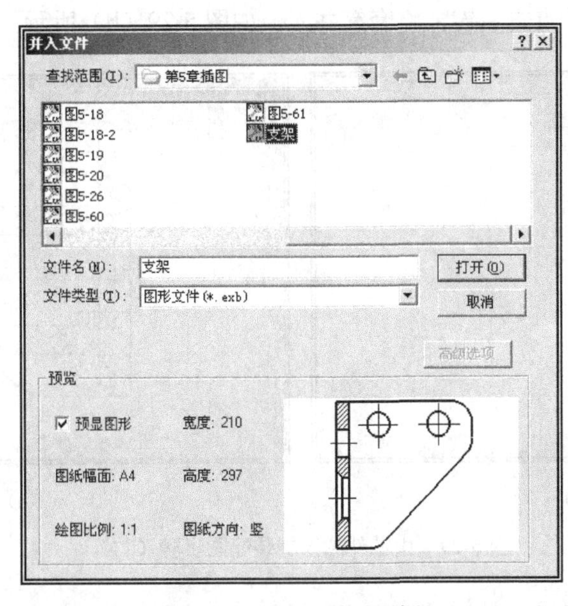

图 5-27　并入文件对话框

④ 单击 打开(O) 按钮，对话框消失，出现图 5-28（a）所示的立即菜单和操作提示。可以在立即菜单中设定并入图形的比例，因定位器的所有零件图均已被修改为原值比例，故而采用系统的缺省设置“1”。此时，可以看到所选支架的图形，以设定的比例被“挂”在十字光标上，随光标移动。系统提示“请输入定位点:”。

⑤ 在图幅内的适当位置，输入支架的定位点后，操作提示变为“请输入旋转角度:”。此时图形只能转动，不能移动，输入一个角度后点击右键（如果不需旋转，可直接点击右键），

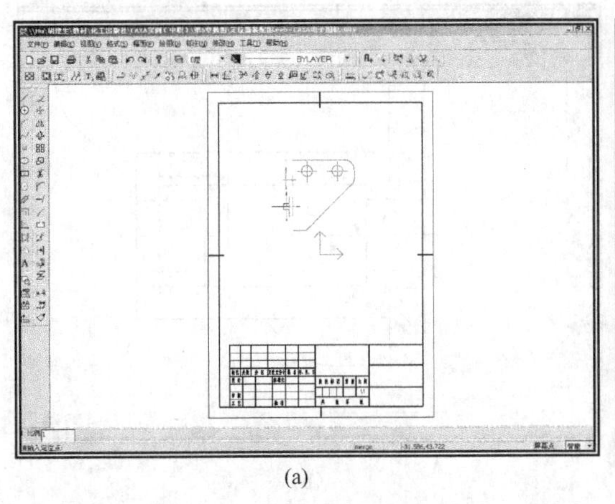

(a)

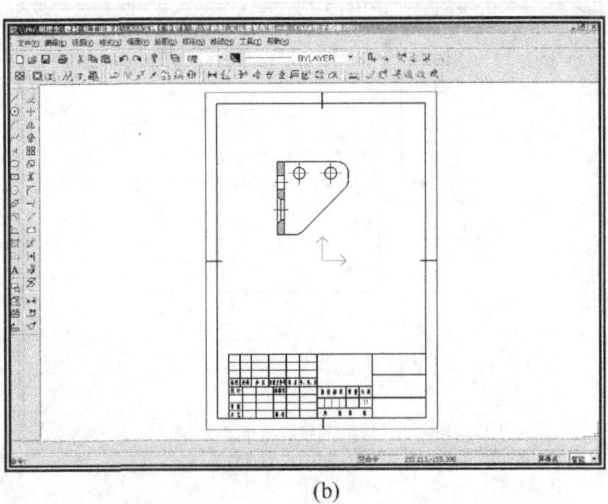

(b)

图 5-28　由零件图绘制装配图步骤（一）

即完成“支架”的并入操作，如图5-28（b）所示。

（2）并入“套筒”

① 单击主菜单中的【文件】→【并入文件】命令，弹出“并入文件”对话框。在对话框中选择要并入的文件名“套筒”，单击 打开(O) 按钮。

② 用“显示窗口”命令将支架图形放大，便于准确地捕捉套筒的定位点，如图5-29（a）所示。

③ 输入定位点后，点击右键，将套筒并入，如图5-29（b）所示。

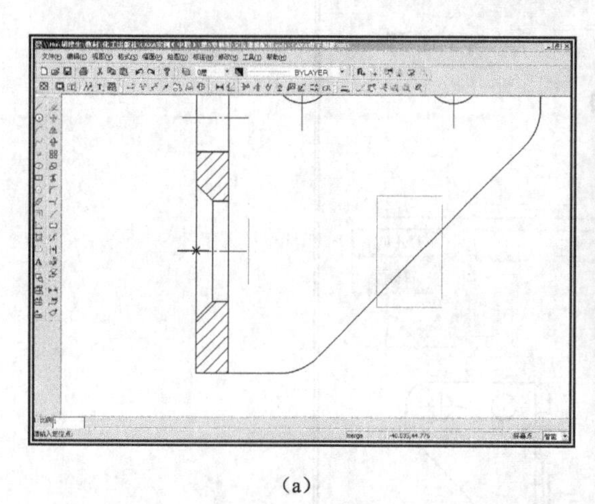

（a）

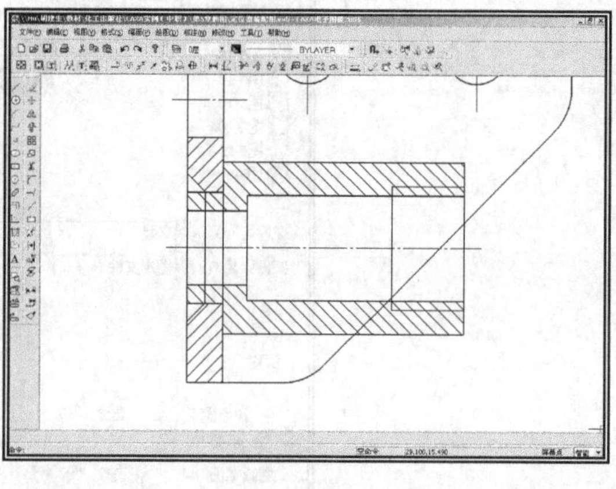

（b）

图5-29　由零件图绘制装配图步骤（二）

④ 单击“打散”图标，按操作提示拾取支架，将其打散。

⑤ 用“裁剪”及“删除”命令去除支架上被遮挡的线条，如图5-30（a）所示。

注意：用“并入文件”方法拼画装配图时经常出现定位不准的问题，如两零件相邻表面没接触或两零件图形重叠等。要使零件图在装配图中准确定位，必须做到两个准确：第一，制作块时的“基准点”要准确；第二，并入装配图时的“定位点”要准确。因此必须充分利用工具点捕捉或用“显示窗口”命令将图形放大后，再输入“基准点”或“定位点”。

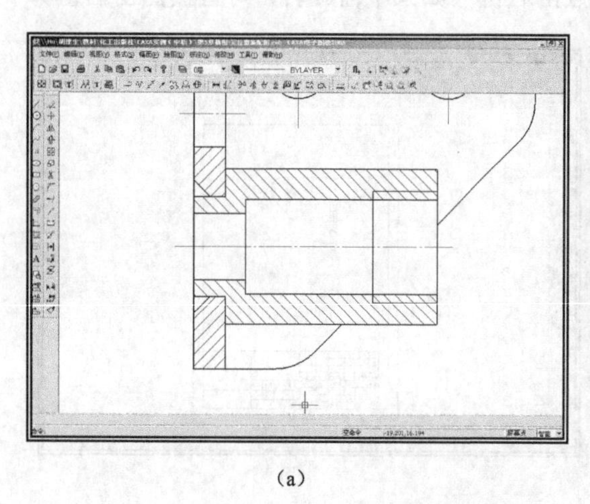

（a）

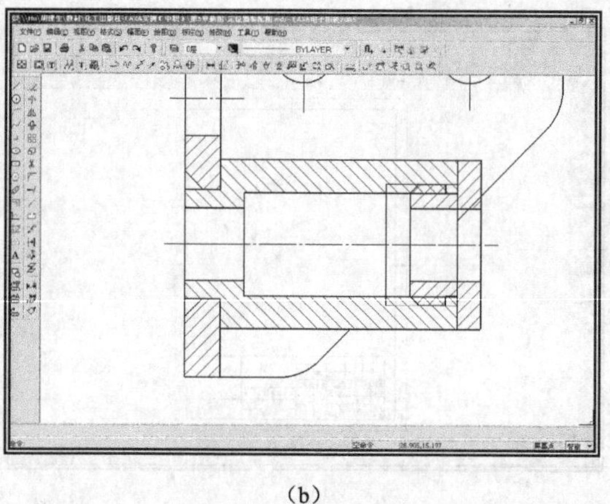

（b）

图5-30　由零件图绘制装配图步骤（三）

（3）并入“盖”

① 用“并入文件”命令，输入套筒的右上角点为定位点，将“挂”在十字光标上的盖并入，如图 5-30（b）所示。

② 单击“打散”图标，按操作提示拾取套筒，将其打散。

③ 单击“裁剪”图标及“齐边”图标，去除支架及套筒上被盖遮挡的多余线条，如图 5-31（a）所示。从图中可以看出，套筒与盖的剖面线在螺纹的旋合部分重合，故需将套筒的剖面线删除，按螺纹旋合部分的规定画法重新绘制其剖面线。

（4）并入“弹簧” 用“并入文件”命令，输入盖的左端面中点为定位点，将“挂”在十字光标上的弹簧并入，如图 5-31（b）所示。

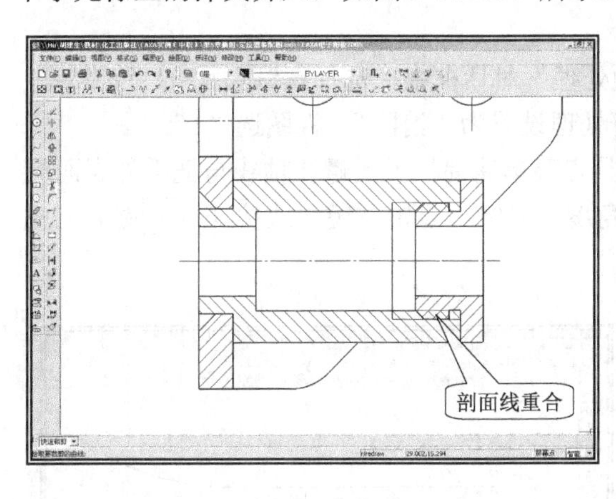

（a）

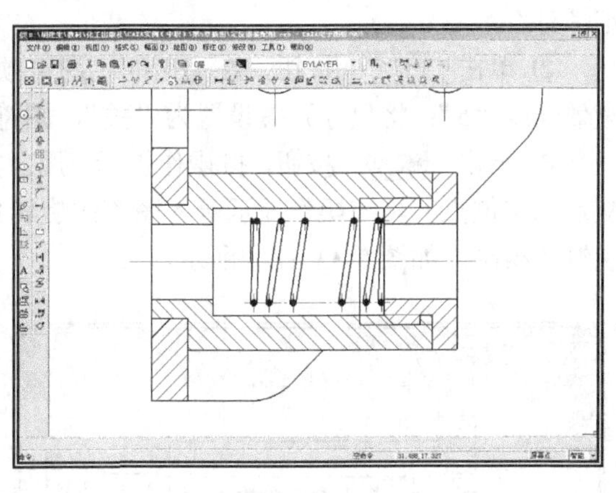

（b）

图 5-31 由零件图绘制装配图步骤（四）

（5）并入“定位轴”

① 用“并入文件”命令，输入套筒内孔的左端面中点为定位点，将“挂”在十字光标上的定位轴并入，如图 5-32（a）所示。

② 单击“打散”图标，按操作提示拾取盖和弹簧，将其打散。

③ 单击“裁剪”图标，用“快速裁剪”方式，去除被定位轴遮挡的多余线条，如图

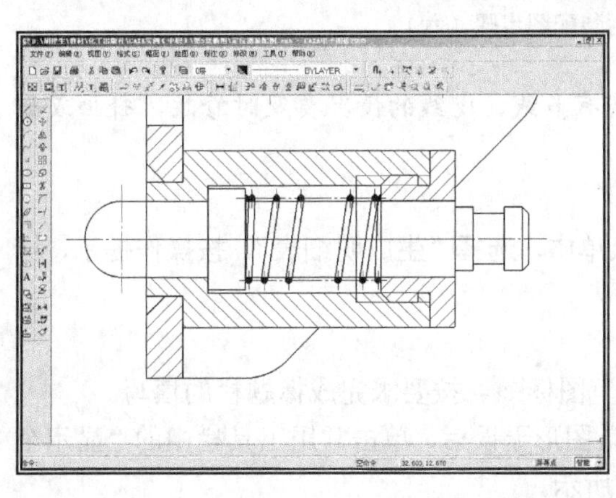

（a）

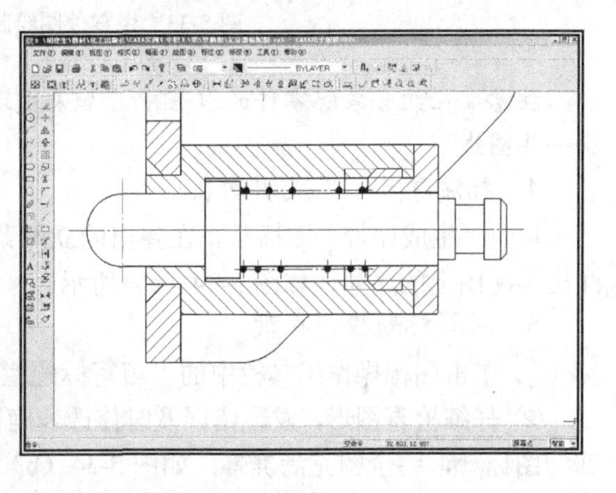

（b）

图 5-32 由零件图绘制装配图步骤（五）

5-32（b）所示。

（6）并入“把手”

① 用“并入文件”命令，输入盖的右端面中点为定位点，将“挂”在十字光标上的把手并入，如图 5-33（a）所示。

② 单击“裁剪”图标，用“快速裁剪”方式，去除被把手遮挡的支架线条。单击“打散”图标，按操作提示拾取把手，将其打散。

（7）提取“螺钉”

① 单击“提取图符”图标，弹出“提取图符”对话框，从“图符大类”中选取“螺钉”，从“图符小类”中选取“紧定螺钉”，从“图符列表”中选择“GB/T 73—1985　开槽平端紧定螺钉”。

② 单击[下一步(N) >]按钮，在弹出的“图符预处理”对话框中，选择螺钉尺寸 D 为“5”、有效长度“5”；将尺寸开关设置为“关”，图符处理设置为“消隐”，视图选“1”。

③ 单击[确定(O)]按钮，按操作提示，用工具点菜单捕捉把手上螺孔轴线与把手外表面的交点为定位点，再按操作提示键入图符的旋转角度“–90”，点击右键（或按 Enter 键）完成螺钉的绘制，如图 5-33（b）所示。

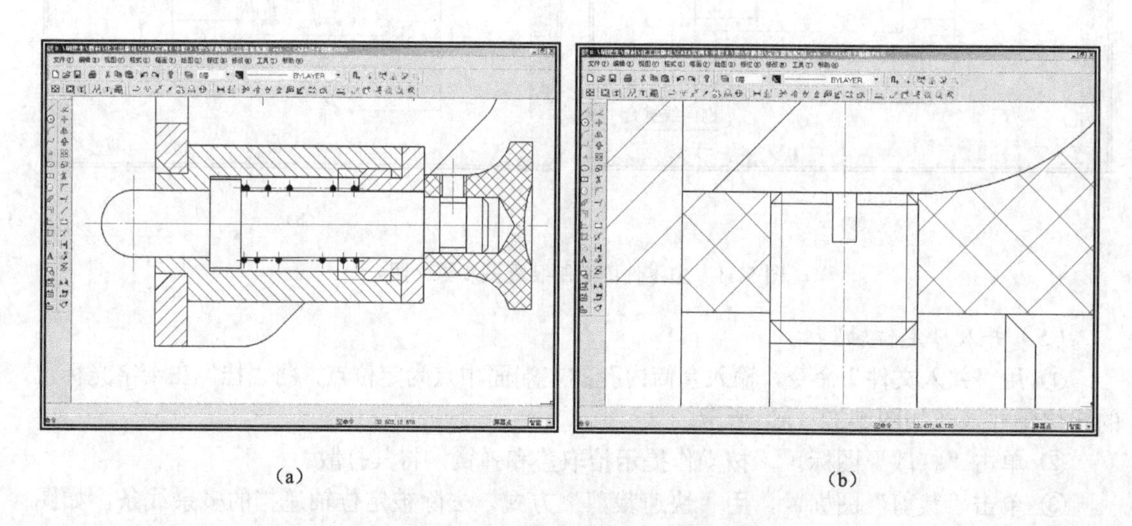

（a）　　（b）

图 5-33　由零件图绘制装配图步骤（六）

注意：在组合装配零件的过程中，如果发现有多线、少线的情况要及时修改，补画或删除一些图线。

4. 标注序号、生成明细表

单击“生成序号”图标，在弹出的立即菜单中，选择“生成明细表”，按操作提示，标注出装配图上的序号，如图 5-34（a）所示。

5. 填写标题栏、存盘

① 单击图幅操作工具栏中的“填写标题栏”图标，按要求完成标题栏的填写。

② 仔细检查图形，发现错误及时修改。确认图形无误后，单击常用工具栏中的“显示全部”图标，将全图充满屏幕，如图 5-34（b）所示。

③ 单击“存储文件”图标，完成定位器装配图的绘制。

从这个例子可以看出，定义图块时，基准点的选择要充分考虑零件拼装时的定位需要。

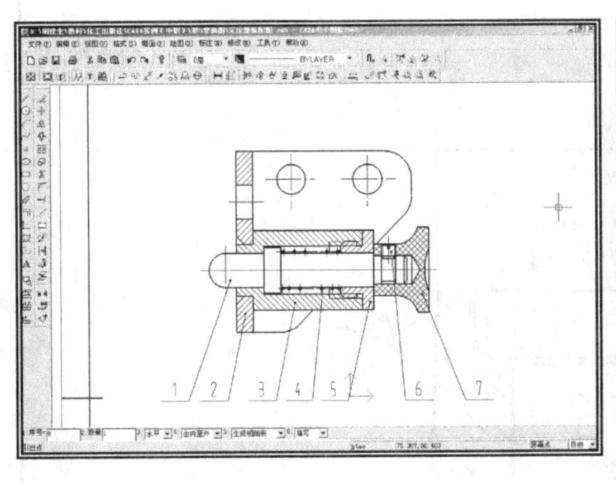
(a)

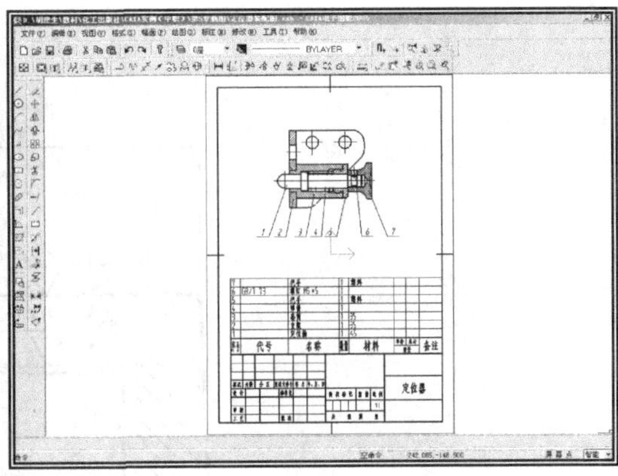
(b)

图 5-34　由零件图绘制装配图步骤（七）

利用块的消隐功能处理一些重复的图素，可相应减少修改编辑图形的工作量。对各个零件图进行存储时，也要充分考虑零件拼装时的定位需要，给定图形的基点。但有时图块拼装后不能符合装配图的要求，需要编辑一些图素时（如图中的螺纹旋合部分），就要将定义好的图块先打散，然后才能使用编辑命令。

练习题（五）

① 用 A4 图幅，按 1∶1 比例，绘制螺栓连接装配图（全剖的主视图）。

已知：上板厚 40mm，下板厚 50mm，通孔 ϕ33mm，上、下两板用 M30 的六角头螺栓连接。选用如下螺纹紧固件：

螺栓　GB/T 5780—2000　M30×130；

垫圈　GB/T 95—2002　30；

螺母　GB/T 41—2000　M30。

② 根据支顶的装配示意图（题图 5-1）和零件图（题图 5-2、题图 5-3），绘制装配图，比例 1∶1，标注必要的尺寸，编写零件序号，填写明细表和标题栏。

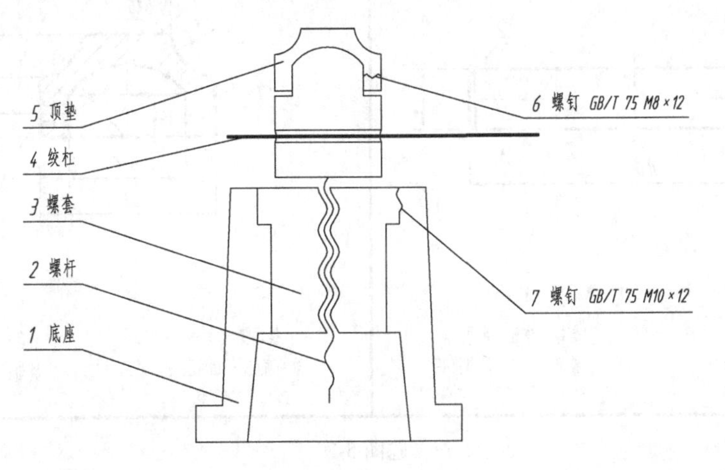

题图 5-1

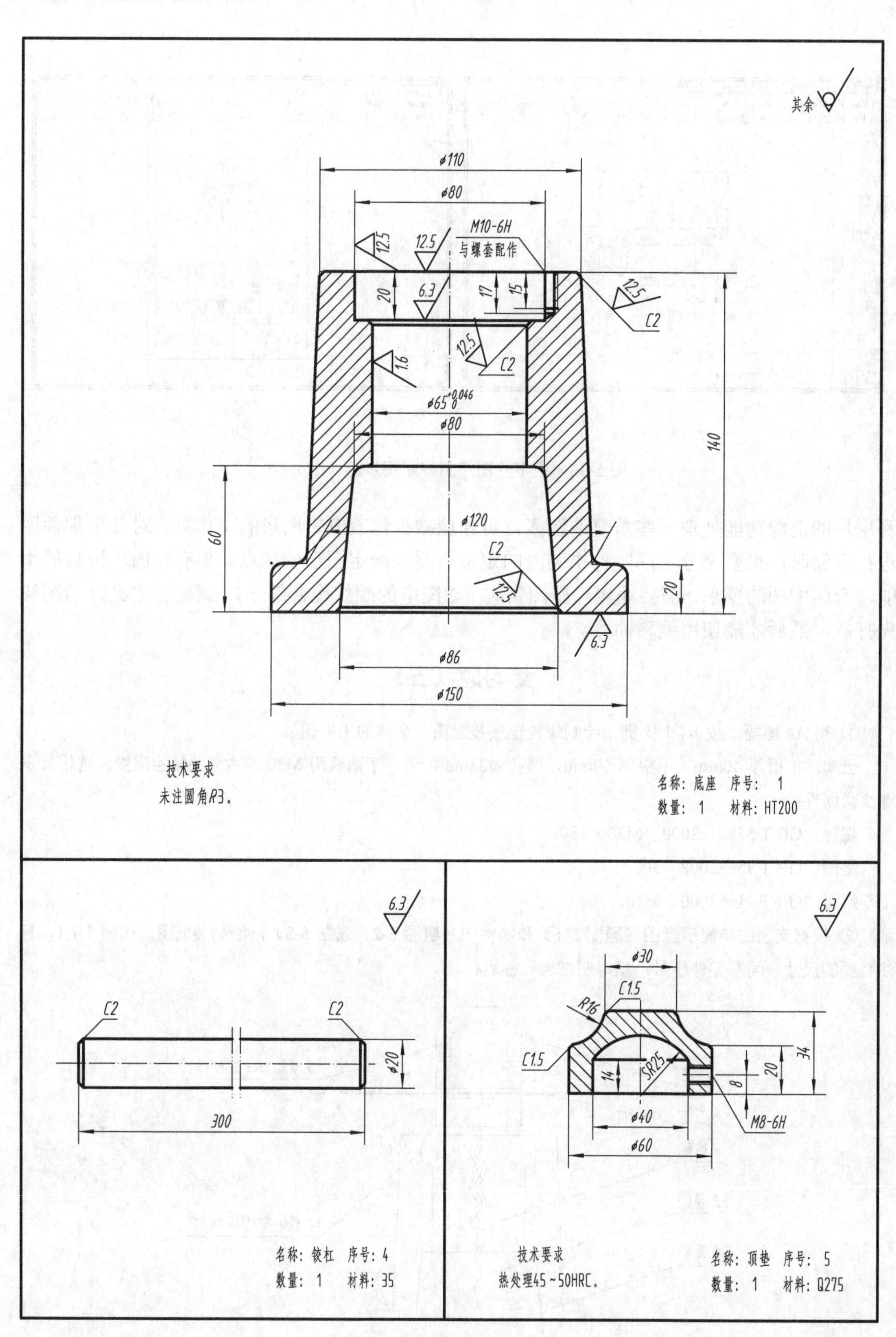
其余
φ110
φ80
M10-6H
与螺套配作
12.5
20
6.3
17
15
C2
1.6
φ65 +0.046 0
φ80
140
φ120
60
20
φ86
φ150
技术要求
未注圆角R3。
名称：底座　序号：1
数量：1　材料：HT200
C2
φ20
300
名称：铰杠　序号：4
数量：1　材料：35
φ30
C1.5
R16
SR25
14
34
8
M8-6H
φ40
φ60
技术要求
热处理45~50HRC。
名称：顶垫　序号：5
数量：1　材料：Q275

题图 5-2

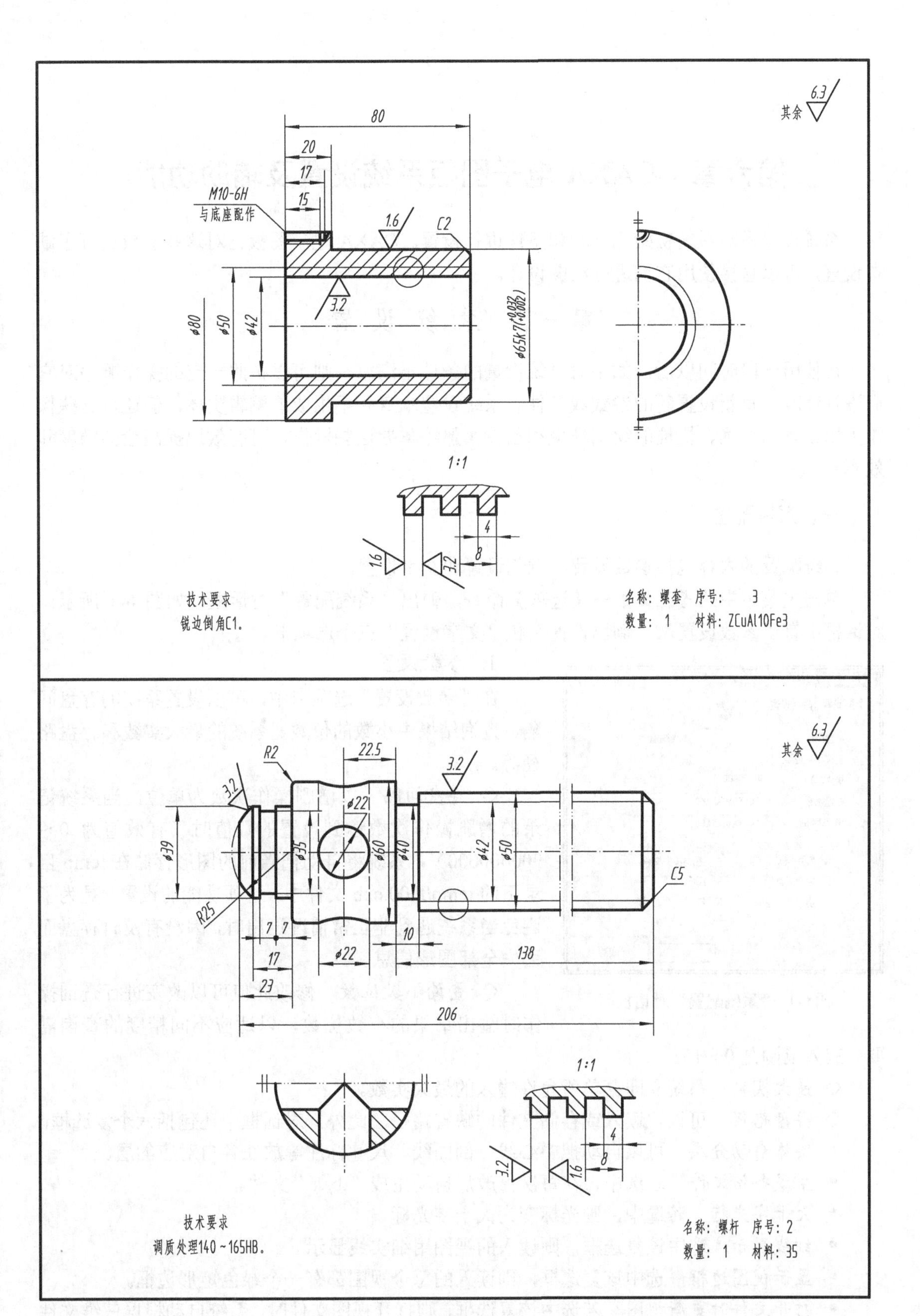
其余 6.3
80
20
17
15
M10-6H
与底座配作
1.6
C2
3.2
φ80
φ50
φ42
φ65K7(+0.032/+0.002)
1:1
4
8
1.6
3.2
技术要求
锐边倒角C1.
名称：螺套 序号： 3
数量： 1 材料：ZCuAl10Fe3
其余 6.3
R2
22.5
3.2
3.2
φ22
φ39
φ35
φ60
φ40
φ42
φ50
C5
R25
7 7
10
17
φ22
138
23
206
1:1
4
8
3.2
1.6
技术要求
调质处理140～165HB.
名称：螺杆 序号：2
数量： 1 材料：35

题图 5-3

第六章　CAXA电子图板系统设置及辅助功能

系统设置是对系统初始化环境和条件进行设置。CAXA 电子图板已对这些参数进行了缺省设置，可以直接使用它们进行绘图设计。

第一节　系 统 设 置

在使用一段时间以后，如果对系统设置的条件不满意，则可以按照一定的操作顺序对它们进行修改，重新设置新的参数或条件。系统设置本身并不生成或编辑实体，但通过这些操作可以设置出准确、快捷的绘图环境和条件。熟练掌握这些操作，可有效地提高绘图精度和效率。

一、系统配置

系统配置的内容包括参数设置、颜色设置和文字设置。

单击主菜单中的【工具】→【选项】命令，弹出“系统配置”对话框，如图 6-1 所示。对话框中有“参数设置”、“颜色设置”和“文字设置”三个选项卡。

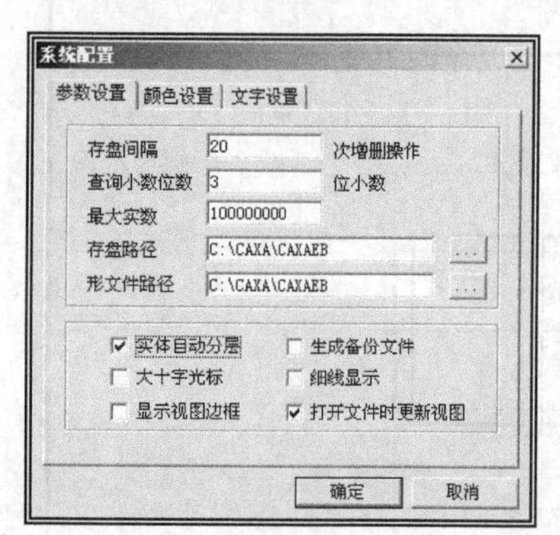

图 6-1 “系统配置”对话框

1. 参数设置

在“参数设置”选项卡中，可以设置系统的存盘间隔、查询结果中小数的位数、系统的最大实数和存盘路径等。

◇ 存盘间隔　以增删操作次数为单位，当系统记录的增删操作次数达到设置的数值时（有效值为 0～900000000），系统将自动把当前的图形存储在 temp 目录下的 temp0000.exb 文件中。这项功能的设置，是为了避免当系统遇到非正常情况退出时，因没有及时存盘而丢失全部图形信息。

◇ 查询小数位数　修改此值可以改变进行查询操作时输出结果的小数位数，以适应不同精度的查询需要。有效范围是 0～15。

◇ 最大实数　系统立即菜单所允许输入的最大实数。

◇ 存盘路径　可设置读入或存储文件的缺省路径。此外，对话框中还包括六个复选框。

- 实体自动分层　可以自动把中心线、剖面线、尺寸标注等放在各自对应的层。
- 生成备份文件　若选中，在每次修改后自动生成“.bak”文件。
- 大十字光标　若选中，则光标变为大十字光标。
- 细线显示　选中该复选框，则读入的视图用细实线显示。
- 显示视图边框　选中该复选框，则读入的每个视图都有一个绿色矩形边框。
- 打开文件时更新视图　若选中该复选框，则打开视图文件时，系统自动根据三维文件的变化对各个视图进行更新。

2. 颜色设置

在“系统配置”对话框中单击“颜色设置”选项卡，弹出“颜色设置”对话框，如图 6-2 所示，在其中可以设置坐标系、绘图区、光标、加亮显示的颜色。改变颜色设置的操作方法如下。

① 单击矩形颜色框右边的下拉按钮，弹出常用颜色列表，如图 6-3 所示，从中可以重新设置所需的颜色。

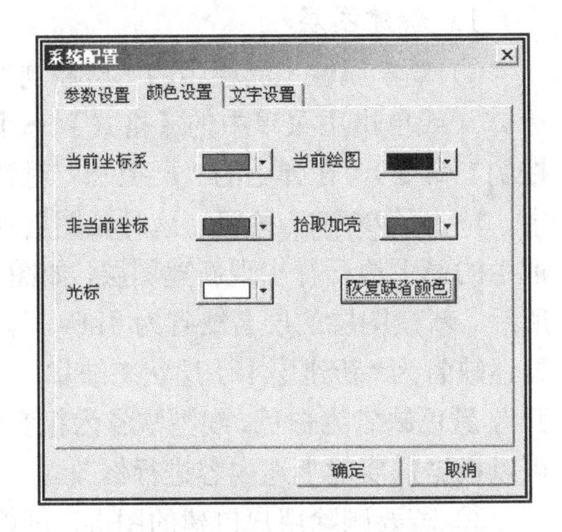

图 6-2 “颜色设置”对话框

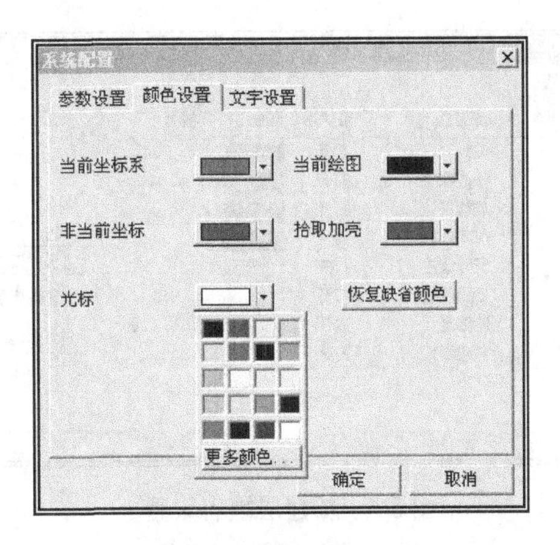

图 6-3 常用颜色列表

② 在弹出的常用颜色列表中，单击更多颜色...按钮，弹出 Windows 标准“颜色设置”对话框，如图 6-4 所示。在对话框中可以选择或自定义更多的颜色。

③ 在“颜色设置”对话框中单击恢复缺省颜色按钮，可以恢复到系统默认的颜色设置。

3. 文字设置

在“系统配置”对话框中选择“文字设置”选项卡，弹出“文字设置”对话框，如图 6-5 所示。从中可设置或修改标题栏文字的字型、明细表文字的字型、中文备用字体、西文备用字体以及文字显示的最小单位等。

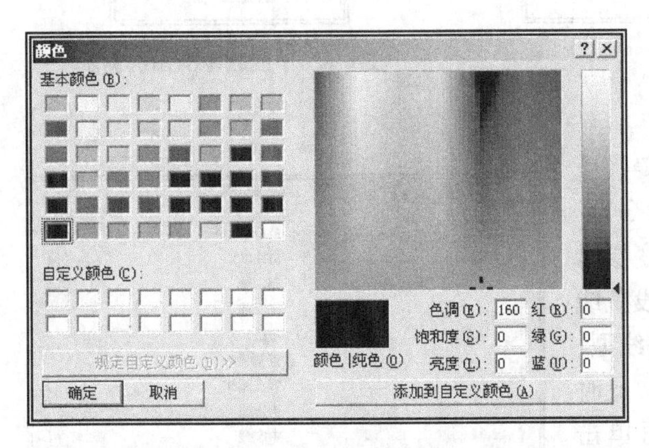

图 6-4 标准“颜色设置”对话框

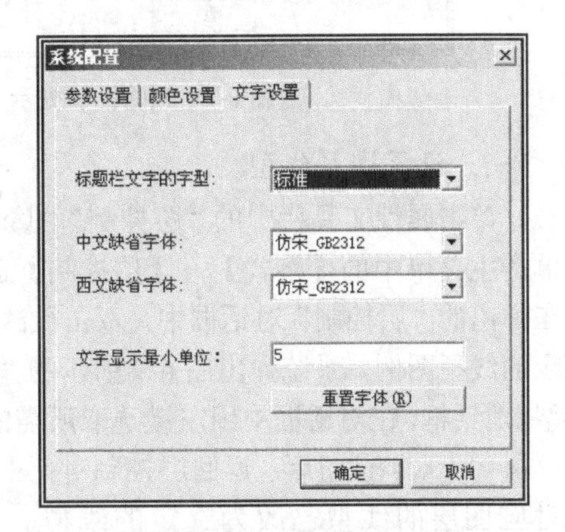

图 6-5 “文字设置”对话框

二、图层、线型与颜色

绘制工程图时，为了便于编辑修改，通常将不同的线型分层绘制在不同的图层，且赋予不同图层不同的颜色，即同一图层上的实体保持一种线型和颜色。CAXA 电子图板预先定义了七个图层，分别为“0 层”、“中心线层”、“虚线层”、“细实线层”、“尺寸线层”、“剖面线层”和“隐藏层”，每个层设置了相应的线型和颜色。系统起动后初始的当前层为 0 层，线型为粗实线。

当所绘图形线型复杂、系统预先定义的图层不能满足需求时，可新建图层，在新建图层中设置线型及颜色。CAXA 电子图板的图层最多可以设置 100 层。

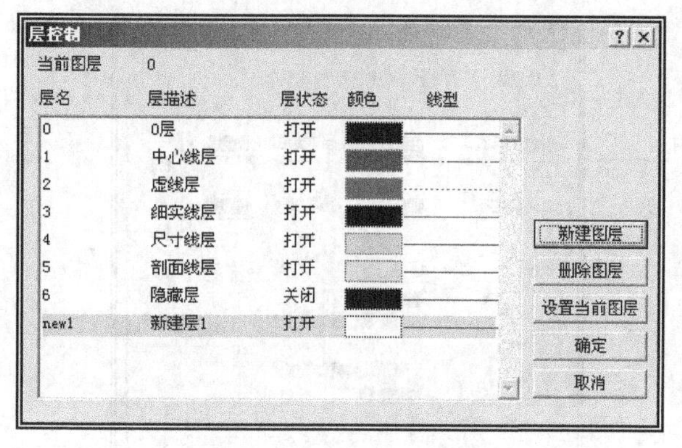

图 6-6　新建层缺省设置

1. 新建图层

① 单击属性工具栏中的“层控制”图标（或单击主菜单中的【格式】→【层控制】命令），在弹出的“层控制”对话框中，单击 新建图层 按钮，这时在图层列表框中的最下边一行出现新建图层，如图 6-6 所示。新建图层的层名缺省为“new1”，层描述缺省为“新建层 1”，层状态缺省为“打开”，颜色缺省为白色，线型缺省为粗实线，可以根据需要对上述内容进行修改。

② 若要删除用户自建的图层，可单击属性工具栏中的“层控制”图标（或单击主菜单中的【格式】→【层控制】命令），在弹出的“层控制”对话框中，选中要删除的图层，然后单击 删除图层 按钮，弹出图 6-7 所示的警告提示信息，单击 是(Y) 按钮，图层被删除，然后单击 确定(O) 按钮，结束删除图层操作。

注意：该操作只能删除用户创建的图层，而不能删除系统的原始图层。若选中系统原始图层，单击 删除图层 按钮，则系统会弹出警告提示信息，如图 6-8 所示。

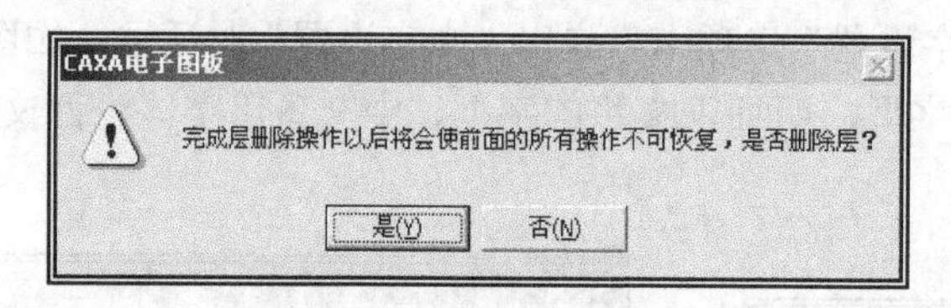

图 6-7　删除图层提示

图 6-8　不能删除的图层提示

2. 设置图层线型

单击属性工具栏中的“层控制”图标（或单击主菜单中的【格式】→【层控制】命令），在弹出的“层控制”对话框中，双击欲改变层对应的线型图例，系统弹出图 6-9 所示的“设置线型”对话框。在对话框中用左键选取所需的线型，单击 确定(O) 按钮后，返回层控制对话框，此时对应图层的线型已改为选定的线型。再单击 确定(O) 按钮，屏幕上该图层线型属性为“BYLAYER”的实体，全部改为重新指定的线型。

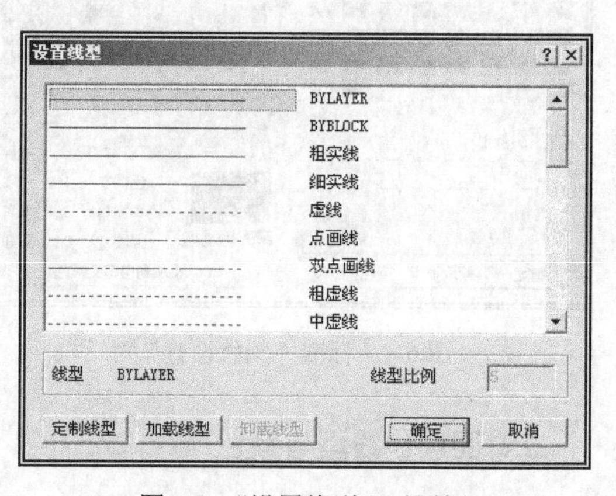

图 6-9　“设置线型”对话框

改变图层线型与改变实体线型不同，后者仅

改变拾取到的实体线型，而前者是改变系统的线型状态，改变后所画图形的线型将变为选定的线型，而对已经画出的实体不产生影响。

3. 设置图层颜色

图层本来没有颜色，我们把图层上实体的颜色称为图层的颜色。系统已为常用的七个图层设置了不同的颜色。

① 单击属性工具栏中的“层控制”图标（或单击主菜单中的【格式】→【层控制】命令)，在弹出的“层控制”对话框中，双击要改变层对应的颜色图标，系统会弹出“颜色设置”对话框。

② 用鼠标选取颜色，单击 确定(O) 按钮后，返回“层控制”对话框，此时要改变图层的颜色已变为操作者选取的颜色。再单击 确定(O) 按钮，屏幕上该图层中颜色属性为“BYLAYER”的实体，全部改为操作者指定的颜色。

改变图层颜色与改变实体颜色不同，后者仅改变拾取到的实体颜色，而前者是改变系统的颜色状态，改变后所画图形的颜色将变为选定的颜色，而对已经画出的实体不产生影响。

注意：一旦将线型或颜色设置为其他，当前层对线型和颜色的设置就不再起作用，即此后再画出实体的线型和颜色，与其所在的图层无关。

第二节 系统查询

CAXA 电子图板提供的系统查询功能，可以查询点的坐标、两点间距离、角度、元素属性、周长、面积、重心、惯性矩以及系统状态等内容。其操作方法极其相似，只要在【查询】下拉菜单中选取欲查询项，根据提示选取被查询的元素后，系统即弹出“查询结果”对话框。在对话框中，可以看到相应的查询结果。

一、点坐标（）

查询各种工具点方式下点的坐标，可同时查询多点。

单击主菜单中的【工具】→【查询】→【点坐标】命令，操作提示“拾取要查询的点:”，按提示要求，用鼠标在屏幕上一一拾取要查询的点（被选中的点呈红色显示，同时在选中点的右上角用阿拉伯数字对取点的顺序进行标记)。需查询的点拾取完毕后，点击右键确认，系统立即弹出“查询结果”对话框，对话框内按拾取的顺序列出所有被查询点的坐标值，如图6-10 所示。

如果在“查询结果”对话框中单击 存盘(S) 按钮，可将查询结果存入文本文件以供参考。

注意：在点的拾取过程中，可充分利用智能点、栅格点、导航点以及各种工具点等捕捉方式，查询圆心、直线交点、直线与圆弧的切点等特殊位置点。

二、两点距离（）

查询任意两点之间的距离。

单击常用工具栏中的“两点距离”按钮（或单击主菜单中的【工具】→【查询】→【两点距离】命令)，操作提示“拾取第一点:”。用鼠标拾取第一点后，屏幕上出现红色的点标识，操作提示“拾取第二点:”。拾取第二点后，屏幕上立即弹出“查询结果”对话框，对话框中列出了被查询两点的坐标、两点间的距离以及第二点相对于第一点的 X 轴和 Y 轴上的增量，如图 6-11 所示。

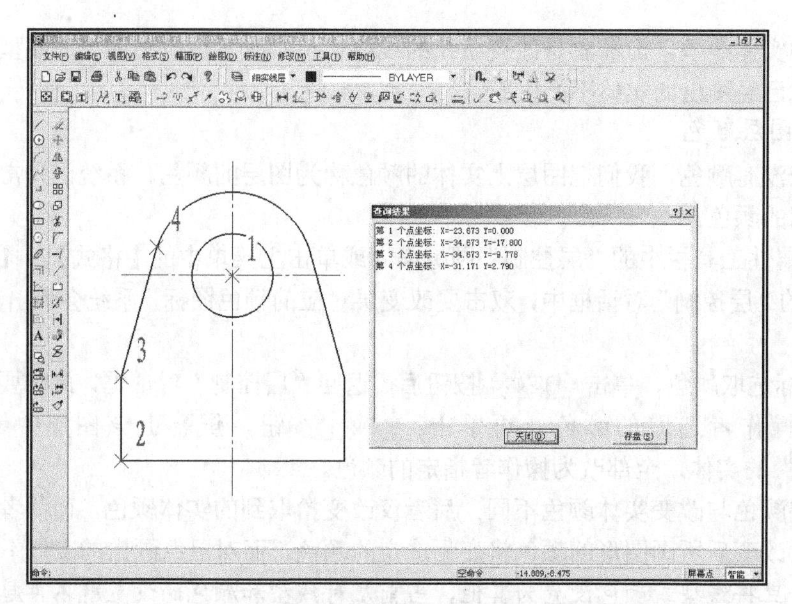

图 6-10　查询点坐标

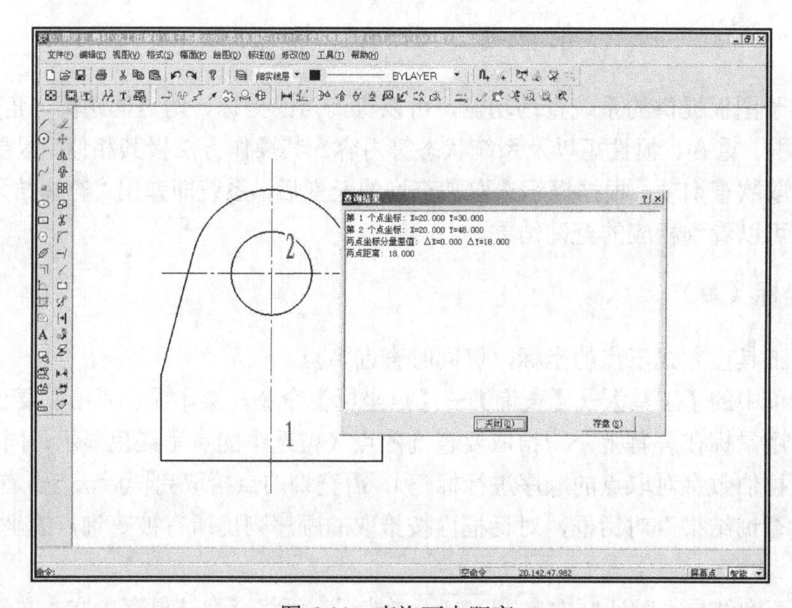

图 6-11　查询两点距离

三、角度（）

查询圆心角、两直线夹角和三点夹角（单位：度）。

单击主菜单中的【工具】→【查询】→【角度】命令，在屏幕下方弹出立即菜单。用鼠标单击立即菜单“1:”，则在其下方出现一个选项菜单，选项菜单共有三个选项，包括圆心角、直线夹角和三点夹角，如图 6-12 所示。

图 6-12　角度查询选项菜单

1. 圆心角

系统默认选项为“圆心角”，操作提示“拾取一个圆弧:”。用户拾取一段圆弧后，该圆弧变成红色虚线，同时屏幕上弹出“查询结果”对话框。

对话框中列出了被查询圆弧所对的圆心角，如图 6-13 所示。单击 关闭(C) 按钮或存盘后，被拾取圆弧恢复正常。

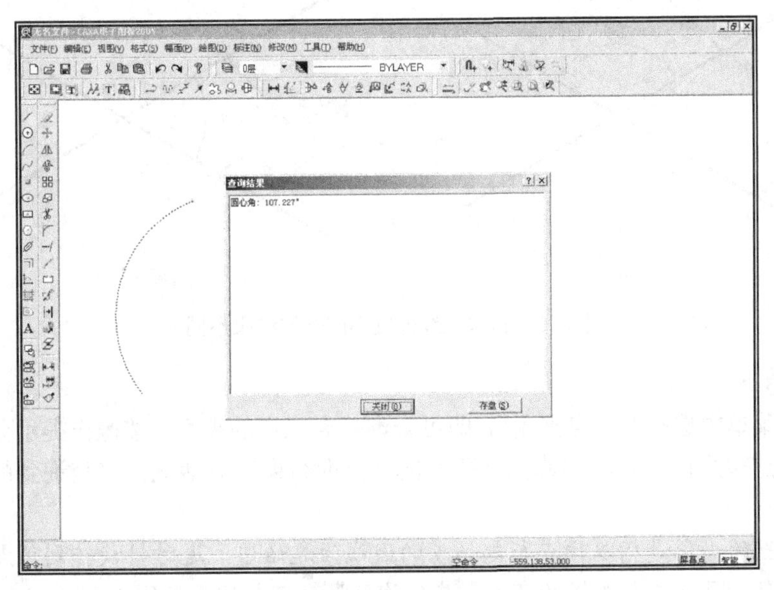

图 6-13　查询圆心角

2. 直线夹角

若在选项菜单中选择“直线夹角”，操作提示“拾取第一条直线:”，拾取完成后，操作提示“拾取第二条直线:”。根据提示拾取第二条直线后，在弹出的“查询结果”对话框显示出两直线夹角，如图 6-14 所示。

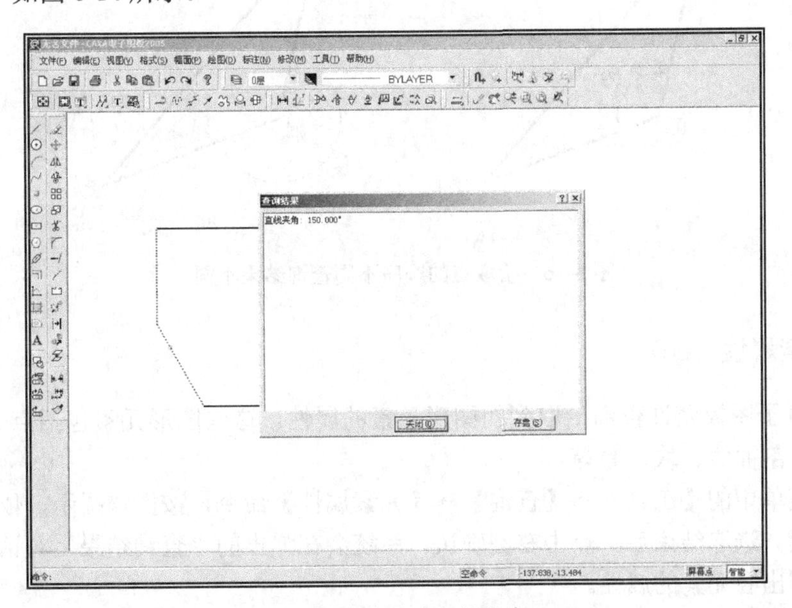

图 6-14　直线夹角的查询

注意：系统查询两直线夹角时，夹角的范围在 0°～180°之间，而且查询结果跟拾取直线的位置有关。同样的两条相交直线，按图 6-15（a）所示的位置拾取，查询结果为 120°。若按图 6-15（b）所示的位置拾取，查询结果为 60°。由此可见，直线夹角实际上是两个拾取点分别与两直线交点连线所夹的角。

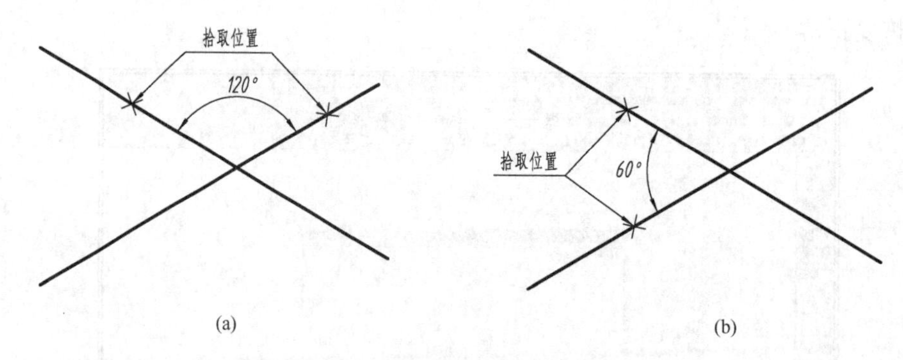

图 6-15　拾取直线位置不同查询结果不同

3. 三点夹角

若在选项菜单中选择“三点夹角”，即可查询任意三点的夹角。按操作提示分别拾取夹角的顶点、起始点和终止点后，屏幕上立即弹出“查询结果”对话框，将查询到的三点夹角显示出来。

注意：这里的夹角是指以顶点与起始点的连线为起始边，逆时针旋转到顶点与终止点的连线所构成的角，因此三点选择的不同，其查询结果也不相同。按图 6-16（a）所示方法拾取顶点、起始点、终止点，查询结果为 123°。若按图 6-16（b）所示的方法拾取顶点、起始点、终止点，查询结果为 237°。

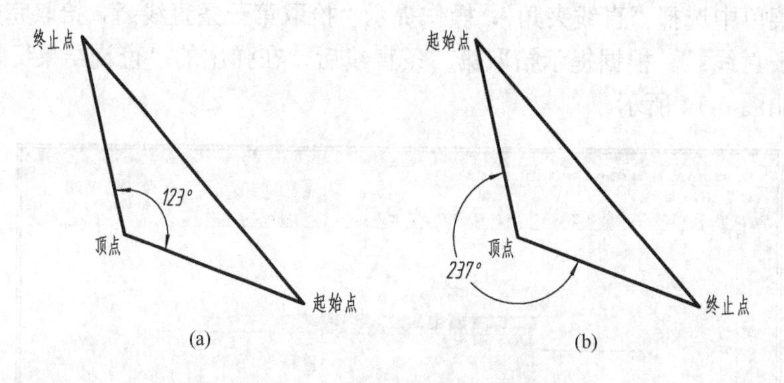

图 6-16　拾取点的顺序不同查询结果不同

四、元素属性（）

CAXA 电子图板允许查询拾取到的图形元素的属性。这些图形元素包括点、直线、圆、圆弧、样条、剖面线、块，等等。

单击主菜单中的【工具】→【查询】→【元素属性】命令，按操作提示，依次选取要查询的图形元素。选取结束后，点击右键确认，系统会在弹出的“查询结果”对话框中，按拾取顺序依次列出各元素的属性。

例如，在图 6-17 中，用窗口拾取图中的所有元素（被拾取的所有元素呈红色虚线显示），点击右键确认，系统会在弹出的“查询结果”对话框中列出每个实体的所有属性，其中包括圆、圆弧、直线、剖面线、尺寸线和点。由于对话框大小的限制，不能将所有信息一次都显示出来，用户可通过对话框右侧的滚动条查看到更多的信息。

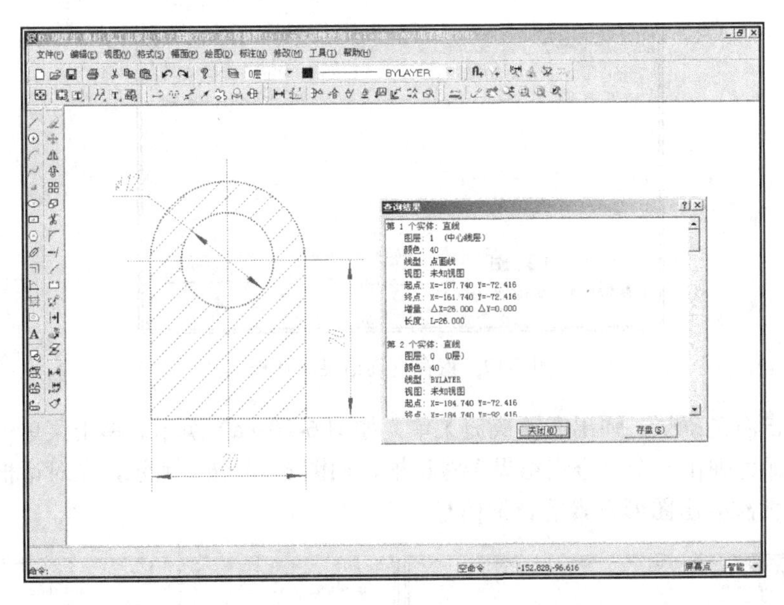

图 6-17　元素属性查询

若拾取的元素为样条，则可查询样条线的型值点。单击主菜单中的【工具】→【查询】→【元素属性】命令，按操作提示拾取样条线，点击右键确认后，在弹出的“查询结果”对话框中，可得到样条线各型值点的坐标值，如图 6-18 所示。

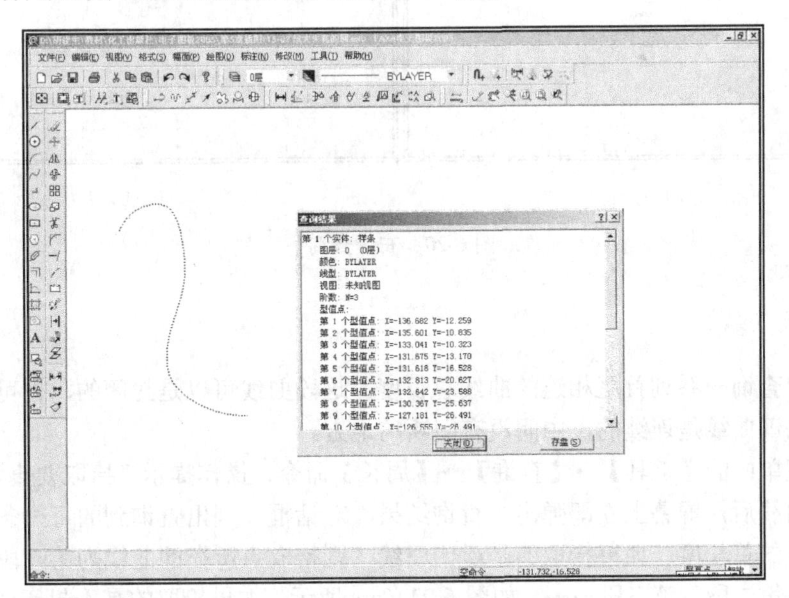

图 6-18　样条型值点查询

若想保存查询结果，可单击“查询结果”对话框中的 存盘(S) 按钮，调出“另存为”对话框，如图 6-19 所示。在对话框中输入文件名，单击 保存(S) 按钮完成该操作。

五、右键操作功能中的属性查询

在 CAXA 电子图板提供的面向对象的右键直接操作功能，可直接对元素属性进行。

在命令状态下，依次拾取绘图区内的直线、圆、圆弧，被拾取到的图形元素呈亮红色显

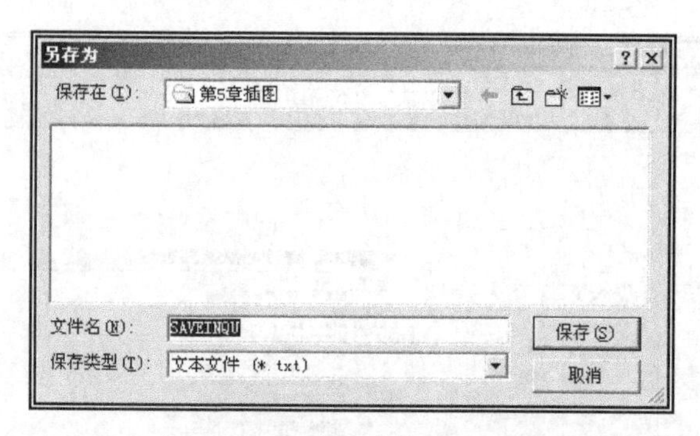

图 6-19　保存查询结果对话框

示。拾取后点击右键确认，弹出右键快捷菜单，如图 6-20（a）所示。单击菜单中的“属性查询”选项后，即可弹出一个“查询结果”对话框，如图 6-20（b）所示，在对话框中，按拾取元素的顺序，依次列出图形元素的查询信息。

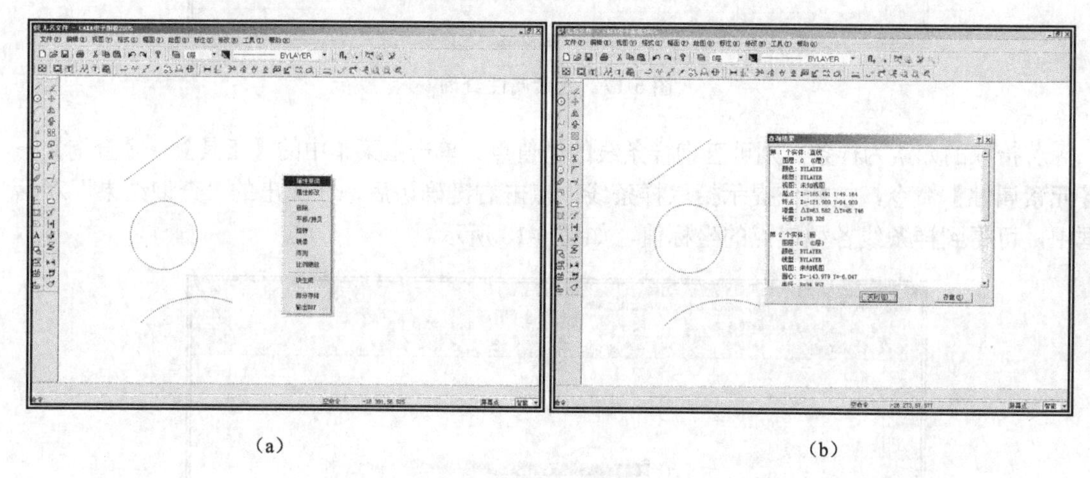

（a）　　（b）

图 6-20　右键查询

六、周长（）

允许用户查询一系列首尾相连的曲线总长度。这段曲线可以是封闭的，也可以是不封闭的。但必须保证曲线是连续的，中间没有间断的地方。

单击主菜单中的【工具】→【查询】→【周长】命令，操作提示“拾取要查询的曲线:”，按提示拾取曲线后，屏幕上立即弹出“查询结果”对话框，列出查询到的每一条曲线长度，以及连续曲线的总长度。如果拾取的是封闭曲线，则拾取点所在的曲线为第一段，沿逆时针方向依次列出第二段、第三段……，如图 6-21（a）所示。如果拾取的是不封闭曲线，则从曲线的一个端点开始，沿逆时针方向依次列出各段曲线，如图 6-21（b）所示。

七、面积（）

此功能用于在设计过程中的一些面积计算。允许用户对一个封闭区域或多个封闭区域构成的复杂图形进行查询。

单击主菜单中的【工具】→【查询】→【面积】命令，弹出如图 6-22 所示的立即菜单和操作提示。

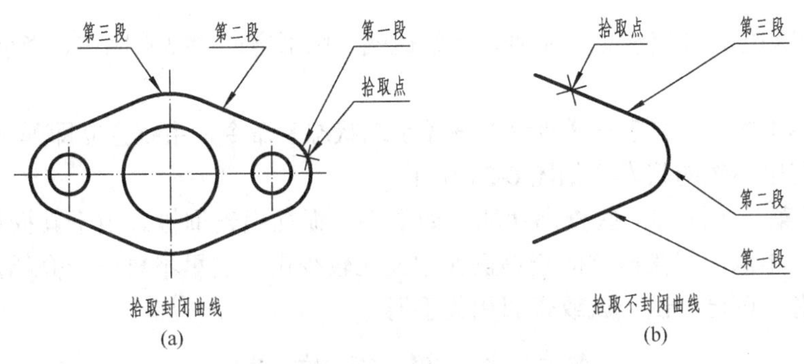

图 6-21　查询周长

◇ 立即菜单“1:”　是“增加面积”和“减少面积”的切换开关。“增加面积”，是指将拾取到的封闭环的面积进行累加。“减少面积”是指从其他面积中减去该封闭环的面积。

◇ “拾取环内点:”　操作提示“拾取环内点:”，是指拾取要计算面积的封闭环内的点，若拾取成功，该封闭环呈亮红色，点击右键确认后，系统会在弹出的“查询结果”对话框中列出查询到的面积。

图 6-22　查询面积的立即菜单

注意：系统查询面积时，搜索封闭环的规则与绘制剖面线一样，均是从拾取点向左搜索最小封闭环。

对面积查询的立即菜单进行切换，可以计算出较为复杂的图形面积。当全部拾取结束后，点击右键确认，可在弹出的“查询结果”对话框中看到所选的、所有封闭区域的面积总和。

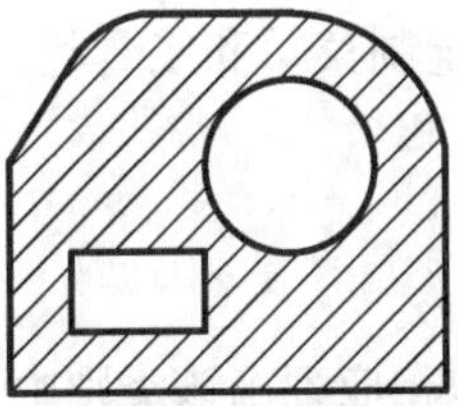

【例 1】　查询如图 6-23 所示阴影部分的面积。

操作步骤如下：

首先输入查询面积的命令。然后在“增加面积”状态下拾取外面大封闭环内一点，再将立即菜单切换为“减少面积”，分别拾取在矩形和圆内拾取一点，拾取后点击右键确认，在弹出的“查询结果”对话框中，显示出阴影部分的面积。

图 6-23　面积查询实例

八、系统状态

CAXA 电子图板允许在作图过程中随时查询当前的系统状态。这些状态包括当前颜色、

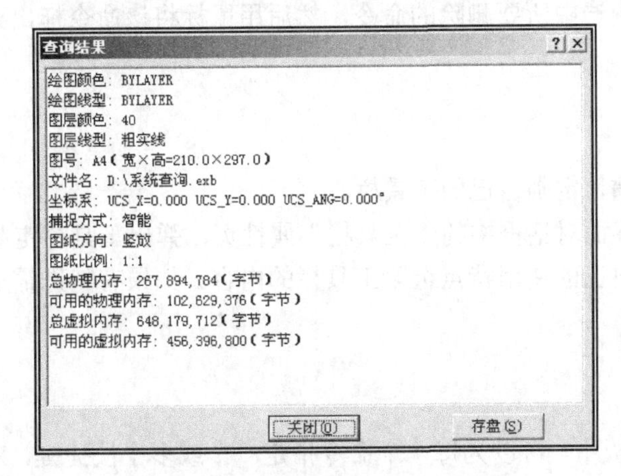

图 6-24　系统状态查询结果对话框

当前线型、图层颜色、图层线型、图号、图纸比例、图纸方向、显示比例、当前坐标系偏移、当前文件名等。

单击主菜单中的【工具】→【查询】→【系统状态】命令，系统会立即弹出“查询结果”对话框，从中列出系统的状态，如图6-24所示。

【查询】子菜单中还有一些查询功能，如重心、惯性矩查询等。由于其操作方法跟上面的查询命令极其相似，但在日常的查询操作中又比较少用，这里不再一一介绍，需要了解这部分知识的读者，可自己试一试或查阅相关手册。

第三节 界面定制

考虑到用户的工作习惯、工作重点、熟练程度等不尽相同，CAXA电子图板改变以往的界面布局，使用最新流行界面，并且新增了界面定制功能。通过界面定制功能，用户可以根据自己的爱好，定制工具条、外部工具栏、键盘命令、快捷键和菜单，从而使CAXA电子图板操作更方便，界面更友好，更加贴切用户。

单击CAXA电子图板主菜单中的【工具】→【自定义操作】命令，弹出“自定义”界面对话框，如图6-25所示。对话框中包括七个属性页，分别是命令、工具栏、外部工具、快捷键、键盘命令、菜单和选项，可以在对话框内，分别对它们进行定制。

一、重新组织菜单和工具栏

CAXA电子图板提供了一组默认的菜单和工具栏命令组织方案。一般情况下，这是一组比较合理和易用的组织方案，但是用户也可以使用界面定制工具，重新定制菜单和工具栏，可以在菜单和工具栏中添加命令和删除命令。

1．在菜单和工具栏中添加命令

在“自定义”界面对话框中选取“命令”属性页。

在对话框的“类别”列表框中选择某项，右侧的“命令”列表框中即相应列出该类别中的所有命令，当在其中选择了一个命令以后，在“说明”栏中显示出该命令的说明。

如需将某命令插入到菜单或工具栏中，可以按住左键拖动所选择的命令，将该命令拖动到菜单或工具栏中所需的位置时，再释放左键。

2．从菜单和工具栏中删除命令

在菜单或工具栏中选中所要删除的命令，然后用鼠标将该命令拖出菜单区域或工具栏区域即可。

二、工具栏定制

根据用户使用习惯，定制自己的工具栏。

单击“自定义”界面对话框中的“工具栏”属性页，弹出工具栏定制对话框，如图6-26所示。用户可以根据自己的使用特点选取工具栏的内容。如果有特殊需要，还可以新建自定义的工具条。

三、快捷键定制

在CAXA电子图板中，可以为每一个命令指定一个或多个快捷键，对于常用的功能，可以通过快捷键来提高操作速度和效率。

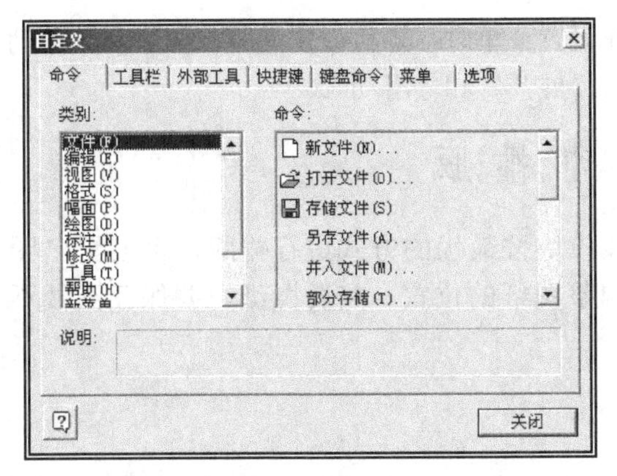

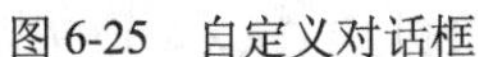

图 6-25　自定义对话框

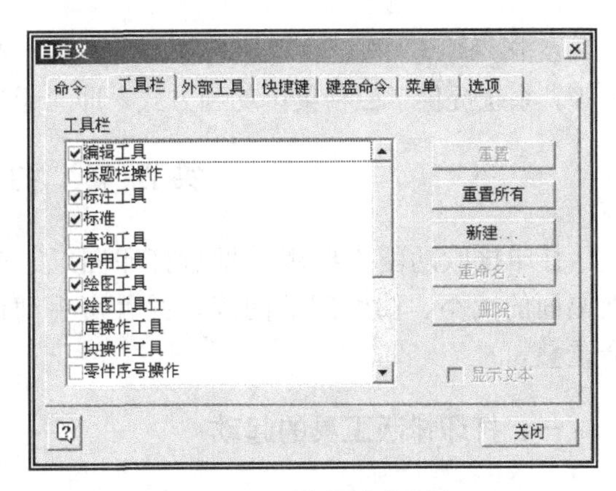

图 6-26　工具栏定制对话框

1. 指定新的快捷键

单击“自定义”界面对话框中的“快捷键”属性页，弹出快捷键定制对话框，如图 6-27 所示。在“命令”列表框中选中要指定快捷键的命令后，用左键在“请输入快捷键”编辑框中点一下，然后输入要指定的快捷键。如果输入的快捷键已经被其他命令所使用了，则弹出新对话框，提示重新输入。如果快捷键没有被其他命令所使用，单击 指定 按钮，即将这个快捷键添加到“快捷键”列表中。关闭“自定义”对话框以后，使用新定义的快捷键，就可以执行相应的命令。

2. 删除已有的快捷键

在“快捷键”列表框中，选中要删除的快捷键，然后单击 删除 按钮，就可以删除所选的快捷键。

3. 恢复快捷键的初始设置

如果需要将所有快捷键恢复到初始设置，可以单击 重置所有 按钮，在弹出的提示对话框中选择 是(Y) 按钮，确认重置即可。重置快捷键以后，所有的自定义快捷键设置将丢失，因此进行重置操作时应该慎重。

四、菜单定制

定制符合自己使用习惯的菜单。

单击“自定义”界面对话框中的“菜单”属性页，弹出菜单定制对话框，如图 6-28 所示。

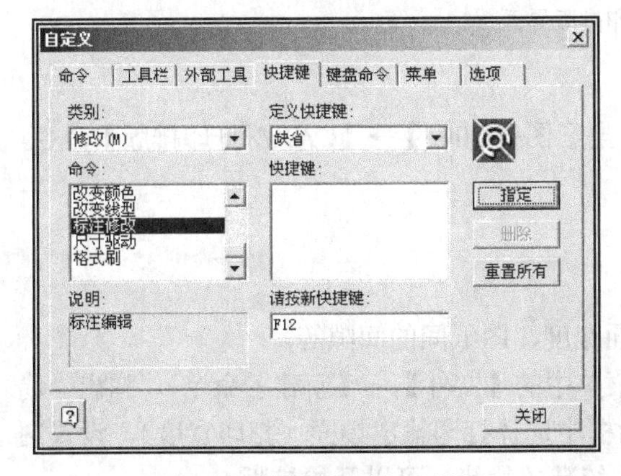

图 6-27　快捷键定制对话框

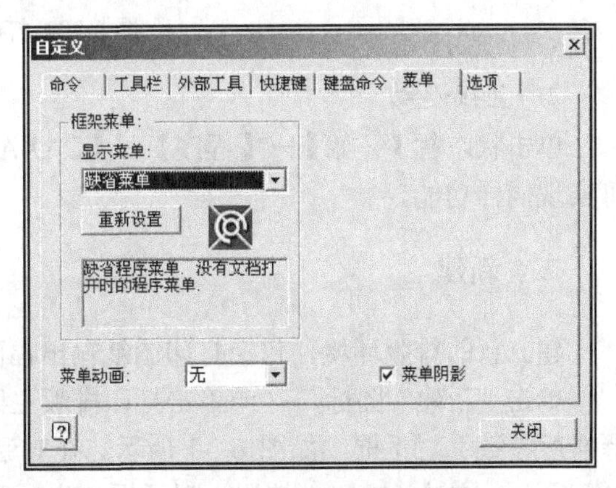

图 6-28　菜单定制对话框

点击 重新设置 按钮，可进行菜单的设置。在设置菜单时，还可以定义菜单阴影和菜单动画等。系统提供了三种菜单动画方式，即“无”、“展开”和“滑动”。

第四节　打 印 排 版

打印排版功能主要用于批量打印图纸。该模块按最优的方式进行排版，可设置出图纸幅面的大小、图纸间的间隙，并且可手动调整图纸的位置，旋转图纸，并保证图纸不会重叠。

一、打印排版工具的起动

打印排版工具作为 CAXA 电子图板外挂的独立模块，可以从 CAXA 电子图板中起动，也可以独立于 CAXA 电子图板直接起动。

1. 从 CAXA 电子图板中起动

单击主菜单中的【工具】→【外部工具】→【打印排版工具】命令，即可起动打印排版功能，进入打印排版界面，如图 6-29 所示。

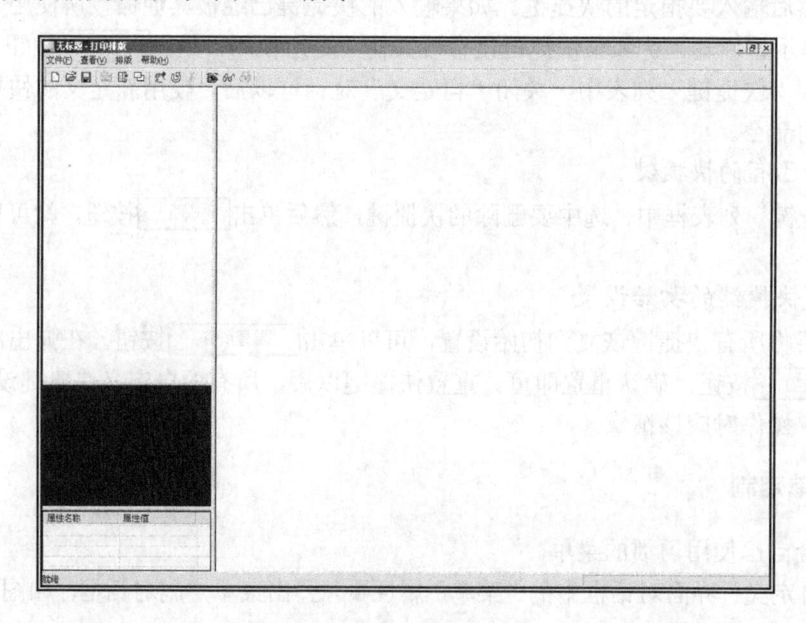

图 6-29　打印排版界面

2. 直接起动

单击状态栏【开始】→【程序】→【CAXA 电子图板 2005】→【CAXA 打印排版】命令，可实现同样功能。

二、新建

建立新的排版环境，包括打印图纸输出幅面宽度、图纸间的间隙等。

单击“新建”图标（或单击打印排版主菜单中的【文件】→【新建】命令），弹出“选择排版参数”对话框，如图 6-30 所示。在对话框中选择打印输出幅面（打印宽度）、设置图纸间距后，单击 确定(O) 按钮，对话框消失，系统准备就绪，可以开始排版。

三、插入/删除文件

1. 插入文件

读取图纸文件和工艺卡片文件，插入到排版系统中，并进行重新排版，支持多文件选择。

单击“插入图形文件”图标（或单击打印排版主菜单中的【排版】→【插入图形】命令），弹出“打开”文件对话框，如图 6-31 所示。

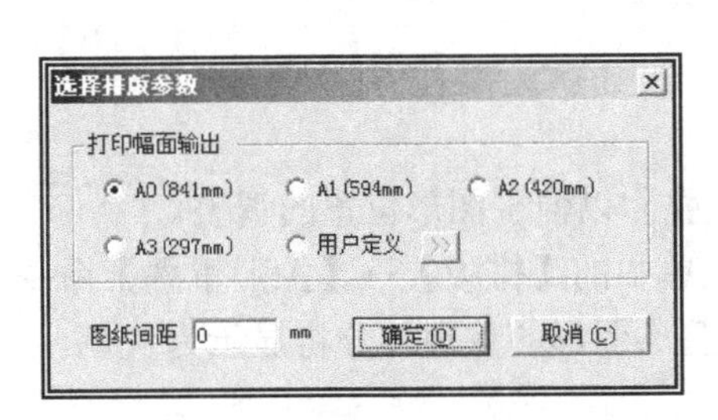

图 6-30 “选择排版参数”对话框

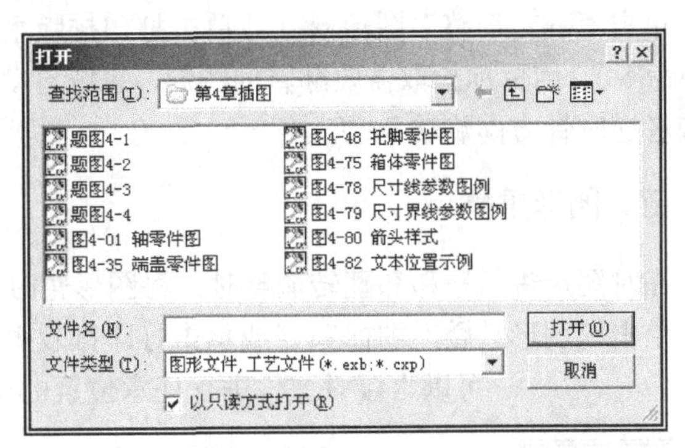

图 6-31 打开对话框

在弹出的打开文件对话框中，选定要插入的图形文件并单击 打开(O) 按钮，打开的图形文件就插入到新建的打印排版环境中。在插入图形时，支持多文件选择，如图 6-32 所示。

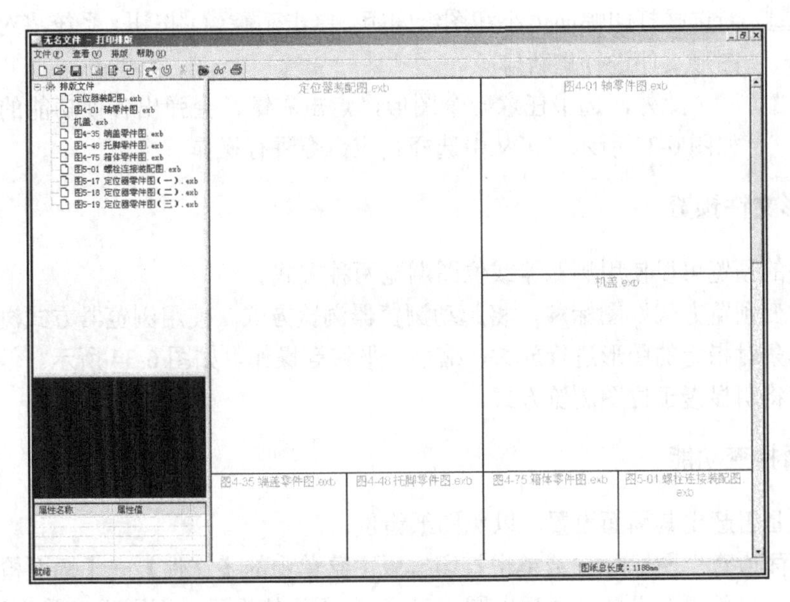

图 6-32 插入多个图形文件

2. 删除文件

将已插入的文件从打印排版环境中删除。

选中要删除的排版文件，单击“删除图形文件”图标（或单击打印排版主菜单中的【排版】→【删除图形】命令），即可将所选的图形文件，从打印排版环境中删除。

四、手动调整

1. 平移调整

单击“平移调整”图标（或单击打印排版主菜单中的【排版】→【手动调整】→【平移】命令），用鼠标拾取需要移动的图形，然后按住左键拖动鼠标，就可上、下、左、右平移该图形。

2. 翻转调整

单击“翻转调整”图标（或单击打印排版主菜单中的【排版】→【手动调整】→【翻转】命令），用鼠标拾取需要翻转的图形，系统自动计算其两侧的旋转空间，使图形沿着顺时针或者逆时针方向旋转90°角。

五、图形重叠

在对图形进行平移和翻转调整时，将图形暂时重叠，以便于图形位置的调整。

单击“图形重叠”图标（或单击打印排版主菜单中的【排版】→【图形重叠】命令），可以直接对文件进行任意位置的调整。图形的重叠部分将显示为灰色。

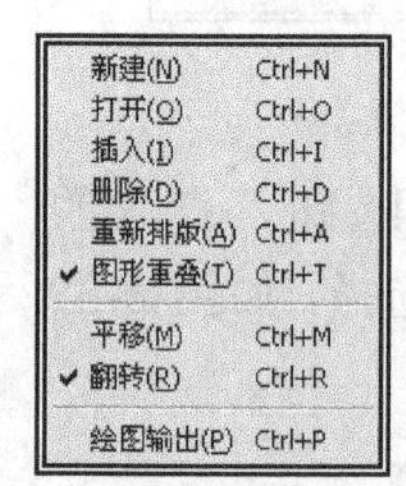

图 6-33 右键选项菜单

六、重新排版

忽略手工排版所作的修改（移动、旋转、删除），进行重新排版。

单击“重新排版”图标（或单击打印排版主菜单中的【排版】→【重新排版】命令），弹出“选择排版参数”对话框（图 6-30）。在对话框中重新选择打印幅面大小和图纸间距，单击 确定(O) 按钮，系统将对打开的多个图形文件进行重新排版。

此外，选中任意一个图形，点击右键，会弹出各项功能的选项菜单，如图 6-33 所示。可从中选择相应命令进行操作。

七、图形文件预览

图纸文件的预览可以使用浏览器或位图浏览两种方式。

单击“改变预览方式”图标，将起动浏览器浏览方式。使用浏览器方式浏览时，可通过上面的工具条对指定的图形进行放大、缩小、平移等操作，如图 6-34 所示。但是选择图形时，显示速度将明显慢于位图浏览方式。

八、幅面检查功能

检查图纸是否超出其幅面设置，以免图纸错位。

单击“幅面检查”图标（或单击打印排版主菜单中的【文件】→【幅面检查】命令），如果图纸没有超出其幅面设置，会弹出图 6-35（a）所示的提示，否则弹出图 6-35（b）所示的提示。

九、绘图输出

绘图输出的功能，是将排版完毕的图形按一定要求由绘图设备输出图形。

CAXA 电子图板的绘图输出功能，采用 WINDOWS 的标准输出接口，因此可以支持任何

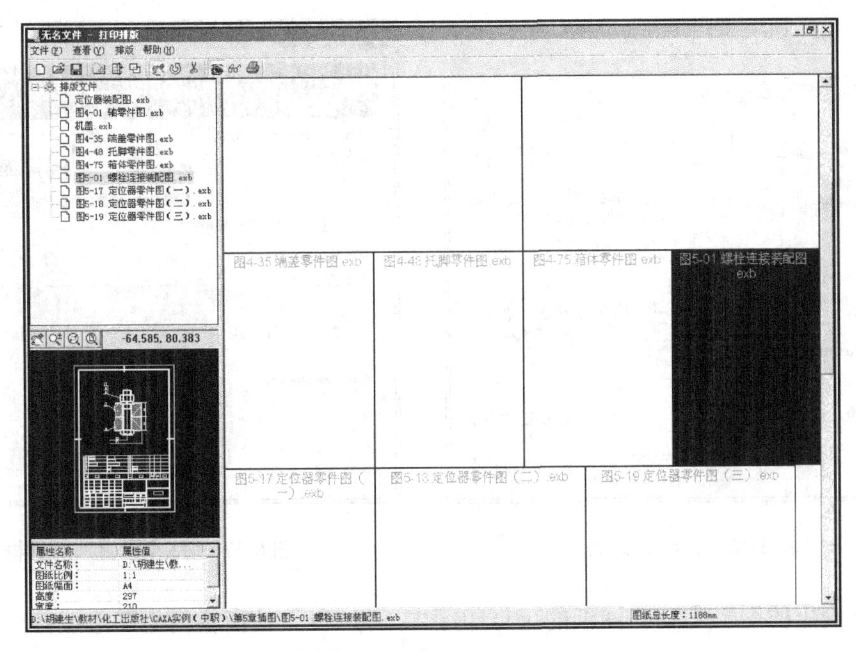

图 6-34　图形预览

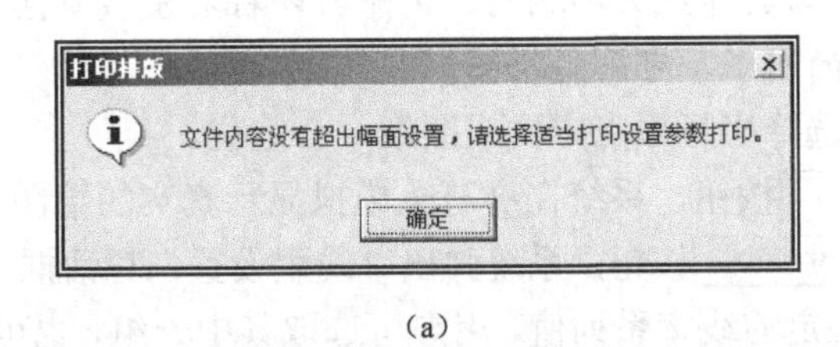

(a)

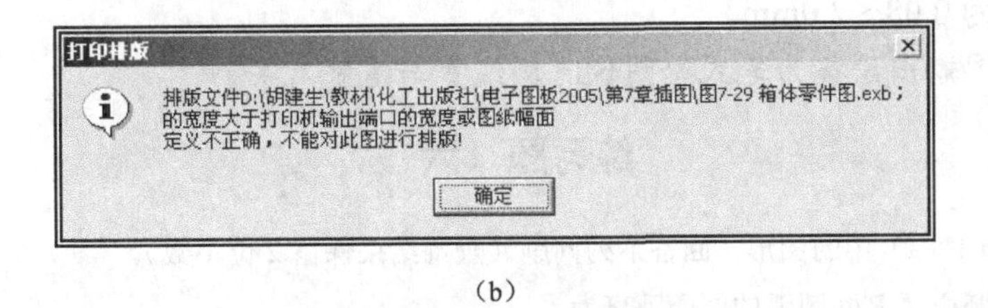

(b)

图 6-35　幅面检查结果提示

WINDOWS 支持的打印机。在 CAXA 电子图板系统内，无须单独安装打印机，只需在 WINDOWS 下安装即可。

单击“绘图输出”图标（或单击打印排版主菜单中的【文件】→【绘图输出】命令），弹出“打印设置”对话框，如图 6-36 所示。在弹出的对话框中，可以进行线宽设置、映射关系、文字消隐、定位方式等一系列相关内容设置。设置完毕后单击 确定(O) 按钮，即可进行绘图输出。

对话框中各选项的内容说明如下。

◇ 打印机设置区　在此区域内选择需要的打印机型号，并且相应地显示打印机的状态。

◇ 纸张设置区　在此区域内设置当前所选打印机的纸张大小以及纸张来源。

◇ 纸张方向设置区　选择纸张方向为横放或竖放。

◇ 图形与图纸的映射关系　是指屏幕上的图形与输出到图纸上图形的比例关系。“自动

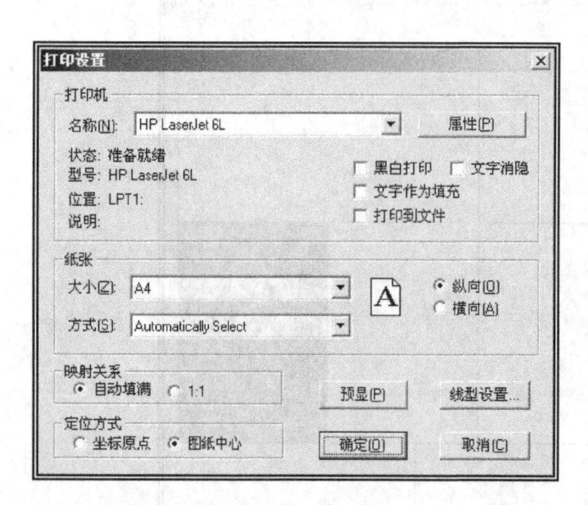

图 6-36　打印对话框

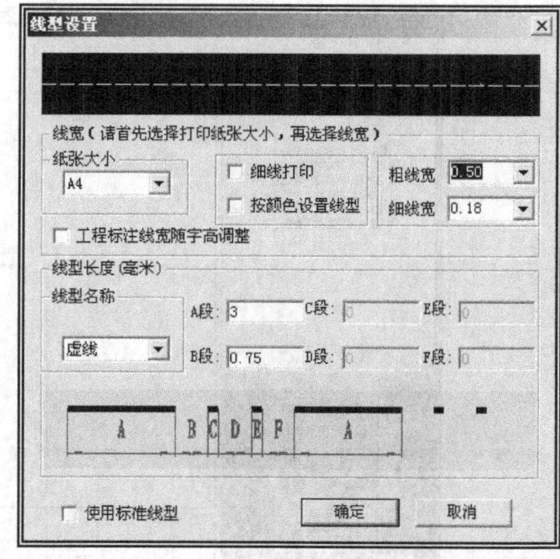

图 6-37　“线型设置”对话框

填满”是指输出的图形完全在图纸的可打印区内。“1∶1”是指输出的图形按 1∶1 的比例输出。

注意：如果图纸图幅与打印纸大小相同，由于打印机有硬裁剪区，可能导致输出的图形不完全。要想得到 1∶1 的图纸，可采用拼图。

◇ 定位方式　可以选择坐标原点定位或图纸中心定位。

◇ 预显　单击[预显(P)]按钮，系统在屏幕上模拟显示真实的绘图输出效果。

◇ 线型设置　单击[线型设置...]按钮，系统弹出“线型设置”对话框，如图 6-37 所示。在下拉列表框中列出了国标规定的线宽系列值，用户可选取其中一组，也可在输入框中输入数值。线宽的有效范围为 0.08～2.0mm。

注意：当绘图输出设备为笔式绘图仪时，线宽与笔宽有关。

练习题（六）

（1）查询题图 6-1（a）中的图形，回答下列问题（查询结果保留 2 位小数）。

① *R*14 圆弧的圆心至 *R*24 圆弧的圆心距离为＿＿＿＿＿＿。

② *A* 段直线的长度值为＿＿＿＿＿＿。

③ 外轮廓线的总长度为＿＿＿＿＿＿。

④ 整个平面图形（不去除三个小圆孔）的面积为＿＿＿＿＿＿。

（2）查询题图 6-1（b）中的图形，回答下列问题（查询结果保留 2 位小数）。

① *R*30 圆弧的长度值为＿＿＿＿＿＿。

② *A* 弧圆心至左上方小圆的圆心距离为＿＿＿＿＿＿。

③ 如果将三个小圆的圆心连成一个三角形，则该三角形三个内角的角度值分别为＿＿＿＿、＿＿＿＿、＿＿＿＿。

④ 整个平面图形（去除三个小圆孔）的面积为＿＿＿＿＿＿。

（3）利用 CAXA 电子图板的界面定制功能，定制更符合自己绘图习惯的用户界面。

（4）上机了解打印排版的用户界面、常用命令的功能和操作方法。

（5）将已存盘的图形文件打印输出。

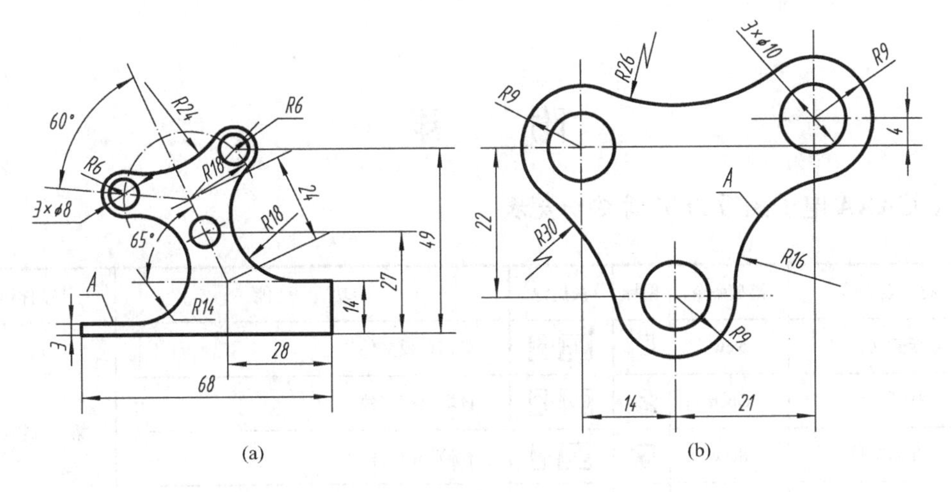

60°
R24
R6
R6
R18
3×ϕ8
24
R18
65°
49
27
A
14
R14
3
28
68
(a)
3×ϕ10
R26
R9
R9
4
22
A
R30
R16
R9
14
21
(b)

题图 6-1

附　　录

一、CAXA 电子图板 2005 命令一览表

	下拉菜单	键盘命令	图标	快捷键	功能	应用指南
文件操作	新建文件	New		Ctrl+N	调出模板文件	第一章第四节
	打开文件	Open		Ctrl+O	读取已有文件	
	存储文件	Save		Ctrl+S	存储当前文件	
	另存文件	Saveas			用另一文件名存储当前文件	
	并入文件	Merge			将已有文件并入当前文件中	第五章实例十四
	部分存储	Partsave			将图形一部分存为一个文件	
	绘图输出	Plot		Ctrl+P	在输出设备上输出图形文件	第六章第四节
	文件检索				从本地计算机或网络计算机上查找符合条件的文件	
	DWG/DXF 批转换器				可以实现 DWG/DXF 和 EXB 格式的批量转换，并支持按文件列表和按目录结构转换	
	应用程序管理器				管理电子图板二次开发应用程序	
	实体设计数据接口				接收从 CAXA 实体设计中输出的工程布局图或将已绘制好的二维图形输出到实体设计中	
	退出			Alt+X	退出 CAXA 电子图板系统，并对未存盘文件进行是否存盘的提示	第一章第四节
编辑操作	取消操作	Undo/U		Ctrl+Z	取消上一项的操作	第二章实例五
	重复操作	Redo		Ctrl+Y	恢复刚刚取消的操作	
	图形剪切	Cut		Ctrl+X	将选定图形剪切到剪贴板上	
	图形拷贝	Copy		Ctrl+C	将选定图形拷贝到剪贴板上	
	图形粘贴	Paste		Ctrl+V	将剪贴板上的图形粘贴到当前文件中	
	选择性粘贴	Specialpaste			将剪贴板上的图形，选择一种方式粘贴到当前文件中	
	插入对象	Insertobject			插入 OLE 对象到当前文件中	
	删除对象	Delobject			将当前激活的 OLE 对象删除	
	链　接				实现链接到文件中的对象链接操作	
	OLE 对象				随选中对象的不同而不同，可以对选中的对象进行测试、编辑和转换类型等操作	
	对象属性	Objectatt			编辑当前激活的 OLE 对象的属性	

续表

下拉菜单		键盘命令	图标	快捷键	功能	应用指南
编辑操作	清 除	Delete/Del/E			将拾取的实体删除	第二章实例二
	清除所有	Delall			将所有实体删除	第五章实例十四
视图操作	重 画	Redraw/R			刷新当前屏幕图形	
	重新生成				可以将显示失真的图形按当前窗口的显示状态进行重新生成	
	全部重新生成				可以使图形中所有元素进行重新生成	
	显示窗口	Zoom/Z			用窗口将图形放大	第二章实例五
	显示平移	Pan/P			指定屏幕显示中心，将图形平移	
	显示全部	Zoomall/Za		F3	显示全部图形	第二章实例一
	显示复原	Home		Home	恢复图形的初始状态	
	显示比例	Vscale			按给定比例将图形缩放	
	显示回溯	Prev/Zq			显示前一幅图形	第三章实例八
	显示向后	Next			显示后一幅图形	
	显示放大	Zoomin		Pageup	按固定比例（1.25 倍）将图形放大	第三章实例六
	显示缩小	Zoomout		Pagedown	按固定比例（0.8 倍）将图形缩小	
	动态平移	Dyntrans		Shift+左键	使用鼠标拖动，进行动态平移	
	动态缩放	Dynscale		Shift+右键	使用鼠标拖动，进行动态缩放	
	全屏显示	Fullview		F9	切换全屏显示和窗口显示	
格式操作	层控制	Layer			通过层控制对话框对层进行操作	第三章实例七
	线 型	Linetype			为系统定制线型	第六章第一节
	颜 色	Color			为系统设置颜色	
	文字参数	Textpara			设置文字参数数值	第四章实例十二
	标注参数	Dimpara			设置标注的参数数值	
	剖面图案	Hpat			设置剖面图案的样式	
	点样式	Ddptype			设置点的大小和样式	
幅面操作	图幅设置	Setup			调用或自定义图幅	第四章实例九
	调入图框	Frmload			调用图框模板文件	
	定义图框	Frmdef			将一个图形定义成图框文件	
	存储图框	Frmsave			将定义好的图框文件存盘	
	调入标题栏	Headload			调入标题栏模板文件	第四章实例九

续表

下拉菜单			键盘命令	图标	快捷键	功能	应用指南
幅面操作		定义标题栏	Headdef			将一个图形定义为标题栏文件	
		存储标题栏	Headsave			将定义好的标题栏文件存盘	
		填写标题栏	Headerfill			填写标题栏的内容	第四章实例九
		生成序号	Ptno			生成零件序号并填写其属性	第五章实例十三
		删除序号	Ptnodel			删除零件序号并删除其属性	
		编辑序号	Ptnoedit			修改零件序号的位置	
		序号设置	Partnoset			设置零件序号的标注形式	
	明细表	定制明细表	Tbldef			对明细表的字高、对齐方式、颜色、字型等进行自定义设置，使明细表更加符合各行业需求	
		删除表项	Tbldel			删除明细表的表项	
		表格折行	Tblbrk			将明细表的表格折行	
		填写明细表	Tbledit			填写明细表的表项内容	第五章实例十三
		插入空行	Tblnew			把一空白行插入到明细表中	
		输出明细表					
		关联数据库					
		输出数据	Tableexport			将明细表的内容输出到文件	
		读入数据	Tableinput			从文件中读入数据到明细表中	
	背景设置	插入位图				为CAXA电子图板插入位图背景	
		平移背景图片				为CAXA电子图板平移背景图片	
		删除背景图片				为CAXA电子图板删除背景图片	
绘图操作		直 线	Line/L			画直线	第二章实例一
		圆	Circle/Cir/C			画圆	
		圆 弧	Arc/A			画圆弧	第二章实例三
		样 条	Spline			画样条曲线	第四章实例十
		点	Point			画一个孤立的点	
		公式曲线	Fomul			可以绘制出用数学公式表达的曲线	
		椭 圆	Ellipse			画椭圆	
		矩 形	Rect			画矩形	第二章实例一
		正多边形	Polygon			画正多边形	第二章实例三

续表

下拉菜单			键盘命令	图标	快捷键	功能	应用指南
绘图操作		中心线	Centerl			画圆、圆弧的十字中心线，或两平行直线的中心线	
		等距线	Offset			画直线、圆或圆弧的等距离线	第四章实例十一
		剖面线	Hatch			画剖面线	第三章实例八
		填　充	Solid			对封闭区域的填充	
		文字	Text			标注文字	第二章实例五
		局部放大图	Enlarge			将实体的局部进行放大	第四章实例十
		轮廓线	Contour			画由直线与圆弧构成的首尾相连的封闭或不封闭的曲线	
		波浪线	Wavel			画波浪线，即断裂线	
		双折线	Condup			用于表达直线的延伸	
		箭　头	Arrow			单独绘制箭头，或为直线、曲线添加箭头	第四章实例十一
		齿　轮	Gear			绘制渐开线齿形	
		圆弧拟合样条	Nhs			将样条线分解为多段圆弧，且可以指定拟合精度	
		孔/轴	Hole			画孔或轴，并同时画出它们的中心线	第二章实例二
	块操作	块生成	Block			将一个图形组成块	第五章实例十四
		块消隐	Hide			作消隐处理	
		块属性	Attrib			显示、修改块的属性	
		块属性表	Attab			制作块的属性表	
	库操作	提取图符	Sym			从图库中提取图符	第四章实例十一
		定义图符	Symdef			定义固定图符或参量图符	
		图库管理	Symman			对图库进行增、减、合并等管理	
		驱动图符	Symdrv			对图库中提取的图符进行参数驱动	
		图库转换	Symtran			将用户在低版本电子图板中的图库（或自定义图库）转换为当前版本电子图板的图库格式	
		构件库	Conlib			是一种新的二次开发模块的应用形式，与普通二次开发基本上是一样的	
		技术要求库	Speclib			用数据库文件分类记录常用的技术要求	第四章实例十二
标注操作		尺寸标注	Dim			按不同形式标注尺寸	第二章实例四
		坐标标注	Dimco			按坐标方式标注尺寸	
		倒角标注	Dimch			标注倒角尺寸	第四章实例九

续表

下拉菜单			键盘命令	图标	快捷键	功能	应用指南
标注操作		引出说明	Ldtext			画出引出线	第四章实例十
		粗糙度	Rough			标注表面粗糙度	第四章实例九
		基准代号	Datum			画出形位公差中的基准代号	
		形位公差	Fes			标注形位公差	第四章实例十二
		焊接符号	Weld			用于各种焊接符号的标注	
		剖切符号	Hatchpos			标出剖面的剖切位置	第四章实例九
修改操作		删 除	Delete/Del/E			将拾取的实体删除	第二章实例二
		平 移	Move/Mo			将实体平移或拷贝	第四章实例九
		旋 转	Rotate			将实体旋转或拷贝	第二章实例三
		镜 像	Mirror			将实体作对称镜像和拷贝	第二章实例二
		比例缩放	Scale			将实体按给定比例缩放	
		阵 列	Array			将实体按圆形或矩形阵列	第二章实例三
		裁 剪	Trim			将多余的线段进行裁剪	第二章实例二
		过 渡	Corner			在直线或圆弧间作圆角、倒角过渡	第二章实例一
		齐 边	Edge			将一系列线段按某边界齐边或延伸	第三章实例八
		打 断	Break			将直线或曲线打断	第二章实例四
		拉 伸	Stretch			将直线或曲线拉伸	第二章实例一
		打 散	Explode			将块打散成图形元素	第四章实例十
		改变线型	Mltype			改变所拾取图形元素的线型	
		改变层	Mlayer			改变实体所在的图层	第三章实例七
		改变颜色	Mcolor			将拾取到的实体改变颜色	
		标注编辑	Dimedit			对工程标注（包括尺寸、符号和文字）进行编辑	第二章实例五
		尺寸驱动	Drive			对当前拾取的实体组（已经标注尺寸）进行尺寸驱动	
		格式刷	Match			可以大批量更改软件中的图形元素属性	第二章实例五
工具操作		三视图导航	Guide		F7	根据两个视图生成第三个视图	第三章实例六
	查询	点坐标	Ld			查询一个点的坐标	第六章第二节
		两点距离	Dist			查询两点间的距离及偏移量	
		角度	Angle			查询角度	

续表

<table>
<tr><th colspan="3">下拉菜单</th><th>键盘命令</th><th>图标</th><th>快捷键</th><th>功能</th><th>应用指南</th></tr>
<tr><td rowspan="23">工具操作</td><td rowspan="6">查询</td><td>元素属性</td><td>List</td><td></td><td></td><td>查询图形元素的属性</td><td rowspan="3">第六章第二节</td></tr>
<tr><td>周长</td><td>Circum</td><td></td><td></td><td>查询连续曲（直）线的长度</td></tr>
<tr><td>面积</td><td>Area</td><td></td><td></td><td>查询封闭面的面积</td></tr>
<tr><td>重心</td><td>Barcen</td><td></td><td></td><td>查询封闭面的重心</td><td></td></tr>
<tr><td>惯性矩</td><td>Iner</td><td></td><td></td><td>查询选中实体的惯性矩</td><td></td></tr>
<tr><td>系统状态</td><td>Status</td><td></td><td></td><td>查询当前的系统状态（包括当前颜色、线型、图层颜色、图层线型、图号、图纸比例等）</td><td>第六章第二节</td></tr>
<tr><td rowspan="4">用户坐标系</td><td>设置</td><td>Setucs</td><td></td><td></td><td>设置用户坐标系</td><td rowspan="4">第四章实例九</td></tr>
<tr><td>切换</td><td>Switch</td><td></td><td>F5</td><td>世界坐标系与用户坐标系切换</td></tr>
<tr><td>可见</td><td>Drawucs</td><td></td><td></td><td>设置坐标系可见/不可见</td></tr>
<tr><td>删除</td><td>Delucs</td><td></td><td></td><td>删除当前坐标系</td></tr>
<tr><td rowspan="6">外部工具</td><td>图纸管理系统</td><td></td><td></td><td></td><td>通过自动或者手动生成产品树，来实现对一整套产品设计图纸的管理</td><td></td></tr>
<tr><td>打印排版工具</td><td></td><td></td><td></td><td>可以对多张图纸进行自动、优化排列，并可以手工调整，待排列满意后可以打印输出</td><td>第六章第四节</td></tr>
<tr><td>Exb 文件浏览器</td><td></td><td></td><td></td><td>可以打开一个电子图板的 Exb 文件，并通过各种显示操作来浏览图纸</td><td></td></tr>
<tr><td>记事本</td><td></td><td></td><td></td><td></td><td></td></tr>
<tr><td>计算器</td><td></td><td></td><td></td><td></td><td></td></tr>
<tr><td>画笔</td><td></td><td></td><td></td><td></td><td></td></tr>
<tr><td colspan="2">捕捉点设置</td><td>Potset</td><td></td><td></td><td>设置屏幕上点的捕捉方式</td><td></td></tr>
<tr><td colspan="2">拾取过滤设置</td><td>Objectset</td><td></td><td></td><td>设定拾取图形元素及拾取盒大小</td><td>第五章实例十四</td></tr>
<tr><td colspan="2">自定义操作</td><td>Customize</td><td></td><td></td><td>定制界面</td><td>第六章第三节</td></tr>
<tr><td rowspan="4">界面操作</td><td>恢复老面孔</td><td>Newold</td><td></td><td></td><td>切换新老界面</td><td></td></tr>
<tr><td>界面重置</td><td></td><td></td><td></td><td></td><td></td></tr>
<tr><td>加载界面配置</td><td></td><td></td><td></td><td></td><td></td></tr>
<tr><td>保存界面配置</td><td></td><td></td><td></td><td></td><td></td></tr>
<tr><td colspan="2">选项</td><td></td><td></td><td></td><td></td><td></td></tr>
<tr><td rowspan="3">帮助</td><td colspan="2">日积月累</td><td></td><td></td><td></td><td></td><td></td></tr>
<tr><td colspan="2">帮助索引</td><td>Help</td><td></td><td></td><td>CAXA 电子图板的帮助</td><td></td></tr>
<tr><td colspan="2">新增功能</td><td></td><td></td><td></td><td>CAXA 电子图板 2005 新增的功能</td><td></td></tr>
</table>

续表

下拉菜单		键盘命令	图标	快捷键	功能	应用指南
帮助	实例教程					
	命令列表	Cmdlist			CAXA 电子图板所有命令的列表	
	关于电子图板	About			CAXA 电子图板的版本信息	

二、国家职业技能鉴定统一考试中级制图员《计算机绘图》测试试卷

考试要求

一、尺寸标注按图中格式。尺寸参数：字高为3.5 mm，箭头长度为4 mm，尺寸界线延伸长度为2 mm，其余参数使用系统缺省设置。

二、分层绘图。图层、颜色、线型要求如下：

层名	颜色	线型	用途
0	黑/白	实线	粗实线
1	红	点画线	中心线
2	洋红	虚线	虚线
3	绿	实线	细实线
4	黄	实线	尺寸
5	兰	实线	标注

其余参数使用系统缺省设置。另外需要建立的图层，考生自行设置。

三、存盘前使图框充满屏幕。

四、存盘时文件名采用考试号码。

1. 在A3图幅内绘制全部图形，用粗实线画出边框（400×277），按尺寸在右下角绘制标题栏，在对应框内填写姓名和考号，字高7 mm。（10分）

2. 按标注尺寸1∶1绘制图形，并标注尺寸。（20分）

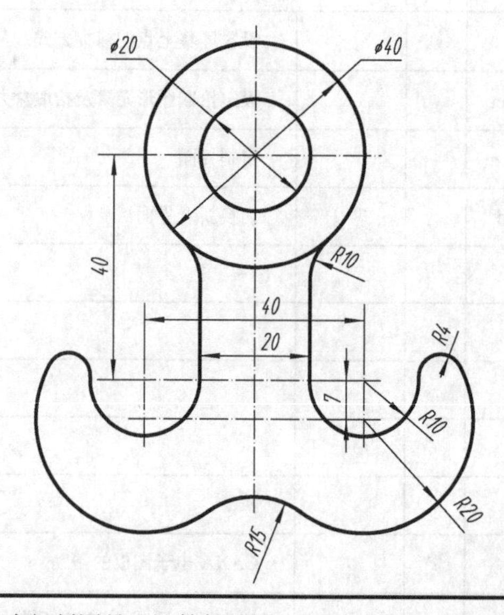

（2003 年）中级制图员《计算机绘图》测试试卷　　第 1 页（共 2 页）

3. 按标注尺寸1：1抄画主、左视图，补画俯视图（不标尺寸）。（30分）

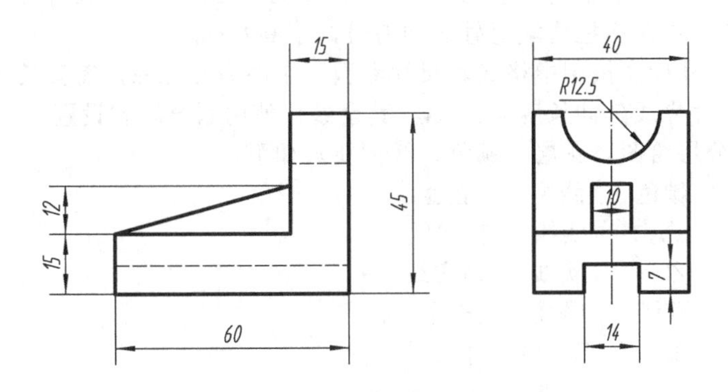

4. 按标注尺寸1：1抄画零件图，并标全尺寸和粗糙度。（40分）

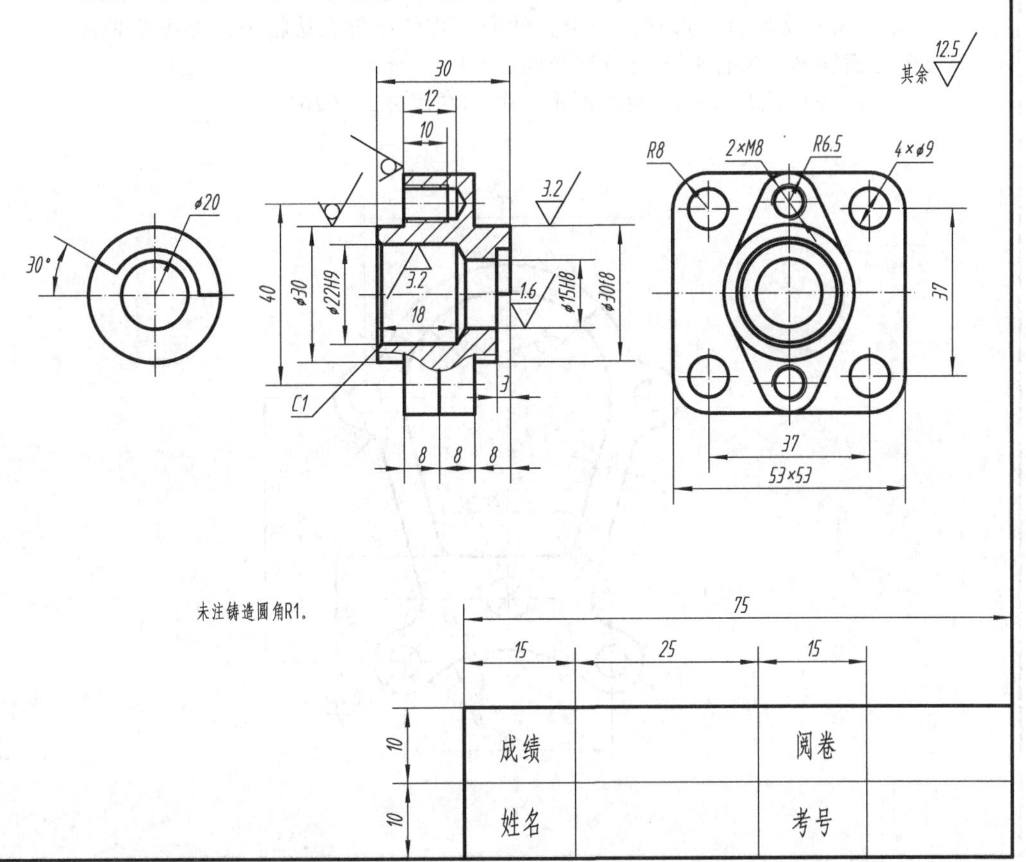

（2003年）中级制图员《计算机绘图》测试试卷　第2页（共2页）

1. 考试要求。（10分）

（1）设置A3图幅，用粗实线画出边框（400×277），按尺寸在右下角绘制标题栏，在对应框内填写姓名和考号，字高7 mm。

（2）尺寸标注按图中格式。尺寸参数：字高为3.5 mm，箭头长度为3.5 mm，尺寸界线延伸长度为2 mm，其余参数使用系统缺省设置。

（3）分层绘图。图层、颜色、线型要求如下：

层名	颜色	线型	用途
0	黑/白	实线	粗实线
1	红	实线	细实线
2	洋红	虚线	虚线
3	紫	点画线	中心线
4	兰	实线	尺寸标注
5	兰	实线	文字

其余参数使用系统缺省设置。另外需要建立的图层，考生自行设置。

（4）将所有图形存在一个文件中，均匀布置在边框内。存盘前使图框充满屏幕，文件名采用考试号码。

2. 按标注尺寸1∶1绘制图形，并标注尺寸。（20分）

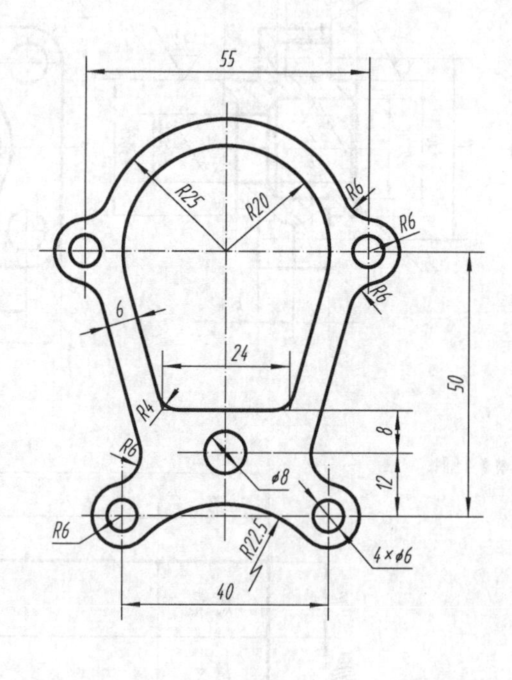

3.按标注尺寸1∶1抄画零件图，并标全尺寸和粗糙度。（40分）

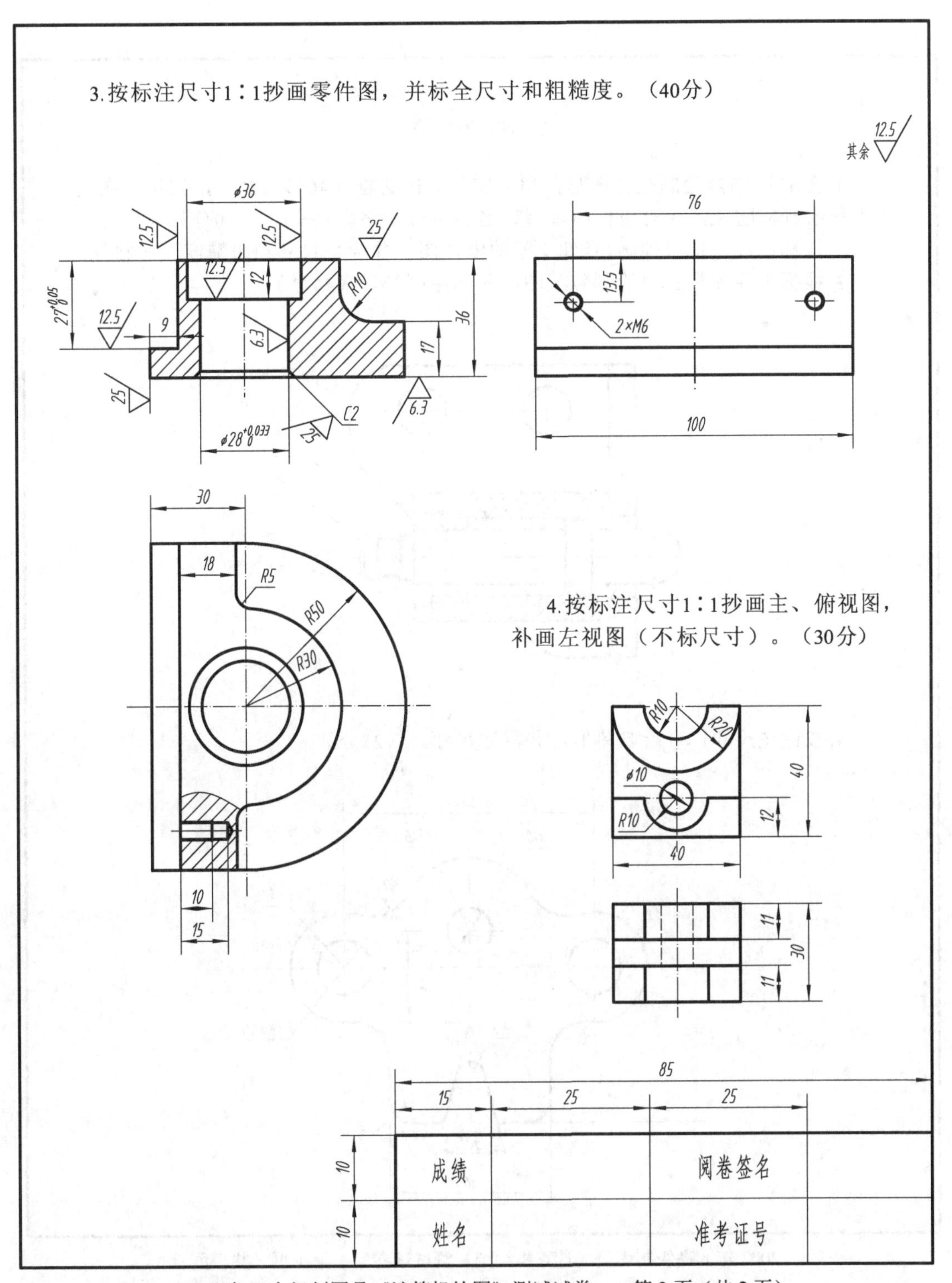

4.按标注尺寸1∶1抄画主、俯视图，补画左视图（不标尺寸）。（30分）

三、国家职业技能鉴定统一考试高级制图员《计算机绘图》测试试卷

考试要求

1. 在A3图幅内绘制全部图形，用粗实线画出边框（400×277），按尺寸在右下角绘制标题栏，在对应框内填写姓名和考号，字高7 mm。（10分）

2. 按标注尺寸1∶1抄画1号件支架的零件图，并标全尺寸和粗糙度。（25分）

3. 根据零件图按2∶1绘制装配图，并标注序号。（40分）

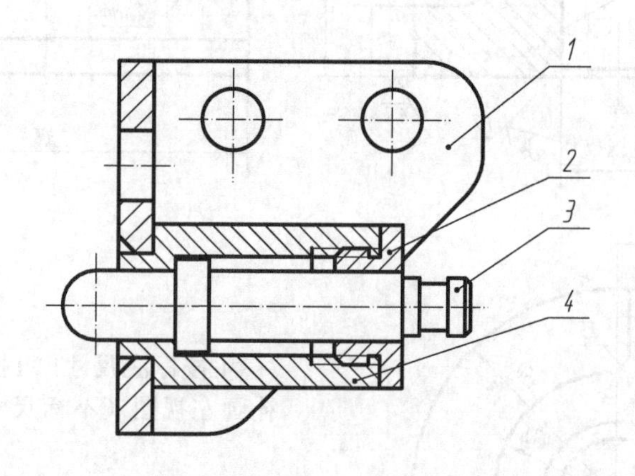

4. 按标注尺寸1∶1绘制图形，并标注尺寸。（25分）

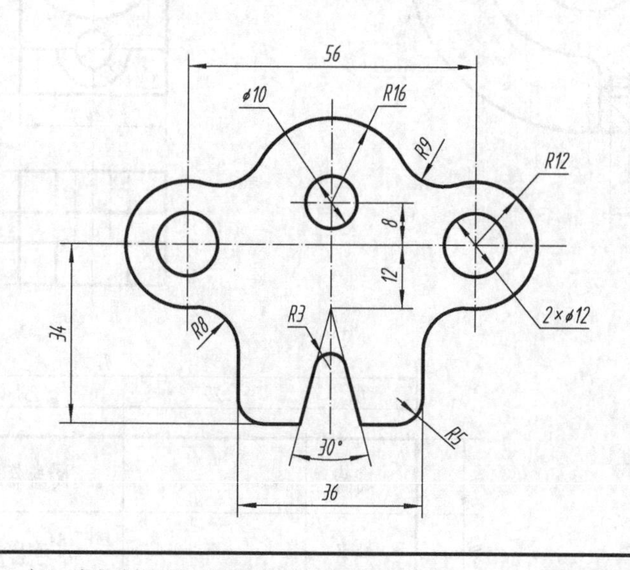

（2003年）高级制图员《计算机绘图》测试试卷　　第1页（共2页）

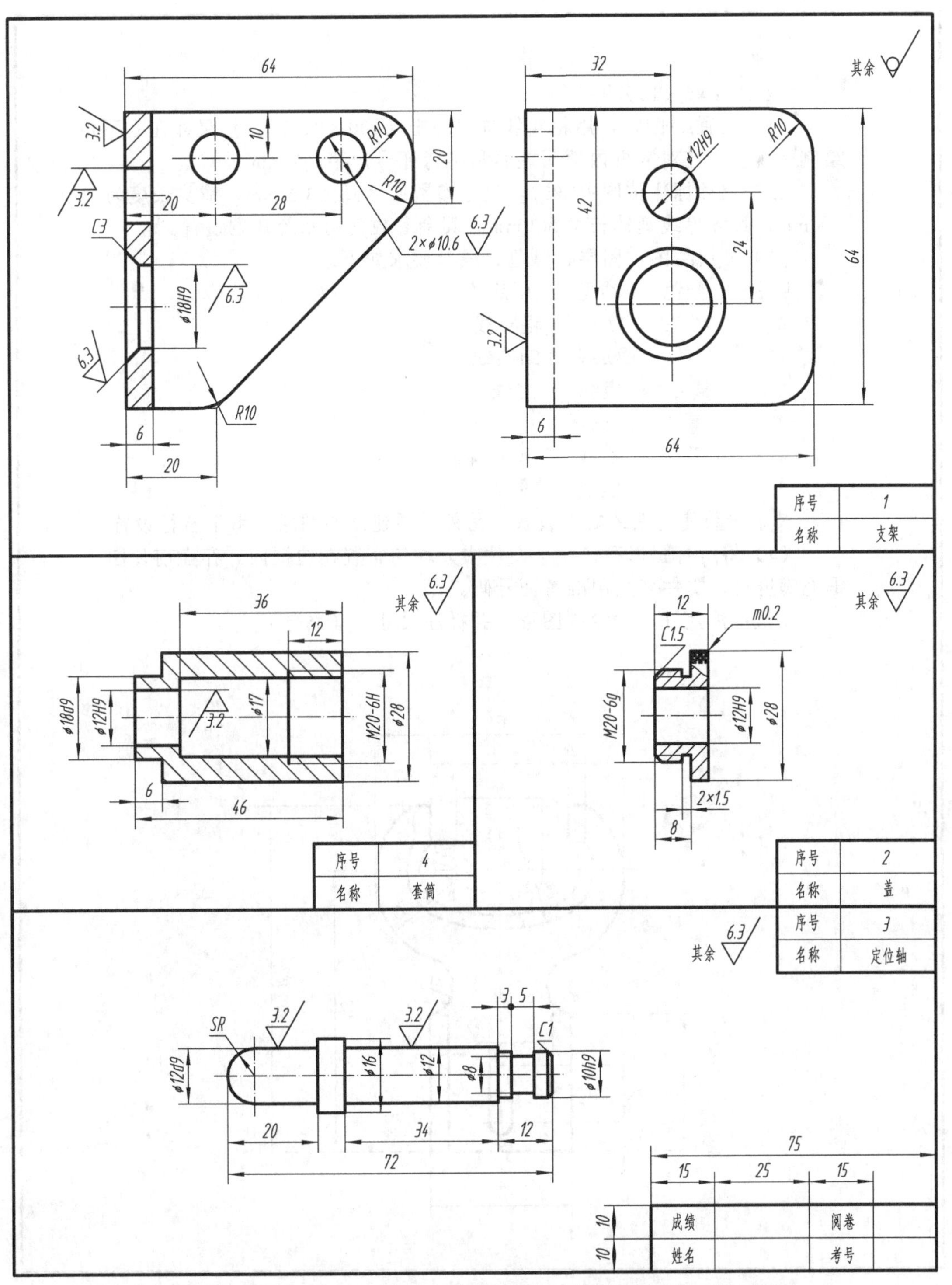

（2003年）高级制图员《计算机绘图》测试试卷　第2页（共2页）

1.考试要求。(10分)

(1) 设置A3图幅，用粗实线画出边框 (400×277)，按尺寸在右下角绘制标题栏，在对应框内填写姓名和准考证号，字高7 mm。

(2) 尺寸标注按图中格式。尺寸参数：字高为3.5 mm，箭头长度为3.5 mm，尺寸界线延伸长度为2 mm，其余参数使用系统缺省设置。

(3) 分层绘图。图层、颜色、线型要求如下：

层名	颜色	线型	用途
0	黑/白	实线	粗实线
1	红	实线	细实线
2	洋红	虚线	虚线
3	紫	点画线	中心线
4	兰	实线	尺寸标注
5	兰	实线	文字

其余参数使用系统缺省设置。另外需要建立的图层，考生自行设置。

(4) 将所有图形存在一个文件中，均匀布置在边框内。存盘前使图框充满屏幕，文件名采用准考证号码。

2.按标注尺寸1∶2绘制图形，并标注尺寸。(25分)

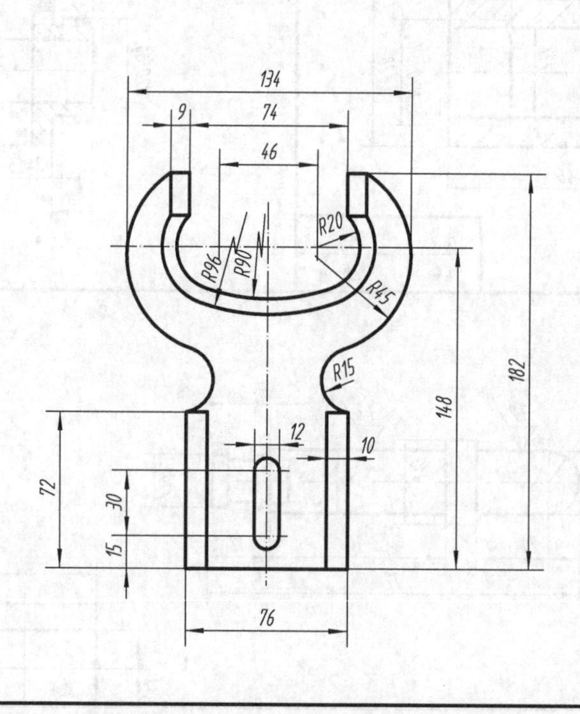

(2004年) 高级制图员《计算机绘图》测试试卷　第1页 (共3页)

3.按标注尺寸1∶1抄画1号件夹头体的零件图，并标全尺寸和粗糙度。（25分）

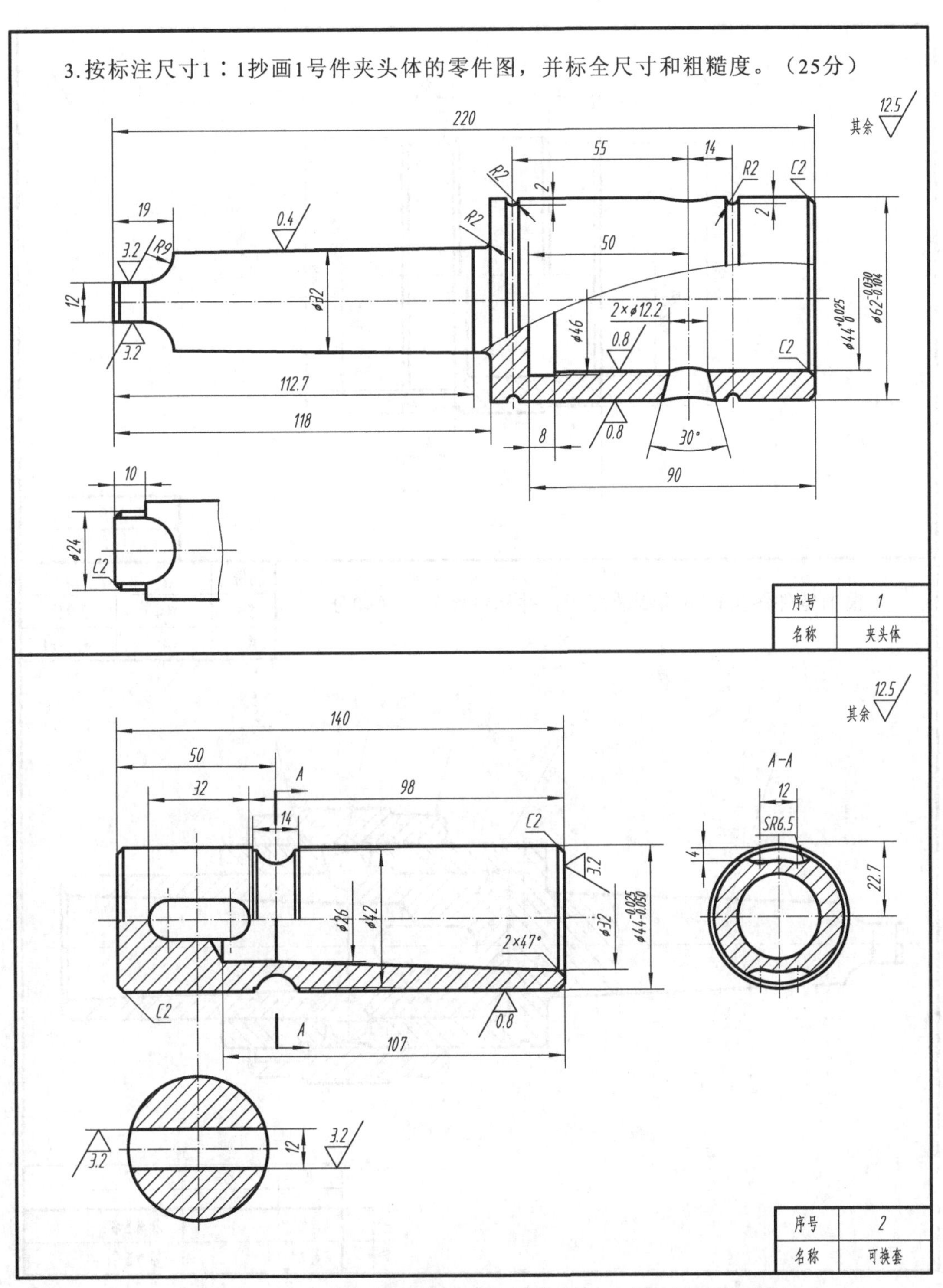

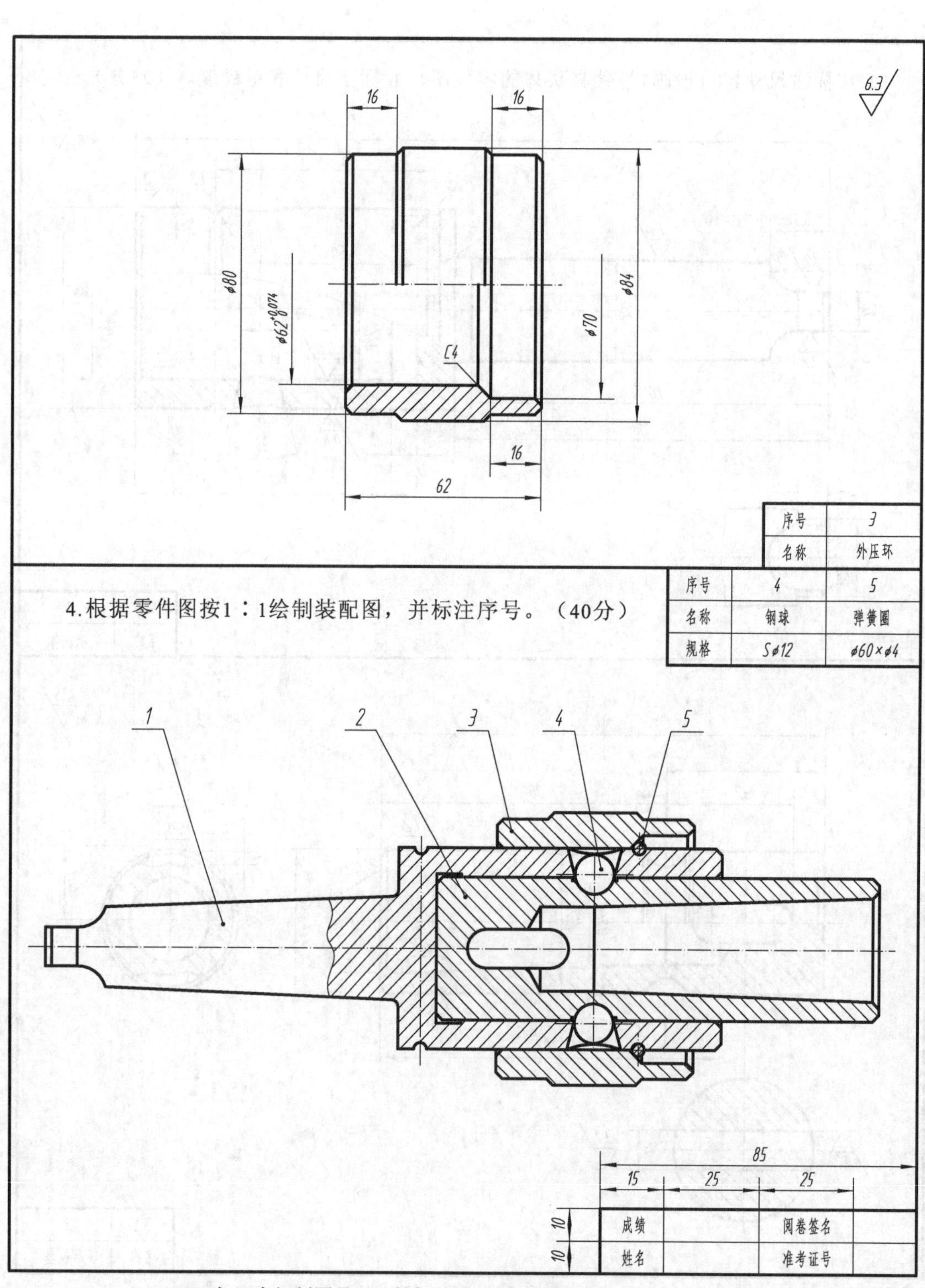

（2004年）高级制图员《计算机绘图》测试试卷　　第3页（共3页）

参 考 文 献

1 中华人民共和国劳动和社会保障部制定．国家职业标准-制图员．北京：中国劳动社会保障出版社，2002

2 劳动和社会保障部中国就业培训技术指导中心组织编写．制图员国家职业资格培训教程（高级）．北京：中央广播电视大学出版社，2003

3 劳动和社会保障部中国就业培训技术指导中心组织编写．制图员国家职业资格培训教程（中级）．北京：中央广播电视大学出版社，2003

4 苑国强，范波涛，张培忠，孙泽涛编著．制图员考试鉴定辅导．北京：航空工业出版社，2003

5 北京北航海尔软件有限公司．CAXA 电子图板 2005 用户手册，2005

6 胡建生主编．工程制图．北京：化学工业出版社，2004

7 胡建生，高秀艳，赵洪庆等编著．CAXA 电子图板 XP 应用教程．北京：机械工业出版社，2004